'답'만 외우는

미용사
네일 필기
CBT

기출문제 + 모의고사 14회

KB210887

시대에듀

답만 외우는 **미용사 네일** 필기

Always with you

사람이 길에서 우연하게 만나거나 함께 살아가는 것만이 인연은 아니라고 생각합니다.
책을 펴내는 출판사와 그 책을 읽는 독자의 만남도 소중한 인연입니다.
시대에듀는 항상 독자의 마음을 헤아리기 위해 노력하고 있습니다.
늘 독자와 함께하겠습니다.

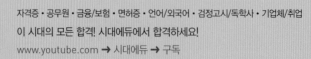

네일아트 산업은 현재 미용분야 중 가장 빠른 속도로 성장하고 있으며 나이와 학력, 성별 제한이 없는 소자본 창업 아이템으로, 단기간에 배워 취업이나 창업이 바로 가능하다는 것이 가장 큰 장점이다.

네일아트 산업의 전망은 매우 밝으며, 고소득 전문직으로 떠오르는 만큼 많은 사람들이 네일 아티스트가 되기 위해 노력하고 있다.

이에 네일 아티스트를 꿈꾸는 수험생들이 한국산업인력공단에서 실시하는 미용사(네일) 필기 자격시험에 효과적으로 대비할 수 있도록 다음과 같은 특징을 가진 도서를 출간하게 되었다.

본 도서의 특징

1. 자주 출제되는 기출문제의 키워드를 분석하여 정리한 빨간키를 통해 시험에 완벽하게 대비할 수 있다.
2. 정답이 한눈에 보이는 기출복원문제 7회분과 해설 없이 풀어보는 모의고사 7회분으로 구성하여 필기시험을 준비하는 데 부족함이 없도록 하였다.
3. 명쾌한 풀이와 관련 이론까지 꼼꼼하게 정리한 상세한 해설을 통해 문제의 핵심을 파악할 수 있다.

이 책이 네일 아티스트를 준비하는 수험생들에게 합격의 안내자로서 많은 도움이 되기를 바라면서 수험생 모두에게 합격의 영광이 함께하기를 기원하는 바이다.

편저자 일동

시험안내

개 요

네일미용에 관한 숙련기능을 가지고 현장업무를 수행할 수 있는 능력을 가진 전문 기능인력을 양성하고자 자격제도를 제정하였다.

시행처

한국산업인력공단(www.q-net.or.kr)

자격 취득 절차

필기 원서접수	• **접수방법** : 큐넷 홈페이지(www.q-net.or.kr) 인터넷 접수 • **시행일정** : 상시 시행(월별 세부 시행계획은 전월에 큐넷 홈페이지를 통해 공고) • **접수시간** : 회별 원서접수 첫날 10:00 ~ 마지막 날 18:00 • **응시 수수료** : 14,500원 • **응시자격** : 제한 없음
필기시험	• **시험과목** : 네일 화장물 적용 및 네일미용 관리 • **검정방법** : 객관식 4지 택일형, 60문항(60분)
필기 합격자 발표	• **발표방법** : CBT 필기시험은 시험 종료 즉시 합격 여부 확인 가능 • **합격기준** : 100점 만점에 60점 이상
실기 원서접수	• **접수방법** : 큐넷 홈페이지 인터넷 접수 • **응시 수수료** : 17,200원 • **응시자격** : 필기시험 합격자
실기시험	• **시험과목** : 네일미용 실무 • **검정방법** : 작업형(2시간 30분 정도) • **채점** : 채점기준(비공개)에 의거 현장에서 채점
최종 합격자 발표	• **발표일자** : 회별 발표일 별도 지정 • **발표방법** : 큐넷 홈페이지 또는 전화 ARS(1666-0100)를 통해 확인
자격증 발급	• **상장형 자격증** : 수험자가 직접 인터넷을 통해 발급·출력 • **수첩형 자격증** : 인터넷 신청 후 우편배송만 가능 ※ 방문 발급 및 인터넷 신청 후 방문 수령 불가

검정현황

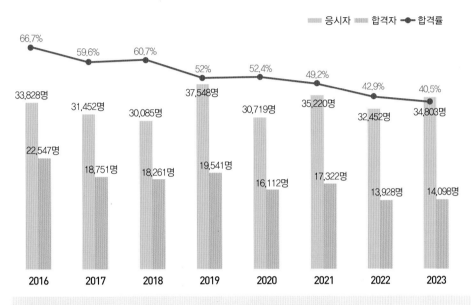

응시자　합격자　●합격률

66.7%　59.6%　60.7%　52%　52.4%　49.2%　42.9%　40.5%

33,828명　31,452명　30,085명　37,548명　30,719명　35,220명　32,452명　34,803명

22,547명　18,751명　18,261명　19,541명　16,112명　17,322명　13,928명　14,098명

2016　2017　2018　2019　2020　2021　2022　2023

필기시험

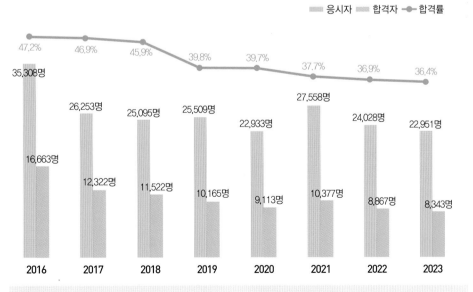

응시자　합격자　●합격률

47.2%　46.9%　45.9%　39.8%　39.7%　37.7%　36.9%　36.4%

35,308명　26,253명　25,095명　25,509명　22,933명　27,558명　24,028명　22,951명

16,663명　12,322명　11,522명　10,165명　9,113명　10,377명　8,867명　8,343명

2016　2017　2018　2019　2020　2021　2022　2023

실기시험

출제기준

필기 과목명	주요항목	세부항목	
네일 화장물 적용 및 네일미용 관리	네일미용 위생서비스	• 네일미용의 이해 • 네일 숍 안전관리 • 개인위생 관리 • 피부의 이해 • 손발의 구조와 기능	• 네일 숍 청결작업 • 미용기구 소독 • 고객응대 서비스 • 화장품 분류
	네일 화장물 제거	• 일반 네일 폴리시 제거 • 인조네일 제거	• 젤 네일 폴리시 제거
	네일 기본관리	• 프리에지 모양 만들기 • 보습제 도포	• 큐티클 부분 정리
	네일 화장물 적용 전처리	• 일반 네일 폴리시 전처리 • 인조네일 전처리	• 젤 네일 폴리시 전처리
	자연네일 보강	• 네일 랩 화장물 보강 • 젤 화장물 보강	• 아크릴 화장물 보강
	네일 컬러링	• 풀 코트 컬러 도포 • 딥 프렌치 컬러 도포	• 프렌치 컬러 도포 • 그러데이션 컬러 도포
	네일 폴리시 아트	• 일반 네일 폴리시 아트 • 통 젤 네일 폴리시 아트	• 젤 네일 폴리시 아트
	팁 위드 파우더	• 네일 팁 선택 • 프렌치 팁 작업	• 풀 커버 팁 작업 • 내추럴 팁 작업
	팁 위드 랩	• 팁 위드 랩 네일 팁 적용	• 네일 랩 적용
	랩 네일	• 네일 랩 재단 • 네일 랩 연장	• 네일 랩 접착
	젤 네일	• 젤 화장물 활용 • 젤 프렌치 스컬프처	• 젤 원톤 스컬프처
	아크릴 네일	• 아크릴 화장물 활용 • 아크릴 프렌치 스컬프처	• 아크릴 원톤 스컬프처
	인조네일 보수	• 팁 네일 보수 • 아크릴 네일 보수	• 랩 네일 보수 • 젤 네일 보수
	네일 화장물 적용 마무리	• 일반 네일 폴리시 마무리 • 인조네일 마무리	• 젤 네일 폴리시 마무리
	공중위생관리	• 공중보건 • 공중위생관리법규(법, 시행령, 시행규칙)	• 소독

미용사(네일) 실기시험 과제 유형

과제 유형	제1과제(60분)		제2과제(35분)	제3과제(40분)	제4과제(15분)
	매니큐어 및 페디큐어		젤 매니큐어	인조네일	인조네일 제거
셰이프	라운드 셰이프 (매니큐어)	스퀘어 셰이프 (페디큐어)	라운드 셰이프	스퀘어 셰이프	제3과제 선택된 인조네일 제거
대상 부위	오른손 1~5지 손톱	오른발 1~5지 발톱	왼손 1~5지 손톱	오른손 3, 4지 손톱	오른손 3지 손톱
세부과제	① 풀코트 레드	① 풀코트 레드	① 선 마블링	① 내추럴 팁 위드 랩	인조네일 제거
	② 프렌치 스마일라인 넓이 0.3~0.5cm	② 딥 프렌치		② 젤 원톤 스컬프처	
	③ 딥 프렌치 스마일라인 폭 손톱 전체 길이의 1/2 이상 시술	③ 그러데이션	② 부채꼴 마블링	③ 아크릴 프렌치 스컬프처	
				④ 네일 랩 익스텐션	
	④ 그러데이션 화이트			프리에지 두께 0.5~1mm 미만	
배 점	20	20	20	30	10

>> 총 4과제로, 시험 당일 각 과제가 랜덤 방식으로 선정된다.
- 제1과제 : 매니큐어 ①~④ 과제 중 1과제 선정, 페디큐어 ①~③ 과제 중 1과제 선정
- 제2과제 : 젤 매니큐어 ①~② 과제 중 1과제 선정
- 제3과제 : 인조네일 ①~④ 과제 중 1과제 선정
- 제4과제 : 제3과제 시 선정된 인조네일 제거

>> 네일 팁 사양
- 사용 가능한 네일 팁 : 내추럴 하프웰팁(스퀘어) - 웰선이 있는 형
- 사용 불가능한 네일 팁 : 웰선이 없는 형, 하프 팁이 아닌 풀팁형 등

>> 인조네일 과제의 프리에지 C커브는 원형의 20~40%의 비율까지 허용된다.
- 인조네일 과제의 길이 : 프리에지 중심 기준으로 0.5~1cm 미만

CBT 응시 요령

기능사 종목 전면 CBT 시행에 따른

CBT 완전 정복!

"CBT 가상 체험 서비스 제공"

한국산업인력공단
(http://www.q-net.or.kr) 참고

01 수험자 정보 확인

시험장 감독위원이 컴퓨터에 나온 수험자 정보와 신분증이 일치하는지를 확인하는 단계입니다. 수험번호, 성명, 생년월일, 응시종목, 좌석번호를 확인합니다.

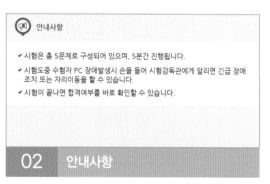

02 안내사항

시험에 관한 안내사항을 확인합니다.

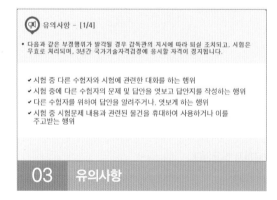

03 유의사항

부정행위에 관한 유의사항이므로 꼼꼼히 확인합니다.

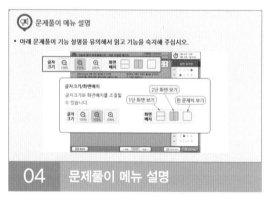

04 문제풀이 메뉴 설명

문제풀이 메뉴의 기능에 관한 설명을 유의해서 읽고 기능을 숙지해 주세요.

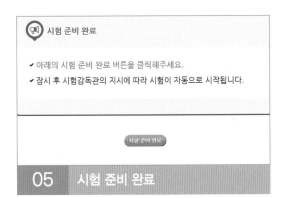

05 시험 준비 완료

시험 안내사항 및 문제풀이 연습까지 모두 마친 수험자는 시험 준비 완료 버튼을 클릭한 후 잠시 대기합니다.

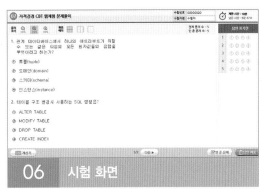

06 시험 화면

시험 화면이 뜨면 수험번호와 수험자명을 확인하고, 글자크기 및 화면배치를 조절한 후 시험을 시작합니다.

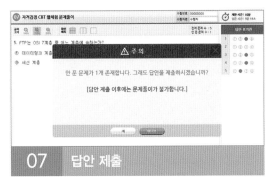

07 답안 제출

[답안 제출] 버튼을 클릭하면 답안 제출 승인 알림창이 나옵니다. 시험을 마치려면 [예] 버튼을 클릭하고 시험을 계속 진행하려면 [아니오] 버튼을 클릭하면 됩니다. 답안 제출은 실수 방지를 위해 두 번의 확인 과정을 거칩니다. [예] 버튼을 누르면 답안 제출이 완료되며 득점 및 합격여부 등을 확인할 수 있습니다.

CBT 완전 정복 Tip

내 시험에만 집중할 것
CBT 시험은 같은 고사장이라도 각기 다른 시험이 진행되고 있으니 자신의 시험에만 집중하면 됩니다.

이상이 있을 경우 조용히 손을 들 것
컴퓨터로 진행되는 시험이기 때문에 프로그램상의 문제가 있을 수 있습니다. 이때 조용히 손을 들어 감독관에게 문제점을 알리며, 큰 소리를 내는 등 다른 사람에게 피해를 주는 일이 없도록 합니다.

연습 용지를 요청할 것
응시자의 요청에 한해 연습 용지를 제공하고 있습니다. 필요시 연습 용지를 요청하며 미리 시험에 관련된 내용을 적어놓지 않도록 합니다. 연습 용지는 시험이 종료되면 회수되므로 들고 나가지 않도록 유의합니다.

답안 제출은 신중하게 할 것
답안은 제한 시간 내에 언제든 제출할 수 있지만 한 번 제출하게 되면 더 이상의 문제풀이가 불가합니다. 안 푼 문제가 있는지 또는 맞게 표기하였는지 다시 한 번 확인합니다.

이 책의 100% 활용법

STEP 1

답이 한눈에 보이는 문제를 보고 정답을 외운다.

기출문제 풀이는 합격으로 가는 지름길입니다. 기출복원문제의 정답을 외워 최신 경향을 파악하고, 상세한 해설로 이론 학습을 대신합니다.

STEP 2

부족한 내용은 빨간키로 보충 학습한다.

시험에 꼭 나오는 핵심 포인트만 정리하였습니다. 시험장에서 마지막으로 보는 요약집으로도 활용할 수 있습니다.

제 1 회 | 기출복원문제

01 미용사(네일) 국가자격
기는?

① 1992년
② 1998년
③ 2005년
④ **2014년**

해설
• 1998년 : 최초의 네일 민간
학예사 네일 교과목 신설
• 2014년 : 미용사(네일)

02 고대 중국의 네일 역
옳지 않은 것은?

① 입술에 바르는 홍화
② 별꽃, 달걀흰자, 젤라틴, 밀랍, 고무나무 수액으로 물들였다.
③ **상류층은 붉은색, 하류층은 엷은 색 손톱을으로 사회적 신분을 표시했다.**
④ BC 600년 귀족들은 금색과 은색을 사용했다.

해설
상류층은 붉은색, 하류층은 엷은 색 손톱으로 사회적 신분을 표시한 것은 고대 이집트이다.

03 네일 숍에서의 화학물질 안전관리방법으로 올바르지 않은 것은?

① 잦은 환기를 통해 유해물질을 배출한다.
② 유해물질이 호흡으로 흡입되는 것을 막기 위해 마스크를 착용한다.
③ 화기성이 강한 제품이 많으므로 담뱃불 등 불을 피우는 행위를 금지한다.
④ **화학제품은 플라스틱 속에 넣어 따뜻한 곳에 보관한다.**

해설

며, 바이러스를 파괴하는 효과가 있는 소독제는?

① 알코올
② 포르말린
③ 페놀믹스
④ **차아염소산나트륨**

해설
도구 소독 시 차아염소산나트륨도 10%를 10분 동안 담가서 사용한다. 바이러스를 파괴하는 효과가 있다.

제1회 : 기출복원문제 **3**

CHAPTER 01 | 네일미용 위생서비스

[01] 네일미용의 이해

■ 네일의 어원

• 매니큐어(Manicure) = 마누스(Manus, 손) + 큐라(Cura, 관리)
• 페디큐어(Pedicure) = 페디스(Pedis, 발) + 큐라(Cura, 관리)

■ 네일의 특성

• 단백질로 구성되어 있으며, 비타민과 미네랄이 부족하면 이상
• 손톱은 조상(네일 베드)의 모세혈관으로부터 산소를 공급받는
• 손톱의 경도는 손톱에 함유된 수분의 양이나 케라틴 조성에 따
• 손톱은 피부의 부속물로서 신경이나 혈관, 털이 없다.

현대	1998년	• 최초의 네일 민간자격 시험제도가 도입 • 대학에서 네일 교과목 신설
	2001년	한국네일리스트협회와 한국네일협회의 통합으로 한국네일협회 출범
	2003년	네일산업의 호황기, 활성화 시기
	2004년	• 경기 침체로 인한 네일산업의 구조조정기 • 한국프로네일협회 출범
	2005년	대한네일협회 출범
	2014년	미용사(네일) 국가자격 제도화 시작

2

STEP 3
실전처럼 모의고사를 풀어본다.

해설의 도움 없이 시간을 재며 실제 시험처럼 모의고사 문제를 풀어봅니다.

STEP 4
어려운 문제는 반복 학습한다.

어려운 내용이 있다면 상세한 해설을 참고합니다. 14회분 문제 풀이를 최소 3회독 합니다.

STEP 5
시대에듀 CBT 모의고사로 최종 마무리한다.

시험 전날 시대에듀에서 제공하는 온라인 모의고사로 자신의 실력을 최종 점검합니다. (쿠폰번호 뒤표지 안쪽 참고)

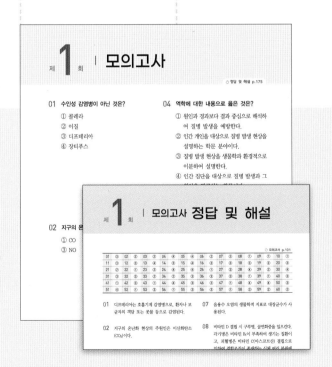

목 차

빨리보는 간단한 키워드

답만 외우는 미용사 네일

빨 간 키

가장 쉬운 합격 가이드

당신의 시험에 빨간불이 들어왔다면!
최다빈출키워드만 모아놓은 합격비법 핵심 요약집 빨간키와 함께하세요!
그대의 합격을 기원합니다.

01 | 네일미용 위생서비스

[01] 네일미용의 이해

▌ 네일의 어원

- 매니큐어(Manicure) = 마누스(Manus, 손) + 큐라(Cura, 관리)
- 페디큐어(Pedicure) = 페디스(Pedis, 발) + 큐라(Cura, 관리)

▌ 네일의 특성

- 단백질로 구성되어 있으며, 비타민과 미네랄이 부족하면 이상현상이 발생한다.
- 손톱은 조상(네일 베드)의 모세혈관으로부터 산소를 공급받는다.
- 손톱의 경도는 손톱에 함유된 수분의 양이나 케라틴 조성에 따라 다르다.
- 손톱은 피부의 부속물로서 신경이나 혈관, 털이 없다.
- 태아는 10주 이후에 손톱판이 생기고 14주쯤 만들어지면서 21주가 되면 완성된다.
- 손톱의 수분 함유량은 12~18%이며, 아미노산과 시스테인이 포함되어 있다.

▌ 한국의 네일미용

고려시대		여성들이 풍습으로 봉선화과(지갑화)의 한해살이풀로 손톱을 물들이기 시작
조선시대		세시풍속집 『동국세시기』에 어린아이와 여인들이 봉숭아물을 들였다고 기록
현대	1988년	서울올림픽에서 미국 육상선수인 그리피스 조이너의 화려한 손톱이 화제
	1992년	이태원에 최초의 네일아트숍 '그리피스' 오픈
	1996년	• 압구정동에 네일살롱 오픈(세씨네일, 할리우드네일) • 미국 키스사 제품 국내 소개
	1997년	• 미국 크리에이티브 네일사의 제품이 국내에 출시되면서 네일제품의 대중화가 이루어짐 • 한국네일협회 창립
	1998년	• 최초의 네일 민간자격 시험제도가 도입 • 대학에서 네일 교과목 신설
	2001년	한국네일리스트협회와 한국네일협회의 통합으로 한국네일협회 출범
	2002년	네일산업의 호황기, 활성화 시기
	2004년	• 경기 침체로 인한 네일산업의 구조조정기 • 한국프로네일협회 출범
	2005년	대한네일협회 출범
	2014년	미용사(네일) 국가자격증 제도화 시작

▍ 외국의 네일미용

고대	중국	• 입술에 바르는 홍화로 손톱 염색(조홍, 홍장) • 벌꿀, 달걀흰자, 젤라틴, 밀랍, 고무나무 수액으로 물들임 • BC 600년 귀족들은 금색과 은색을 사용
	이집트	• BC 3000년 헤나의 붉은색, 오렌지색 염료로 미라의 손톱에 색상을 입힘(주술적 의미) • 상류층은 붉은색, 하류층은 옅은 색 손톱으로 사회적 신분을 표시
중세	인도	17세기 인도 상류층 여성들은 문신바늘을 이용해 조모에 색소를 넣어서 신분을 표시
	중국	• 15세기 명나라 왕조는 흑색과 적색을 손톱에 발라서 신분 과시 • 17세기 상류층은 부의 상징으로 손톱을 길게 기르고 금, 대나무 부목 등으로 손톱을 보호
근대 (19세기)	1800년대	• 네일아트의 대중화 • 아몬드 모양의 네일이 유행 • 향이 있는 빨간 기름을 바른 후 샤미스(염소나 양의 부드러운 가죽)를 이용해 색과 광을 냄
	1830년	발 전문의사인 시트(Sitts)가 치과기구에서 고안한 오렌지 우드스틱을 네일관리에 사용
	1885년	네일 에나멜의 필름 형성제인 나이트로셀룰로스의 개발
	1892년	미국에서 네일 아티스트가 새로운 직업으로 등장
	1900년	• 금속가위, 금속파일, 사포파일 등의 네일도구 사용 • 낙타 털로 만든 붓으로 에나멜을 바르기 시작 • 크림 또는 가루를 이용해 광을 냄 • 유럽에서 네일관리의 본격화
현대 (20세기)	1910년	매니큐어 회사인 플라워리가 뉴욕에 설립, 금속파일 및 사포로 된 파일의 제작
	1925년	• 일반 상점에서 에나멜을 판매 • 네일 에나멜 사업의 본격화
	1927년	흰색 에나멜, 큐티클 크림, 큐티클 리무버의 제조
	1930년	• 다양한 종류의 붉은색 에나멜의 등장 • 제나(Gena) 연구팀에서 네일 에나멜 리무버, 워머 로션, 큐티클 오일을 개발
	1932년	• 다양한 색상의 네일 에나멜 제조 • 레브론 사에서 립스틱과 잘 어울리는 네일 에나멜을 최초로 출시
	1935년	인조네일의 개발
	1940년	• 이발소에서 남성 습식 네일관리의 시작 • 여배우 리타 헤이워드에 의해 빨간색으로 꽉 채워 바르는 스타일이 유행
	1956년	헬렌 걸리가 미용학교에서 네일케어를 가르치기 시작
	1957년	• 네일 팁 사용자 증가 • 페디큐어 등장 • 포일을 이용한 아크릴릭 네일이 최초로 등장
	1960년	실크와 린넨을 이용한 래핑(손톱보강)
	1970년	네일 팁과 아크릴릭 네일을 본격적으로 사용
	1973년	미국의 네일 제조회사인 IBD에서 네일 접착제와 접착식 인조손톱을 개발
	1975년	미국 식약청(FDA)에 의해 메틸메타크릴레이트 등의 아크릴릭 화학제품 사용 금지
	1976년	• 스퀘어 모양의 네일 유행 • 파이버 랩(Fiber Wrap) 등장 • 네일아트가 미국에 정착
	1981년	• 에씨(Essic), 오피아이(OPI), 스타(Star) 등 네일 전문제품 출시 • 네일 액세서리의 등장

	1989년	네일산업의 급성장
현대 (20세기)	1992년	• NIA(The Nail Industry Association) 창립 • 인기스타들에 의해 네일관리 대중화
	1994년	• 라이트 큐어드 젤 시스템 등장 • 뉴욕에서 네일 테크니션 제도 도입
20세기 이후	–	2D, 3D 등의 입체 디자인과 핸드페인팅, 에어프러시 등의 다양한 아트기법 등장

[02] 네일 숍 위생관리

▌ 네일 숍 시설 및 물품 청결

- 모든 도구는 매번 사용 후 소독 처리를 하며 필요에 따라 멸균 처리를 한다.
- 정리 요령에 따라 집기류를 정리한다.
- 전기제품류는 내외부 청결 상태를 유지하며 미사용 시 덮개를 덮어 둔다.
- 온장고나 자외선 소독기는 미사용 시 전기 코드를 뺀 후 내부와 자외선등을 닦고 문을 열어 둔다.
- 청소 점검표에 따라 네일 숍 시설 및 물품의 청결 상태를 점검한다.

▌ 네일 숍 환경위생 관리

- 작업공간은 조도가 높고 온 · 냉방이 되어야 하며, 환기가 잘되어야 한다.
- 폴리시, 아크릴릭 파우더(Acrylic Powder)의 냄새뿐만 아니라 팁을 갈아서 생기는 분진과 먼지가 많으므로 작업대 밑에 팁 분진을 제거할 수 있도록 국소환기장치를 설치한다.
- 벽, 천장, 바닥과 기구 등은 청결한 상태를 유지한다.
- 접수대, 선반, 보관장, 기구 등을 위생적인 상태로 유지한다.
- 매니큐어링 테이블은 정리 정돈이 잘되어 있어야 하며 용기, 기구, 재료 등은 사전에 준비한다.
- 시술이 끝나면 다음 고객을 위한 소독을 하고 쓰레기는 뚜껑이 있는 쓰레기통에 넣어야 한다.
- 전기 연결과 전열기는 적절하고 안전하게 설치되어야 한다.
- 화장실에는 펌프로 된 물비누와 일회용 종이 수건을 갖추고, 벽과 커튼, 마룻바닥은 정기적으로 청소한다.
- 수건과 가운 등은 사용한 것과 깨끗한 것을 분리하여, 깨끗한 것은 밀폐된 장에 보관한다.
- 음식물은 시술 장소와 분리된 곳에 보관하고, 시술 장소에서는 음식물 섭취를 하지 않는다.
- 애완동물은 절대로 숍 출입을 해서는 안 된다(시각장애인을 위한 잘 훈련된 안내견은 예외).
- 모든 네일 숍은 냉 · 온수시설을 갖춰야 한다.

▎ 네일 숍 안전관리

- 모든 물품은 반드시 뚜껑을 덮어 보관한다.
- 화학성분의 용액을 흘렸을 경우에는 즉시 닦아야 한다.
- 소독 및 세제용 화학물은 서늘하고 건조한 곳에서 보관한다.
- 매 시술 전후에 손을 항균비누로 깨끗이 닦고, 화장실을 다녀온 후나 식사 후에도 반드시 청결하게 닦아야 한다.
- 바이러스성 질환 또는 전염성 질환을 앓고 있는 네일미용사는 시술을 해서는 안 된다.
- 응급사태를 대비해 응급처치를 위한 상비 구급용품을 네일 숍 내에 준비하고, 가까운 종합병원의 응급실 전화번호 등을 비치해 둔다.
- 화재 예방수칙과 전기 안전수칙에 따라 안전 상태를 수시로 점검한다.

▎ 네일미용 기기 소독

- 네일미용 시 시술자와 고객 모두가 감염 위험에 노출되어 건강을 해칠 수 있다.
- 청결하지 못한 위생복과 손, 폐기물의 잘못된 처리, 멸균 또는 소독되지 않은 기기 사용 등이 감염요인이 될 수 있다.
- 작업대는 시술 전 70% 알코올이나 소독제로 깨끗이 닦은 후 물품을 준비하고, 제품 용기의 외부도 깨끗이 닦아 준비한다.
- 파라핀은 여러 사람이 사용함으로써 파라핀 액이 더러워질 수 있으니, 청결에 특별히 신경을 써야 한다.

▎ 네일미용 도구 소독

- 네일에 사용되는 모든 도구는 매번 사용 후 소독 처리를 한다.
- 네일파일과 같은 일회용품은 1인 1회 사용이 원칙으로, 재사용하지 않도록 한다.
- 소독제를 사용할 때는 라벨지를 사용하여 표시하고 사용법을 숙지한 후 사용한다.
- 니퍼, 메탈 푸셔(Metal Pusher), 랩 가위(Wrap Scissors) 등은 사용 후 제4기 암모늄 혼합물 소독제(Quaternary Ammonium Compounds)나 70% 알코올에 적정 시간 담갔다가 흐르는 물에 헹구고 마른 수건으로 닦은 후 자외선 소독기에 넣었다가 사용한다.
- 핑거볼은 가능한 일회용을 사용하고 그렇지 않을 경우 반드시 소독 처리하여 사용한다.

▌소독제 종류 및 농도

소독제	농도	특징	용도
알코올	60~90%	• 대중적으로 가장 많이 사용 • 휘발성이 강한 단점	• 손, 피부, 경미한 찰과상(60~90%) • 도구 살균(70%)
포르말린	40%	독성이 강하여 눈, 코, 기도를 손상시키고 장기간 노출 시 천식이나 만성 기관지염 등을 유발시킴	• 실내 소독(40%) • 기구 소독(10~25%)
페놀릭스	1갤런 : 8온스	• 안전하고 효과적 • 플라스틱 종류는 마모됨 • 피부나 눈, 코와 식도 등에 해를 줄 수 있음	대부분 바닥, 화장실 소독
차아염소산 나트륨	10%	• 일반 표백제로 대부분 가정에서 사용 • 바이러스를 파괴하는 효과	도구 소독 시 10분 동안 담가서 사용

▌네일미용 작업자 위생관리

• 고객은 네일미용사의 단정하고 위생적인 모습을 기대하므로 네일미용사는 전문인으로서 단정하고 깨끗한 유니폼을 착용해야 한다.
• 일회용 마스크를 착용하고 상황에 따라 일회용 장갑을 사용한다.
• 로션이나 수액제는 별도의 용기에 덜어 스패튤러 또는 면봉을 이용하여 사용한다.
• 화학물질을 사용하거나 혼합물을 사용할 때는 항상 피부 또는 눈에 닿지 않도록 주의하며, 사용 후 항상 손을 깨끗이 씻는다.
• 모든 용기에는 내용물에 대한 표기를 하여 잘못 사용하지 않도록 한다.
• 전문 네일미용사는 자신과 고객을 감염으로부터 보호할 책임이 있으므로 감염이 된 상태나 개방 창상이 있는 경우는 시술하지 않아야 한다.

▌네일미용 고객 위생관리

• 시술 전후에 70% 알코올이나 손 소독 용액으로 시술자와 고객의 손을 소독한다.
• 큐티클 정리 도중 출혈이 일어나지 않도록 하며, 출혈이 있는 경우에는 일회용 장갑을 착용하여 소독 솜으로 지혈시킨 후 감염되지 않도록 한다. 이때 체액이나 피가 묻은 세탁물은 반드시 멸균 처리한다.
• 사용한 네일 도구는 반드시 소독하여 자외선 소독기에 보관한다.
• 굳은살 제거용 면도날 등 일회용품은 1인 1회 사용 후 반드시 폐기하여 감염을 방지한다.
• 화학제품이나 네일 도구로 인해 알레르기(Allergy)가 발생하는 경우 시술을 즉시 중단하고 전문의 에게 의뢰하도록 한다.
• 모든 타월은 뜨거운 물로 세탁하고 햇볕에 완전히 말려 사용하거나 건조기를 이용한다.

▌ 네일의 구조와 이해

손톱의 구조	네일 보디(조체, Nail Body)	• 눈으로 볼 수 있는 네일의 총칭(손톱의 몸체) • 네일 베드(조상)를 보호 • 여러 층의 각질로 구성
	네일 루트(조근, Nail Root)	새로운 세포가 만들어지면서 손톱 성장이 시작되는 부분
	프리에지(자유연, Free Edge)	손톱 끝부분으로 네일 베드와 접착되어 있지 않은 부분
손톱 밑의 구조	네일 베드(조상, Nail Bed)	• 네일 밑부분이며 네일 보디를 받치고 있는 부분 • 네일의 신진대사와 수분공급을 함
	매트릭스(조모, Matrix)	• 네일 루트 아래에 위치 • 모세혈관과 신경세포가 분포 • 손상을 입으면 성장을 저해시키거나 기형 유발
	루눌라(반월, Lunula)	• 네일에서 반달 모양 부분 • 네일 베드와 매트릭스가 만나는 부분 • 케라틴화가 완전하게 되지 않음
손톱 주위의 피부	큐티클(조소피, Cuticle)	• 네일 주위를 덮고 있는 피부 • 각질세포의 생산과 성장조절에 관여 • 외부의 병원물이나 오염물질로부터 보호
	하이포니키움(하조피, Hyponychium)	• 세균으로부터 손톱을 보호 • 손톱 아래의 피부(옐로라인 안쪽)
	에포니키움(조상피, Eponychium)	손톱 베이스에 있는 가는 선의 피부
	네일 월(조벽, Nail Wall)	손톱 양 측면의 피부
	네일 폴드(조주름, Nail Fold)	네일 루트가 묻혀 있는 손톱 베이스에서 깊이 접혀 있는 피부
	네일 그루브(조구, Nail Groove)	네일 베드 양 측면에 좁게 패인 부분

▌ 네일의 형태

형태	특징
스퀘어형	• 파일링 각도 90°로 양쪽 모서리가 직각인 형태 • 네일 끝을 많이 쓰는 사람에게 적절 • 손톱이 약한 경우 잘 부러지지 않아 적당 • 파고드는 발톱을 예방
라운드 스퀘어형	• 스퀘어 모양에서 양쪽 모서리를 둥글게 다듬은 형태 • 이상적인 손톱 모양으로 고객이 가장 선호하는 형태
라운드형	• 파일을 45° 각도로 모서리에서 중앙으로 둥글게 파일링한 형태 • 남성, 여성 누구나 잘 어울리는 형태 • 약하거나 짧은 손톱에 적당
오벌형	• 타원형으로 여성적이며 손가락이 길고 가늘어 보이는 형태 • 파일 각도를 15~30°로 양쪽 모서리를 라운드보다 경사지게 만든 형태 • 약하고 파손되기 쉬움
포인트형	• 손끝을 뾰족하게 만든 형태 • 손톱의 넓이가 좁은 사람에게 적당 • 개성 강한 손톱 형태로 대중적이지 않음 • 부러지기 쉬움 • 10° 각도로 양쪽 모서리를 사선대칭이 되게 만든 형태

네일의 병변

네일 시술이 가능한 손톱	네일 시술이 불가능한 손톱
• 멍든 손톱 • 에그셀 네일(달걀껍질 손톱) • 행 네일(손거스러미) • 조갑변색 • 퍼로(고랑 파진 손톱) • 오니카트로피아(조갑위축증) • 니버스(검은 반점) • 오니콕시스(조갑비대증) • 오니코파지(교조증) • 오니코크립토시스(조내생증) • 테리지움(표피조막증) • 루코니키아(흰색 반점) • 오니코렉시스(조갑종렬증)	• 몰드(사상균증) • 파로니키아(조갑주위염) • 오니키아(조갑염) • 오니코마이코시스(조갑진균증) • 오니코리시스(조갑박리증) • 오니콥토시스(조갑탈락증) • 파이로제닉 그래뉴로마(화농성 육아종) • 오니코그라이포시스(조갑구만증)

고객응대 서비스

• 방문한 고객을 친절하게 응대하고, 대기 고객의 불편함을 줄이기 위해 배려한다.
• 서비스 메뉴 등을 숙지하고, 고객의 요구사항을 파악하여 신속하게 응대해야 한다.
• 고객의 불만족 사항을 파악하고 네일 숍 규정에 따라 고객 요구에 대처할 수 있어야 한다.
• 고객응대 서비스의 내용은 고객관리대장에 기록하며, 고객관리대장을 정확하게 작성한다.
• 고객관리대장은 고객과 상담 시 방문 일시, 방문 목적, 방문 인원, 연락처, 고객응대 서비스 내용을 포함한다. 네일 관리 후 이를 철저히 관리하여야 한다.
• 예약대장을 활용하여 예약을 효율적으로 관리한다.
• 전문 네일미용사는 바람직한 고객관리를 위하여 단정하게 유니폼을 갖춰 입고 위생과 안전 규정을 준수하며 예의바르고 상냥한 태도를 유지한다.
• 늘 정직을 바탕으로 신뢰감을 주어야 하며 고객에 대한 편견을 갖지 말고 대해야 한다.
• 사전에 철저한 준비의식과 새로운 트렌드에 대한 전문지식을 겸비하고자 노력해야 한다.

[03] 피부의 이해

▌표피의 구성세포

- 각질형성세포 : 새로운 각질세포 형성
- 멜라닌세포 : 피부색 결정, 색소 형성
- 랑게르한스세포 : 면역기능
- 메르켈세포 : 촉각을 감지

▌표피의 구조

각질층	• 표피의 가장 바깥층 • 납작한 무핵세포로 구성되며 10~20%의 수분을 함유 • 성분은 케라틴, 천연보습인자(NMF), 지질이 존재 • 외부 자극으로부터 피부를 보호하고 이물질의 침투를 막음
투명층	• 2~3층의 무핵세포로 구성 • 손바닥과 발바닥에만 존재 • 엘라이딘이라는 단백질이 존재하는 투명한 세포층 • 수분침투를 막는 방어막 역할
과립층	• 케라토하이알린이 과립 모양으로 존재 • 수분 방어막 및 외부로부터의 이물질의 침투에 대한 방어막 역할 • 각질화가 시작되는 층 • 해로운 자외선 침투를 막는 작용
유극층	• 표피 중 가장 두꺼운 유핵세포로 구성 • 림프액이 흐르고 있어 혈액순환이나 영양 공급의 물질대사 • 표면에는 가시 모양의 돌기가 있어 인접세포와 다리 모양으로 연결 • 면역기능이 있는 랑게르한스세포가 존재
기저층	• 단층의 원주형 세포로 유핵세포 • 새로운 세포들을 생성 • 멜라닌세포가 존재하여 피부의 색을 결정 • 물결 모양의 요철이 깊고 많을수록 탄력 있는 피부

▌진피의 구조

- 유두층
  - 표피의 경계 부위에 유두 모양의 돌기를 형성하고 있는 진피의 상단 부분
  - 다량의 수분을 함유하며, 혈관과 신경이 존재(혈관을 통해 기저층에 영양분을 공급)
- 망상층
  - 유두층의 아래에 위치하며 피하조직과 연결되는 층
  - 진피층에서 가장 두꺼운 층으로 그물 형태로 구성
  - 교원섬유와 탄력섬유 사이를 채우고 있는 간충물질과 섬유아세포로 구성
  - 피부의 탄력과 긴장을 유지

피부의 기능

- 체온을 조절하고 재생 및 면역작용 기능을 한다.
- 지각기능 : 열, 통증, 촉각, 한기 등을 지각한다.
- 분비배설 기능 : 땀과 피지를 분비하고 노폐물을 배설한다.
- 보호기능 : 세균, 물리·화학적 자극, 자외선으로부터 피부를 보호한다.
- 비타민 D 합성기능 : 자외선을 받으면 비타민 D를 형성한다.
- 호흡작용 : 이산화탄소를 피부 밖으로 배출하면서 산소와 교환한다.

에크린선(소한선)

- 손바닥, 발바닥, 겨드랑이, 등, 앞가슴, 코 부위에 분포
- 약산성의 무색·무취
- 노폐물 배출, 체온조절 기능

아포크린선(대한선)

- 겨드랑이, 유두 주위, 배꼽 주위, 성기 주위, 항문 주위 등 특정한 부위에 분포
- 단백질 함유량이 많은 땀을 생산
- 세균에 의해 부패되어 불쾌한 냄새

피부의 pH

- 4.5~6.5의 약산성
- 피지선, 한선에서 나오는 저급지방산, 젖산염, 아미노산 등의 분비물에 의해 형성
- 피부 겉면의 얇은 산성막은 피부를 외부의 물리적, 화학적 손상으로부터 보호

피지선

- 진피의 망상층에 위치하며, 손바닥, 발바닥을 제외한 전신에 분포한다.
- 하루 평균 1~2g의 피지를 모공을 통해 밖으로 배출시킨다.
- 모공이 각질이나 먼지에 의해 막혀 피지가 외부로 분출이 되지 않으면 여드름이 발생한다.
- 남성호르몬 안드로겐은 피지 분비를 활성화시키며, 여성호르몬 에스트로겐은 피지 분비를 억제하는 역할을 한다.

▌ 피부 유형별 특징

정상피부	• 피부의 수분과 유분의 밸런스가 이상적인 상태이다. • 각질층의 수분 함유량이 10~20%로 정상이다. • 세안 후 피부 당김이 별로 느껴지지 않는다. • 모공이 섬세하고 매끄럽고 부드러우며, 윤기가 있다. • 혈색이 좋고 피부가 촉촉하다.
건성피부	• 피부와 땀의 분비가 적어 건조하고 윤기가 없다. • 피부가 거칠어 보이고 잔주름이 많이 나타난다. • 세안 후 당김이 심하다. • 화장이 잘 받지 않고 들뜨기 쉽다. • 관리가 소홀해지면 피부 노화현상이 빠르게 나타난다. • 각질층의 수분함량이 10% 이하로 부족하다.
지성피부	• 모공이 넓고 피지가 과다 분비되어 항상 번들거린다. • 각질층이 두껍고 피부가 거칠다. • 다른 피부에 비해 외부 자극에 대한 저항력이 강하다. • 피지 분비가 많아서 면포나 여드름이 생기기 쉽다. • 피부가 맑거나 투명해 보이지 않고 탁해 보인다.
노화피부	• 콜라겐과 엘라스틴의 변화로 탄력이 없고, 잔주름이 많다. • 피지 및 수분의 감소로 피부가 건조하고 당김이 심하다. • 자외선에 대한 방어력이 떨어져 색소침착이 일어난다. • 각질형성 과정의 주기가 길어져 표피가 거칠다.
민감성 피부	• 피부조직이 얇고 섬세하며, 모공이 작다. • 화장품이나 약품 등의 자극에 피부 부작용을 일으키기 쉽다. • 정상피부에 비해 환경변화에 쉽게 반응을 일으킨다. • 피부 건조화로 당김이 심하다. • 모세혈관이 피부 표면에 잘 드러나 보인다.
복합성 피부	• 한 얼굴에 두 가지 이상의 타입이 공존한다. • 피부 톤이 전체적으로 일정하지 않다. • 화장품 성분에 민감하여, 피부에 맞는 화장품의 선택이 어렵다. • T-Zone은 지성이나 여드름성의 형태를 띠며, U-Zone은 건성이나 민감성의 형태를 나타낸다. • 볼과 눈 주위는 피지 분비가 적어 잔주름이 나타난다.

▌ 탄수화물

- 1g당 4kcal
- 인체의 주된 에너지원
- 혈당 공급
- 핵산을 만드는 데 필요
- 글리코겐 저장
- 단당류 : 소화로 더 이상 분해가 되지 않는 단위(포도당, 과당, 갈락토스)
- 이당류 : 단당류 2개가 결합한 당류(맥아당, 설탕, 유당)
- 다당류 : 당이 수백, 수천 개가 결합된 것(녹말, 글리코겐, 셀룰로스 등)

▌단백질

- 1g당 4kcal
- 우리 몸의 구성 성분으로 몸의 균형 유지
- 영양소 운반기능 : 혈액에 녹지 않는 지방을 감싸 운반
- 필수아미노산 : 류신, 아이소류신, 라이신, 메티오닌, 페닐알라닌, 트레오닌, 트립토판, 발린, 히스티딘
  ※ 8가지로 보는 경우 히스티딘은 제외
- 비필수아미노산 : 알라닌, 아르기닌, 아스파라진, 아스파르트산, 시스테인, 글루탐산, 글루타민, 글라이신, 프롤란, 세린, 타이로신

▌지방

- 1g당 9kcal
- 인체의 에너지원으로 가장 중요한 영양소
- 체온을 일정하게 유지하고, 장기를 외부의 충격으로부터 보호
- 필수지방산 : 신체의 성장 및 생리적 정상 기능 유지에 필요(리놀산, 리놀렌산, 아라키돈산)

▌원발진

- 반점 : 융기나 함몰 없이 색깔만 변하는 현상
- 구진 : 1cm 미만 크기, 속이 단단하게 튀어나온 융기물
- 농포 : 고름이 있는 소수포 크기의 융기성 병변
- 팽진 : 가려움과 함께 피부 일부가 일시적으로 부풀어 오른 상태
- 대수포 : 직경 1cm 이상의 혈액성 물집
- 소수포 : 직경 1cm 미만 투명한 액체 물집
- 결절 : 구진보다 크며 종양보다 작고 단단, 기저층 아래에 형성(섬유종, 지방종)
- 종양 : 직경 2cm 이상의 큰 피부의 증식물
- 낭종 : 액체나 반고형물질로 진피증에 있으며 통증을 유발

▌속발진

- 인설 : 피부 표면의 각질세포가 병적으로 하얗게 떨어지는 부스러기
- 찰상 : 물리적 자극에 의해 피부 표피가 벗겨지는 증상, 흉터 없이 치료 가능
- 가피 : 딱지를 말하며 혈액과 고름 등이 말라붙은 증상
- 미란 : 수포가 터진 후 표피만 떨어진 증상
- 균열 : 외상이나 질병으로 표피가 진피층까지 갈라진 상태
- 궤양 : 진피나 피하조직까지 결손으로 분비물과 고름 출혈, 흉터 생김
- 반흔 : 병변의 치유 흔적, 흉터

- 위축 : 피부의 생리적 기능 저하로 피부가 얇게 되는 현상
- 태선화 : 표피 전체가 가죽처럼 두꺼워지며 딱딱해지는 현상

▌ 바이러스성 피부질환
- 대상포진 : 몸속에 잠복해 있던 바이러스가 피로나 스트레스로 몸의 상태가 나빠지면서 활성화되는 질병
- 단순포진 : 피곤하고 저항력이 저하되어 자주 발생하며 입술, 코, 눈, 생식기, 항문 주위에 주로 발생
- 사마귀 : 파필로마 바이러스에 의해 발생하며 감염성이 있음
- 풍진 : 귀 뒤나 목 뒤의 림프절 비대증상으로 통증을 동반
- 홍역 : 파라믹소 바이러스에 의해 발생하는 급성발진성 질환
- 수두 : 가려움증을 동반한 발진성 수포 발생

▌ 진균성 피부질환
- 조갑백선 : 손톱과 발톱이 백선균에 감염되어 일어나는 질환
- 족부백선 : 하얀 곰팡이균의 감염에 의해 발에 생기는 무좀
- 두부백선 : 머리의 뿌리에 곰팡이균이 기생하는 질환
- 칸디다증 : 진균의 일종인 칸디다에 의해 신체의 일부 또는 여러 부위가 감염되어 발생하는 질환

▌ 세균성 피부질환
- 농가진 : 세균감염으로 물집, 고름과 딱지가 생기며 감염성이 강한 질환
- 봉소염 : 피하조직에 세균이 침범하는 화농성 염증질환
- 절종 : 모낭에서 발생한 염증성 결절

▌ 저색소 침착
- 멜라닌 색소 감소로 인해 발생
- 백반증 : 백색 반점이 피부에 나타나는 후천적 탈색소성 질환
- 백색증 : 멜라닌 합성의 결핍으로 인해 눈, 피부, 털 등에 색소 감소를 나타내는 선천성 유전질환

▌ 과색소 침착
- 멜라닌 색소 증가로 인해 발생
- 기미 : 안면, 특히 눈 밑이나 이마에 발생하는 갈색의 색소침착 현상
- 검버섯 : 주로 노인의 살갗에 생기는 거무스름한 얼룩
- 주근깨 : 얼굴의 군데군데에 생기는 잘고 검은 점

- 악성 흑색종 : 멜라닌세포의 악성화로 생긴 종양
- 오타모반 : 청갈색 또는 청회색의 진피성 색소반점

▮ 자외선의 종류

구분	UV-A(장파장)	UV-B(중파장)	UV-C(단파장)
파장	320~400nm	290~320nm	200~290nm
특징	• 진피층까지 침투 • 즉각 색소침착 • 광노화 유발 • 피부탄력 감소	• 표피 기저층까지 침투 • 홍반 발생, 일광화상 • 색소침착(기미)	• 오존층에서 흡수 • 강력한 살균작용 • 피부암 원인

▮ 자외선의 영향

- 긍정적 영향 : 비타민 D 합성, 살균 및 소독, 강장효과 및 혈액순환 촉진
- 부정적 영향 : 홍반, 색소침착, 노화, 일광화상, 피부암

▮ 적외선의 효과

- 혈액순환 촉진
- 신진대사 촉진
- 근육이완 및 수축
- 통증완화 및 진정효과
- 피부에 영양분 침투

▮ 면역의 종류와 작용

구분	자연면역(선천면역)	획득면역(후천면역)
정의	선천적인 저항력으로 스스로 치유하는 면역	병원체 감염 후에 나타나는 후천적인 방어작용

특징	• 비특이적 면역 : 이전의 감염 여부에 관계없이 일어나는 선천적인 방어작용
	• 신체적 방어기구
	  – 인체 내부를 세균이나 상해로부터 보호
	  – 기침, 재채기, 타액, 피부
	• 화학적 방어기구 : 내부의 산성 점액질로 화학적인 방어막 형성
	• 식균작용과 염증반응
	  – 1차 : 백혈구가 몸속 유해한 균을 제거
	  – 2차 : 림프구에서 90% 이상 세균 제거
		• 특이적 면역 : 병원체에 노출된 후 활성화되어 침입한 병원체에 대한 방어작용
		• B림프구
		  – 체액성 면역
		  – 골수에서 생성
		  – 항체는 체액에 존재
		  – 면역글로불린이라는 당단백질로 구성
		• T림프구
		  – 세포성 면역
		  – 가슴샘에서 성숙
		  – 항체 생성
		  – 세포성 면역에 핵심 역할
		  – 항원을 인지하여 림포카인을 분비
		  – 직접 감염된 세포를 제거

▌ 내인성 노화(자연노화)

- 나이가 들면서 자연스럽게 발생하는 노화
- 에스트로겐 분비 감소로 인한 주름 발생
- 진피층의 콜라겐과 엘라스틴이 감소
- 표피와 진피 두께가 얇아짐
- 유전이나 혈액순환 저하
- 방어벽 역할을 하는 면역기능 이상

▌ 외인성 노화(광노화, 환경적 노화)

- 자외선 노출
- 스트레스와 과로
- 멜라닌세포 증가(색소침착)
- 메이크업 잔여물들이 노화를 진행
- 수면습관 및 생활습관(흡연, 음주 등)
- 표피 두께가 두꺼워짐

[04] 화장품 분류

▌ 화장품의 분류

분류		종류
기초 화장품	세안·청결	클렌징 제품, 딥클렌징(각질제거와 모공청소용) 제품
	피부정돈	화장수, 팩(마스크)
	피부보호·영양 공급	로션, 에센스, 크림류, 마사지크림
메이크업 화장품	베이스 메이크업	메이크업 베이스, 파운데이션, 컨실러, 파우더류 등
	포인트 메이크업	아이섀도, 아이라이너, 마스카라, 아이브로, 블러셔(치크), 립스틱 등
보디 화장품	세정효과	보디클렌저, 보디스크럽, 입욕제
	신체 보호·보습효과	보디로션, 보디 오일
	체취 억제	데오도런트, 샤워 코롱
	제모제	제모왁스, 제모젤, 탈모제
모발 화장품	세정용	샴푸, 헤어린스
	트리트먼트	헤어트리트먼트, 헤어로션, 헤어팩
	염모제, 탈색제	염색약, 헤어블리치
	양모제	헤어 토닉, 모발촉진제, 육모제
네일 화장품	네일 영양, 색채 화장품	네일 강화제, 큐티클 오일, 에센스, 베이스코트, 탑코트, 네일 폴리시, 네일 리무버 등
방향용 화장품	향수류	퍼퓸, 오드 퍼퓸, 오드 토일렛, 오드 코롱, 샤워 코롱

▌ 계면활성제

- 양이온성 계면활성제 : 살균과 소독작용이 우수하다(헤어린스, 헤어트리트먼트).
- 음이온성 계면활성제 : 세정작용과 기포작용이 우수하다(비누, 샴푸, 클렌징 폼 등).
- 양쪽성 계면활성제 : 피부자극이 작고 세정작용이 있다(저자극 샴푸, 베이비샴푸 등).
- 비이온성 계면활성제 : 피부자극이 가장 작고, 화장품에 널리 사용한다(기초 화장품류, 화장수의 가용화제, 크림의 유화제, 클렌징 크림의 세정제).

▌ 계면활성제의 피부자극성과 세정력

- 계면활성제의 피부자극성 : 양이온성 > 음이온성 > 양쪽성 > 비이온성
- 계면활성제의 세정력 : 음이온성 > 양쪽성 > 양이온성 > 비이온성

▌ 보습제가 갖추어야 할 조건

- 적절한 보습력이 있을 것
- 환경 변화에 흡습력이 영향을 받지 않을 것
- 피부친화성이 높은 것
- 응고점이 낮고 휘발성이 없을 것
- 다른 성분과 잘 섞일 것

▌ 안료의 종류 및 특징

분류	특징
무기안료	• 체질안료 : 탤크, 카올린, 마이카 • 백색안료 : 산화아연, 이산화타이타늄 • 착색안료 : 산화철류 • 색상은 화려하지 않지만 커버력이 우수하다. • 빛, 산, 알칼리에 강하다. • 마스카라에 사용한다.
유기안료	• 타르색소로 유기합성 색소이다. • 종류가 많고 화려하다. • 대량 생산이 가능하다. • 색상이 선명하고 풍부하다. • 빛, 산, 알칼리에 약하다. • 립스틱 등 색조 화장품에 사용한다.
레이크(Lake)	• 수용성인 염료에 알루미늄(Al), 칼슘(Ca), 마그네슘(Ma), 지르코늄(Zr) 등 금속염을 가해 물과 오일에 녹지 않게 만든 불용성 색소이다. • 색조 화장품에 사용한다.

▌가용화제(Solubilization)

- 향과 에탄올 등 물에 용해되지 않는 물질을 용해시키기 위해 사용되는 계면활성제이다.
- 미셀입자가 작아 가시광선이 통과되므로 투명하게 보인다.
- 화장수, 향수, 헤어 토닉, 네일 에나멜 등이 있다.

▌유화제(Emulsion)

- 서로 혼합하지 않는 물과 기름을 혼합하여 안정된 에멀션을 만들기 위한 계면활성제이다.
- 미셀입자가 가용화의 미셀입자보다 커 가시광선이 통과하지 못하므로 불투명하게 보인다.
- 에멀션, 영양크림, 수분크림 등이 있다.

종류	특징
O/W형(수중유형)	• 물 베이스에 오일 성분이 분산되어 있는 상태 • 로션, 에센스, 크림
W/O형(유중수형)	• 오일 베이스에 물이 분산되어 있는 상태 • 영양크림, 클렌징크림, 자외선 차단제
O/W/O형, W/O/W형	분산되어 있는 입자가 영양물질과 활성물질의 안정된 상태

▌화장품의 4대 요건

- 안전성 : 피부에 바를 때 자극과 알레르기, 독성이 없어야 한다.
- 안정성 : 보관에 따른 화장품의 변질이 없어야 한다.
- 사용성 : 피부에 대한 사용감과 제품의 편리성을 말한다.
- 유효성 : 사용 목적에 따른 효과와 기능을 말한다.

▌기초 화장품

구분	기능	종류
세안	피부 표면의 더러움, 메이크업 찌꺼기 및 노폐물을 제거하여 피부를 청결하게 해 준다.	클렌징 폼, 클렌징 오일, 클렌징 로션, 클렌징 크림, 클렌징 워터
피부정돈	세안에 의해 상승된 피부의 pH를 정상적인 상태로 돌아오게 하고 수분과 유분을 공급하여 피부결을 정돈해 준다.	수렴화장수, 유연화장수, 팩
피부보호	피부 표면의 건조를 방지하고, 매끄러움을 유지시키며 추위로부터 피부를 보호하거나 공기 중의 세균 침입을 막아 준다.	로션, 에센스, 크림

▌ 메이크업 화장품

- 메이크업 베이스 : 피부 톤을 정돈하고, 파운데이션의 밀착성과 지속성을 높여 준다.
- 파운데이션 : 피부를 자외선으로부터 보호하고 윤기 있게 표현해 주며 결점을 커버한다.
- 컨실러 : 피부의 결점을 커버한다.
- 파우더 : 파운데이션의 지속성을 높여 주고, 땀과 피지 등 유분기를 제거하여 화사한 피부 톤을 표현해 준다.

▌ 네일 화장품

- 네일 폴리시 : 네일 에나멜이라고도 하며, 손톱에 색채와 광택을 부여하여 아름답게 할 목적으로 사용한다.
- 네일 폴리시의 요구 조건
  - 적당한 점도와 안료가 균일하게 분산되어 있을 것
  - 제거할 때 쉽게 깨끗이 지워져야 하며 착색이나 변색현상이 없을 것
  - 도포 후 색상이나 광택의 지속성이 좋을 것
  - 적당한 속도로 건조하여 균일한 피막을 형성할 것
  - 손톱에 밀착된 피막이 쉽게 손상되거나 잘 벗겨지지 않을 것

▌ 향수의 구비조건

- 향에 특징이 있을 것
- 향이 지속성과 확산성이 있을 것
- 향이 조화로울 것
- 시대성에 부합되는 향일 것

▌ 향수의 부향률(농도)에 따른 분류

분류	지속시간	부향률	특징
퍼퓸(Perfume)	6~7시간	15~30%	향의 농도가 강하며 지속성이 높다.
오드 퍼퓸(Eau de Perfume)	5~6시간	9~12%	퍼퓸에 가까운 지속성을 가진다.
오드 토일렛(Eau de Toilet)	3~5시간	6~8%	오드 퍼퓸보다는 향이 약하다.
오드 코롱(Eau de Cologne)	1~2시간	3~5%	향수를 처음 접하는 사람에게 적합하다.
샤워 코롱(Shower Cologne)	1시간	1~3%	향료의 함유량이 가장 낮고, 샤워 후 가볍게 전신에 도포하거나 분사한다.

▌기능성 화장품

- 특징
  - 피부의 미백에 도움을 주는 제품
  - 피부의 주름 개선에 도움을 주는 제품
  - 피부를 곱게 태워주거나 자외선으로부터 피부를 보호하는 데에 도움을 주는 제품
  - 모발의 색상을 변화·제거 또는 영양 공급에 도움을 주는 제품
  - 피부나 모발의 기능 약화로 인한 건조함, 갈라짐, 빠짐, 각질화 등을 방지하거나 개선하는 데 도움을 주는 제품
- 미백에 도움을 주는 성분
  - 알부틴, 코직산, 감초 추출물, 닥나무 추출물 : 타이로신(티로신)의 산화를 촉매하는 타이로시네 이스(티로시나제)의 작용을 억제시킨다.
  - 비타민 C : 도파의 산화를 억제시킨다.
  - 하이드로퀴논 : 멜라닌세포를 사멸한다.
  - AHA : 각질층을 녹여 멜라닌 색소를 제거한다.
- 주름 개선에 도움을 주는 성분 : 레티놀, 아데노신, 베타카로틴
- 자외선 차단성분

구분	자외선 산란제(물리적 차단제)	자외선 흡수제(화학적 차단제)
특징	피부 표면에서 자외선을 반사, 산란	피부 속으로 자외선을 흡수시킨 후 화학작용 후 배출
성분	산화아연(징크옥사이드), 이산화타이타늄(타이타늄다이 옥사이드)	옥틸다이메틸파바, 옥틸메톡시신나메이트, 벤조페논유도체, 캠퍼유도체, 다이벤조일메탄유도체, 갈릭산유도체, 파라아미 노벤조산

[05] 손발의 구조와 기능

▌골격계(뼈)의 기능

보호기능, 신체지지 기능, 운동기능, 저장기능, 조혈기능

▌뼈의 형태

- 장골 : 길이가 길며 골간과 두 개의 골단으로 이루어져 있고, 내면에 골수강을 형성(대퇴골, 상완골, 요골, 척골, 경골, 비골)
- 단골 : 넓이와 길이가 비슷하며, 골수강이 없는 짧은 뼈(수근골, 족근골)
- 편평골 : 얇고 편평하며 대부분 휘어져 있는 형태(견갑골, 늑골, 두개골)
- 불규칙골 : 모양이 다양하고 복잡한 뼈(척추골, 관골)
- 종자골 : 씨앗 모양의 뼈(슬개골)
- 함기골 : 전두골, 상악골, 사골, 측두골, 접형골

뼈의 기본 구조

- 골막 : 뼈를 덮는 강한 결합조직층으로 신경, 혈관이 많이 분포되어 있으며, 뼈를 보호하고 영양 공급, 재생기능의 역할
- 골단 : 뼈의 양쪽 끝부분
- 치밀골 : 뼈의 표면으로, 신경 및 혈관이 지나는 하버스관이 존재
- 해면골 : 뼈의 안쪽에 위치하며, 치밀골에 싸여 있음
- 골수강 : 골수로 차 있는 공간으로, 뼈의 가장 안쪽에 위치

손의 뼈

수근골	손목뼈, 8개의 짧은 뼈	근위수근골	주상골, 월상골, 삼각골, 두상골
		원위수근골	대능형골, 소능형골, 유두골, 유구골
중수골	손바닥뼈, 5개	제1중수골~제5중수골	
수지골	손가락뼈, 14개	엄지손가락	기절골, 말절골
		나머지 손가락	기절골, 중절골, 말절골

발의 뼈

족근골	발목뼈, 7개	근위족근골	거골, 종골, 주상골
		원위족근골	제1설상골, 제2설상골, 제3설상골, 입방골
중족골	발바닥뼈, 5개	제1중족골~제5중족골	
족지골	발가락뼈, 14개	엄지발가락	기절골, 말절골
		나머지 발가락	기절골, 중절골, 말절골
족궁	발바닥 안쪽 아치 모양의 뼈	몸의 중력을 분산시키는 역할	

손의 근육

- 무지굴근 : 단무지굴근(짧은엄지굽힘근), 단무지외전근(짧은엄지벌림근), 무지내전근(엄지모음근), 무지대립근(엄지맞섬근)
- 중수근 : 벌레근(충양근), 장측골간근(바닥쪽뼈사이근), 배측골간근(등쪽뼈사이근)
- 소지굴근 : 소지외전근(새끼벌림근), 단소지굴근(새끼굽힘근), 소지대립근(새끼맞섬근)

근육의 작용

- 굴근 : 손목을 굽히게 하고 손가락을 구부리게 하는 작용
- 신근 : 손과 손가락을 펴 주는 작용
- 회내근 : 손을 안쪽으로 돌려주며 손등이 위로 보이게 하는 작용
- 회외근 : 손을 바깥쪽으로 돌려주며 손바닥을 위로 향하게 하는 작용

- 내전근 : 손가락을 붙이고 구부리는 작용
- 대립근 : 물체를 잡는 작용
- 외전근 : 손가락을 벌리는 작용

▌손의 신경
- 액와신경 : 삼각근 상부에 있는 피부감각을 지배하는 신경
- 근피신경 : 팔의 외측 피부감각을 지배하는 신경
- 정중신경 : 손바닥 외측 1/2의 피부감각을 지배하는 신경
- 요골신경 : 손등의 감각과 엄지 쪽을 지배하는 신경
- 척골신경 : 앞팔 내측 피부감각을 지배하는 신경

▌발의 신경
- 대퇴신경 : 대퇴 부위 피부에 분포하는 신경
- 복재신경 : 허벅지에서 종아리 아래까지 이어진 신경
- 경골신경 : 대퇴와 무릎근육으로 수직으로 내려와 발과 발가락, 발바닥 등에 분포하는 신경
- 총비골신경 : 다리에서 무릎 관절 윗부분 뒤쪽에서 갈라진 것으로 종아리 근육과 피부에 분포하는 신경
- 외측비복피신경 : 비골신경에서 시작되며 다리의 후방 및 측면 표면 피부에 분포하는 신경

CHAPTER 02 | 네일 화장물 적용

[01] 네일 화장물 제거

▌ 일반 네일 폴리시 성분

나이트로셀룰로스, 알키드, 아크릴, 설폰아마이드 수지, 송진, 벤젠, 톨루엔, 폴리초산비닐, 폼알데하이드, 구연산 에스터(에스테르), 캠퍼 등

피막 형성제	• 피막 형성 성분 : 나이트로셀룰로스 • 수지 : 알키드, 아크릴, 설폰아마이드 수지 등 • 가소제 : 구연산 에스터(에스테르), 캠퍼 등
용제성분	• 주용제 : 초산에틸, 초산부틸 등 • 보조용제 : IPA, 뷰탄올 등 • 희석제 : 톨루엔 등
착색성분	• 색재 : 유기안료, 무기안료, 염료 등 • 펄제 : 합성펄제, 천연어린박, 알루미늄 분말 등
침전방지 성분	겔화제 : 유기변성 점토광물

▌ 일반 네일 폴리시 제거작업

- 네일 화장물을 제거하는 제품을 통칭하여 제거제라고 하며, 제거제에는 네일 폴리시 리무버, 젤 네일 폴리시 리무버, 아세톤 등이 있다.
- 네일 화장물 제거 시 자연네일과 네일 주변이 손상되지 않도록 주의해야 한다.
- 제거제는 피부에 닿지 않도록 주의해야 한다.
- 짙은 에나멜을 문질러서 지울 경우 큐티클 라인에 번질 수 있으므로 가볍게 눌러 닦아 낸 다음에 솜을 접어서 깨끗한 면으로 다시 닦아 낸다.
- 손톱의 자극을 최소화하기 위해 에나멜 리무버를 솜에 충분히 적셔 준 다음, 표면에 5~6초 정도 눌러준 후 제거한다.
- 화장물 제거 시 고객이 편안함을 느낄 수 있도록 하며, 완전 제거 상태를 확인한다.

▌ 젤 네일 폴리시 성분

- 젤 네일이란 올리고머(Oligomer)라는 저분자, 중분자 구조를 가지고 있는 인조네일을 말한다.
- 베이스 젤, 화이트 젤, 핑크 또는 클리어 젤, 탑 젤, 젤 클렌저 등이 있다.

▌ 젤 네일 폴리시 제거작업

- 네일파일 작업 시 고객이 편안함을 느낄 수 있도록 배려하며, 정확하고 섬세하게 작업한다.
- 네일 화장물 제거 시 자연네일과 네일 주변이 손상되지 않도록 주의해야 한다.
- 제거제는 피부에 닿지 않도록 주의하며, 청결하게 마무리한다.
- 소프트 젤은 아세톤이나 젤 전용 제거제로 제거하고, 하드 젤은 파일로 제거한다.
- 마무리로 젤 네일 폴리시의 완전 제거 상태를 확인한다.

▌ 보습제 도포

- 피부 상태에 따라 적절한 보습 제품을 선택하여 적용할 수 있다.
- 보습 제품을 사용하여 큐티클을 부드럽게 할 수 있다.
- 보습제의 관리와 보관 시 사용기한을 숙지한다.

[02] 네일 화장물 적용

▌ 매니큐어

- 습식 매니큐어 : 물에 손을 담가 관리하는 방법을 말한다.
- 프렌치 매니큐어 : 프리에지에 다른 색상의 폴리시를 디자인하여 발라 준다.
- 파라핀 매니큐어 : 건조한 손에 보습과 영양을 효과적으로 공급해 준다. 파라핀이 완전히 녹는 온도는 52~55℃이다.
- 핫오일 매니큐어 : 손이 건조하거나 큐티클이 심하게 건조한 경우 큐티클을 부드럽고 유연하게 하는 데 도움을 준다.

▌ 매니큐어 컬러링의 종류

- 풀코트(Full Coat) : 손톱 전체에 컬러링한다.
- 프렌치(French) : 프리에지 부분에 컬러링한다.
- 딥프렌치(Deep French) : 손톱의 1/2 이상을 스마일 라인으로 형성한다.
- 프리에지(Free Edge) : 프리에지 부분만 빼고 컬러링한다.
- 루눌라(Lunula, Half Moon) : 루눌라 부분만 빼고 반달형으로 컬러링한다.
- 헤어라인 팁(Hairline Tip) : 풀코트 후 손톱 끝부분을 1.5mm 정도 닦아 준다.
- 슬림라인(Slim Line, Free Wall) : 손톱의 양옆을 1.5mm 정도 빼고 컬러링한다.
- 그러데이션(Gradation) : 프리에지 부분이 진하고 큐티클로 올라갈수록 연하게 하는 방법이다.

▌ 매니큐어의 종류별 시술과정

습식 매니큐어	프렌치 매니큐어	파라핀 매니큐어	핫오일 매니큐어
① 시술자 손 및 고객 손 소독하기	① 시술자 손 및 고객 손 소독하기	① 시술자 손 및 고객 손 소독하기	① 시술자 손 및 고객 손 소독하기
② 폴리시 제거하기	② 폴리시 제거하기	② 폴리시 제거하기	② 폴리시 제거하기
③ 손톱 모양잡기	③ 손톱 모양잡기	③ 손톱 모양잡기	③ 손톱 모양잡기
④ 표면 정리하기	④ 표면 정리하기	④ 표면 정리하기	④ 로션 워머에 손 담그기
⑤ 거스러미 제거하기	⑤ 거스러미 제거하기	⑤ 거스러미 제거하기	⑤ 표면 정리하기
⑥ 핑거 볼에 큐티클 불리기	⑥ 핑거 볼에 큐티클 불리기	⑥ 핑거 볼에 큐티클 불리기	⑥ 거스러미 제거하기
⑦ 큐티클 오일 바르기	⑦ 큐티클 오일 바르기	⑦ 큐티클 오일 바르기	⑦ 핑거 볼에 큐티클 불리기
⑧ 큐티클 밀기	⑧ 큐티클 밀기	⑧ 큐티클 밀기	⑧ 큐티클 오일 바르기
⑨ 큐티클 정리하기	⑨ 큐티클 정리하기	⑨ 큐티클 정리하기	⑨ 큐티클 밀기
⑩ 손 소독하기	⑩ 손 소독하기	⑩ 손 소독하기	⑩ 큐티클 정리하기
⑪ 로션 바르기	⑪ 로션 바르기	⑪ 유분기 제거하기	⑪ 손 소독하기
⑫ 유분기 제거하기	⑫ 유분기 제거하기	⑫ 베이스코트 바르기	⑫ 손 마사지하기
⑬ 베이스코트 1회 바르기	⑬ 베이스코트 바르기	⑬ 파라핀에 담그기	⑬ 유분기 제거하기
⑭ 폴리시 2회 바르기	⑭ 폴리시 바르기	⑭ 파라핀에 담근 손에 장갑 씌우기	⑭ 컬러링하기
⑮ 탑코트 1회 바르기	⑮ 탑코트 바르기	⑮ 파라핀 제거 및 마사지하기	⑮ 도구 정리하기
⑯ 폴리시 건조하기	⑯ 폴리시 건조하기	⑯ 베이스코트 및 유분기 제거하기	
⑰ 도구 정리하기	⑰ 도구 정리하기	⑰ 컬러링하기	
		⑱ 도구 정리하기	

▌ 네일 팁

- 네일 팁은 인조네일이라고도 하며, 자연네일의 길이를 연장시켜 주고 자연네일을 보강해 준다. 재질은 주로 플라스틱, 나일론, 아세테이트이다.
- 네일 팁은 손톱의 크기보다 너무 작거나 크지 않게 사이즈를 선택하여 손톱의 1/3 정도 부분에 45°로 공기가 들어가지 않게 붙인다.
- 팁의 모양과 커브에 따라 종류는 풀 팁(Full Tip)과 하프 팁(Half Tip)으로 나뉜다.
- 네일 팁의 재료 : 습식 매니큐어 재료, 네일 팁, 네일 글루, 팁 커터기, 젤 글루, 필러 파우더, 글루 드라이 등
- 시술 시 주의사항
  - 손톱에 맞는 팁이 없을 시 작은 것보다 큰 것을 선택하여 손톱에 맞게 갈아 준다.
  - 팁을 45° 각도로 밀착시켜 붙인 후 5~10초 정도 눌러 주고 양쪽 측면에 핀칭을 준다.
  - 손톱이 크고 납작한 경우는 끝이 좁은 내로 팁을, 손톱 끝이 위로 솟은 경우는 커브 팁을, 양쪽 측면이 움푹 들어갔거나 각진 손톱은 하프 웰의 팁을 선택한다.

▌ 네일 랩

- 네일 랩은 오버레이(Overlay)라고도 하며, 손톱을 포장한다는 뜻이다.
- 손톱이 약하거나 찢어진 경우 천이나 종이를 손톱 크기로 오려 접착제로 붙이는 방법이다.
- 네일 랩의 재료 : 습식 매니큐어 재료, 실크 랩, 실크 가위, 글루, 젤 글루, 필러 파우더, 글루 드라이 등
- 팁 위드 랩의 재료 : 습식 매니큐어 재료, 네일 팁, 팁 커터기, 실크 랩, 실크 가위, 글루, 젤 글루, 필러 파우더, 글루 드라이 등
- 네일 랩의 종류

종류		특징
패브릭 랩 (Fabric Wrap)	실크(Silk)	얇고 부드럽고 투명하여 가장 많이 사용한다.
	린넨(Linen)	두껍고 강하게 유지되지만 컬러링이 필요하다.
	파이버글라스(Fiberglass)	매우 얇은 인조유리섬유로 글루가 잘 스며들어 투명도가 높다.
페이퍼 랩(Paper Wrap)		얇은 종이 소재로 폴리시 리무버와 아세톤에 용해되기 쉬워 임시 랩으로 사용한다.

▌ 아크릴릭 네일

- 아크릴릭 네일은 스컬프처 네일이라고도 하며, 아크릴릭 파우더와 아크릴릭 리퀴드를 혼합하여 인조네일의 모양을 만들어 연장하는 방법이다. 인조 팁보다 내수성과 지속성이 좋고 물어뜯는 손톱에도 시술이 가능하다.
- 종류 : 아크릴릭 팁 오버레이(인조손톱 위에 하는 것), 아크릴릭 스컬프처(폼 위에 아크릴을 올려 손톱을 길게 만들어 주는 방법)
- 재료 : 습식 매니큐어 재료, 아크릴릭 리퀴드, 아크릴릭 파우더, 네일 폼, 아크릴 브러시, 브러시 클리너, 프라이머, 디펜디시 등

▌ 아크릴릭 네일의 화학물질

- 모노머(Monomer, 단량체) : 아크릴 리퀴드
- 폴리머(Polymer, 중합체) : 아크릴 파우더
- 카탈리스트(Catalyst) : 아크릴을 빨리 굳게 하는 촉매제

▌ 그릿(Grit)

- 파일의 그릿 수가 클수록 표면이 곱고, 그릿 수가 작을수록 표면이 거칠고 두껍다.
- 거친 순서 : 100그릿 > 150그릿 > 180그릿 > 240그릿

▌ 아크릴릭 네일의 문제점

- 들뜸(Lifting) : 손톱에 유·수분이 남았거나 프라이머, 아크릴 파우더, 리퀴드가 오염되었을 때
- 깨짐(Crack) : 아크릴이 너무 얇게 올려지거나 낮은 온도에서 시술하였을 때
- 곰팡이(Fungus) : 손톱과 인조네일에 들뜸현상으로 습기가 생기거나, 그것을 장시간 방치했을 때, 아크릴을 제거하지 않고 계속 보수만 하였을 때

▌ 인조네일의 종류별 시술과정

네일 팁	네일 랩	팁 위드 랩	아크릴릭 네일
① 시술자 손 및 고객 손 소독하기	① 시술자 손 및 고객 손 소독하기	① 시술자 손 및 고객 손 소독하기	① 시술자 손 및 고객 손 소독하기
② 폴리시 제거하기	② 폴리시 제거하기	② 폴리시 제거하기	② 폴리시 제거하기
③ 큐티클 정리하기	③ 큐티클 정리하기	③ 큐티클 정리하기	③ 큐티클 정리하기
④ 손톱 모양은 라운드로 잡고 프리에지는 0.5mm 정도 길이로 정리하기	④ 손톱 모양은 라운드로 잡고 프리에지는 0.5mm 정도 길이로 정리하기	④ 손톱 모양은 라운드로 잡고 프리에지는 0.5mm 정도 길이로 정리하기	④ 손톱 모양은 라운드로 잡고 프리에지는 0.5mm 정도 길이로 정리하기
⑤ 표면 정리와 거스러미 제거하기	⑤ 표면 정리와 거스러미 제거하기	⑤ 표면 정리와 거스러미 제거하기	⑤ 표면 정리와 거스러미 제거하기
⑥ 팁 고르기	⑥ 글루 도포하기 : 자연손톱에 글루를 도포한다.	⑥ 팁 고르기	⑥ 프라이머 바르기
⑦ 팁 부착하기	⑦ 실크 랩 붙이기 : 실크 랩을 재단하여 손톱의 크기보다 여유 있게 붙여 준다.	⑦ 팁 부착하기	⑦ 네일 폼 끼우기
⑧ 팁 길이와 모양 잡기	⑧ 실크 랩 위에 글루 도포하기	⑧ 팁 길이와 모양 잡기	⑧ 아크릴 볼 올리기 : 브러시를 리퀴드에 적셔 아크릴 볼을 만든 후 프리에지(화이트 볼) → 하이포인트(클리어 or 핑크 볼) → 큐티클(클리어 or 핑크 볼) 순서로 볼을 얹은 후 얇게 골고루 잘 펴서 연결한다.
⑨ 팁 턱 제거하기	⑨ 글루 드라이어 분사하기	⑨ 팁 턱 제거하기	⑨ 핀칭 주기
⑩ 팁 표면 정리와 먼지 제거하기	⑩ 표면 정리하기 : 샌딩으로 표면을 정리하고 멸균거즈로 손톱을 닦아 준다.	⑩ 팁 표면 정리와 먼지 제거하기	⑩ 네일 폼 제거하기
⑪ 글루와 필러 파우더 도포하기	⑪ 큐티클 오일 바르기 및 마무리하기	⑪ 글루와 필러 파우더 도포하기	⑪ 손톱 모양 만들기
⑫ 글루 드라이어 분사하기		⑫ 글루 드라이어 분사하기	⑫ 표면 정리하기
⑬ 표면 정리와 코팅하기		⑬ 표면 정리하기	⑬ 큐티클 오일 바르기 및 마무리하기
⑭ 큐티클 오일을 바르고 3-Way로 광택 내기		⑭ 실크 랩 붙이기 : 손톱보다 길게 재단하여 윗부분을 둥글게 오려준 후 손톱 위에 붙이고 글루와 글루 드라이 → 실크 턱 제거 → 프리에지 실크 제거 → 젤 글루 도포와 글루 드라이를 한다.	
		⑮ 표면 정리하기	
		⑯ 큐티클 오일 바르기 및 마무리하기	

▌ 젤 네일

- 젤 네일은 자연손톱과 인조네일 위에 젤을 바르고 LED 또는 UV 램프로 큐어링한다.
- 젤 네일의 종류
  - 라이트 큐어드 젤(Light Cured Gel) : LED 또는 UV 램프 등을 이용하여 응고하는 방법
  - 노 라이트 큐어드 젤(No Light Cured Gel) : 글루 드라이를 사용하여 응고하는 방법
- 젤 네일의 특징
  - 젤 네일은 하드 젤(Hard Gel)과 소프트 젤(Soft Gel)로 구분된다.
  - 큐어링을 하기 전에는 수정이 가능하여 시술이 용이하다.
  - 다양한 컬러와 광택, 지속력이 좋다.
  - 리프팅(들뜸)이 잘 일어나지 않고 냄새가 거의 없다.
  - 단점은 아세톤에 잘 녹지 않아 제거 시 시간이 많이 소요된다.
- 젤 스컬프처의 재료 : 습식 매니큐어 재료, 프라이머, 젤(베이스 젤, 탑 젤, 클리어 젤), 젤 브러시, 젤 램프, 젤 클렌저, 젤 폼, 퍼프 등
- 프렌치 젤 스컬프처의 재료 : 습식 매니큐어 재료, 프라이머, 젤(베이스 젤, 탑 젤, 클리어, 핑크, 화이트 젤), 젤 브러시, 젤 램프, 젤 클렌저, 젤 폼, 퍼프 등

▌ 젤 네일의 종류별 시술과정

젤 스컬프처	프렌치 젤 스컬프처
① 시술자 손 및 고객 손 소독하기	① 시술자 손 및 고객 손 소독하기
② 폴리시 제거하기	② 폴리시 제거하기
③ 큐티클 정리하기	③ 큐티클 정리하기
④ 손톱 모양은 라운드로 잡고 프리에지는 0.5mm 정도 길이로 정리하기	④ 손톱 모양은 라운드로 잡고 프리에지는 0.5mm 정도 길이로 정리하기
⑤ 표면 정리와 거스러미 제거하기	⑤ 표면 정리와 거스러미 제거하기
⑥ 프라이머 바르기 : 자연손톱에만 바른다.	⑥ 프라이머 바르기 : 자연손톱에만 바른다.
⑦ 네일 폼 끼우기	⑦ 네일 폼 끼우기
⑧ 베이스 젤 후 큐어링하기	⑧ 베이스 젤 후 큐어링하기
⑨ 클리어 젤 후 큐어링하기 : 큐어링 중간에 핀칭을 주어 C커브를 만들어 준다.	⑨ 화이트 젤 1, 2차 후 큐어링하기 : 프리에지 부분에 화이트 젤을 1, 2차로 나누어 스마일 라인을 만들고 큐어링 중간에 핀칭을 주어 C커브를 만들어 준다.
⑩ 젤 클렌저로 미경화 젤 제거하기	⑩ 핑크 젤 후 큐어링하기 : 보디 부분에 핑크 젤
⑪ 네일 폼 제거하기	⑪ 클리어 젤 후 큐어링하기 : 전체에 클리어 젤
⑫ 손톱 모양 만들기 : 100~180그릿의 파일	⑫ 젤 클렌저로 미경화 젤 제거하기
⑬ 표면 정리하기	⑬ 네일 폼 제거하기
⑭ 탑 젤 후 큐어링하기	⑭ 손톱 모양 만들기 : 100~180그릿의 파일
⑮ 마무리하기	⑮ 표면 정리하기
	⑯ 탑 젤 후 큐어링하기
	⑰ 마무리하기

■ 인조네일(손, 발톱)의 보수와 제거

- 인조네일(손, 발톱)은 시술 후 2주 정도 경과하면 자연손톱이 자라므로 정기적인 보수를 받아 인조네일의 들뜸이나 깨짐, 곰팡이가 생기는 것을 방지한다. 4주 후에는 패브릭과 접착제 보수를 받는다.
- 인조네일(손, 발톱)의 보수 및 제거

실크 보수	아크릴 보수	젤 보수	인조네일 제거
① 시술자 손 및 고객 손 소독하기 ② 폴리시 제거하기 ③ 랩의 들뜬 정도 파악하기 ④ 길이를 조절하고 턱 경계면을 갈아준 후 표면 샌딩하기 ⑤ 표면 정리 후 랩을 재단하여 붙인 후 글루 도포하기 ⑥ 실크 턱을 갈아준 후 글루 젤을 손톱 전체에 도포하기 ⑦ 표면 샌딩하기 ⑧ 큐티클 오일 바르기 및 마무리하기	① 시술자 손 및 고객 손 소독하기 ② 폴리시 제거하기 ③ 아크릴의 들뜬 정도 파악하기 ④ 길이를 조절하고 턱 경계면을 갈아준 후 표면 샌딩하기 ⑤ 표면 정리 후 손톱이 새로 자란 부분에 프라이머 도포하기 ⑥ 아크릴 볼을 올려 자연스럽게 연결되도록 도포하기 ⑦ 파일링과 표면 샌딩하기 ⑧ 큐티클 오일 바르기 및 마무리하기	① 시술자 손 및 고객 손 소독하기 ② 폴리시 제거하기 ③ 젤의 들뜬 정도 파악하기 ④ 길이를 조절하고 턱 경계면을 갈아준 후 표면 샌딩하기 ⑤ 표면 정리 후 손톱이 새로 자란 부분에 프라이머 도포하기 ⑥ 베이스 젤 후 큐어링하기 ⑦ 클리어 젤을 올려 자연스럽게 연결되도록 도포하고 큐어링한 후 클렌저로 미경화 젤 제거하기 ⑧ 파일링과 표면 샌딩하기 ⑨ 큐티클 오일 바르기 및 마무리하기	① 시술자 손 및 고객 손 소독하기 ② 폴리시 제거하기 ③ 자연손톱을 제외하고 인조네일을 클리퍼로 자르기 ④ 아세톤을 적신 솜을 손톱 위에 올린 후 포일로 감싸 주기 ⑤ 오렌지 우드스틱으로 제거하거나 파일로 갈아 주기 ⑥ 모두 제거되면 버퍼로 자연손톱을 정돈하기

■ 용제의 조건

- 안정성이 있고 용해가 잘 되어야 한다.
- 증발속도가 적당하고 인화점이 높아야 한다.
- 산성 성분이 없고 금속과 접촉 시 부식이 없어야 한다.
- 색상이 깨끗하고 맑으며 유황분이 포함되지 않아야 한다.
- 값이 저렴하고 공급이 안정되어야 한다.

■ 네일 트리트먼트의 종류와 특성

- 네일 보강제 : 손톱이 찢어지거나 갈라지는 것을 예방해 주는 영양제이다.
- 탑코트 : 유색 폴리시를 보호해 주고 무색투명의 빛을 가미시켜 주는 폴리시이다.
- 네일 컨디셔너 : 수분 함량이 많아 취침 전 손톱에 발라 주면 손톱이 찢어지거나 갈라지는 것을 예방해 주고 큐티클을 부드럽게 해 준다.

03 | 공중위생관리

[01] 공중보건

▌ 공중보건학의 정의

조직화된 지역사회의 노력을 통하여 질병을 예방하고, 수명을 연장하며, 건강과 능률을 증진시키는 과학이자 기술이다[원슬로(C. E. A. Winslow)].

▌ 비교지표

- 세계보건기구(WHO)의 건강수준을 나타내는 대표적 지표 : 비례사망지수, 평균수명, 조사망률
- 국가 간(지역사회 간)의 보건수준을 비교하는 보건지표 : 비례사망지수, 평균수명, 영아사망률

▌ 질병 발생 원인의 3요소

병인, 숙주, 환경

▌ 인구 구성형태

- 피라미드형 : 출생률이 증가하고, 사망률이 낮은 형태(후진국형, 인구증가형)
  → 14세 이하 인구가 65세 이상 인구의 2배 이상
- 종형 : 출생률과 사망률이 모두 낮은 형태(인구정지형)
  → 14세 이하 인구가 65세 이상 인구의 2배 정도
- 항아리형(방추형) : 출생률이 사망률보다 낮은 형태(선진국형, 인구감소형)
  → 14세 이하 인구가 65세 이상 인구의 2배 이하
- 별형 : 생산연령 인구가 많이 유입되는 형태(도시형, 인구유입형)
  → 생산인구가 증가하는 형으로 생산층(15~49세) 인구가 전체 인구의 50% 이상
- 호로형(표주박형) : 생산층 인구가 많이 유출되는 형태(농촌형, 인구유출형)
  → 15~49세의 생산층 인구가 전체 인구의 50% 미만

▌ 감염병의 발생단계

병원체 → 병원소 → 병원소로부터 병원체의 탈출 → 병원체의 전파 → 새로운 숙주로의 침입 → 감수성 있는 숙주의 감염

▌ 병원체의 종류

- 세균(Bacteria) : 콜레라, 장티푸스, 디프테리아, 결핵, 한센병, 세균성 이질, 성병 등
- 바이러스(Virus) : 소아마비, 홍역, 유행성 이하선염, 일본뇌염, 후천성 면역결핍증(AIDS), 광견병, 간염 등
- 리케차(Rickettsia) : 발진티푸스, 발진열, 쯔쯔가무시증 등
- 원충류(Parasite) : 회충, 구충, 말라리아, 유구조충 등

▌ 면역의 분류

- 자연능동면역 : 감염병에 감염된 후 형성되는 면역이다.
- 인공능동면역 : 생균백신, 사균백신 등 예방접종으로 감염을 일으켜 인위적으로 얻어지는 면역이다.
- 자연수동면역 : 신생아가 모체로부터 태반, 수유를 통해 얻는 면역이다.
- 인공수동면역 : 인공제제를 주사하여 항체를 얻는 면역이다.

▌ 절지동물에 의한 매개 감염병

- 모기 : 말라리아, 일본뇌염, 황열, 뎅기열
- 파리 : 장티푸스, 파라티푸스, 콜레라, 식중독, 이질, 결핵, 디프테리아
- 쥐 : 페스트, 서교열, 살모넬라증, 쯔쯔가무시증
- 바퀴벌레 : 세균성 이질, 콜레라, 결핵, 살모넬라, 디프테리아, 회충
- 이 : 발진티푸스

▌ 감염병의 분류

- 소화기계 감염병 : 세균성 이질, 파라티푸스, 폴리오, 장티푸스
- 호흡기계 감염병 : 유행성 이하선염, 백일해, 인플루엔자, 풍진, 홍역
- 절지동물매개 감염병 : 발진티푸스, 말라리아, 일본뇌염, 페스트
- 동물매개 감염병 : 공수병, 탄저병, 브루셀라증

▌ 법정 감염병(감염병의 예방 및 관리에 관한 법률)

제1급 감염병	• 생물테러감염병 또는 치명률이 높거나 집단 발생의 우려가 커서 발생 또는 유행 즉시 신고하여야 하고, 음압격리와 같은 높은 수준의 격리가 필요한 감염병 • 에볼라바이러스병, 마버그열, 라싸열, 크리미안콩고출혈열, 남아메리카출혈열, 리프트밸리열, 두창, 페스트, 탄저, 보툴리눔독소증, 야토병, 신종감염병증후군, 중증급성호흡기증후군(SARS), 중동호흡기증후군(MERS), 동물인플루엔자 인체감염증, 신종인플루엔자, 디프테리아
제2급 감염병	• 전파 가능성을 고려하여 발생 또는 유행 시 24시간 이내에 신고하여야 하고, 격리가 필요한 감염병 • 결핵, 수두, 홍역, 콜레라, 장티푸스, 파라티푸스, 세균성이질, 장출혈성대장균감염증, A형간염, 백일해, 유행성이하선염, 풍진, 폴리오, 수막구균 감염증, b형헤모필루스인플루엔자, 폐렴구균 감염증, 한센병, 성홍열, 반코마이신내성황색포도알균(VRSA) 감염증, 카바페넴내성장내세균목(CRE) 감염증, E형간염
제3급 감염병	• 그 발생을 계속 감시할 필요가 있어 발생 또는 유행 시 24시간 이내에 신고하여야 하는 감염병 • 파상풍, B형간염, 일본뇌염, C형간염, 말라리아, 레지오넬라증, 비브리오패혈증, 발진티푸스, 발진열, 쯔쯔가무시증, 렙토스피라증, 브루셀라증, 공수병, 신증후군출혈열, 후천성면역결핍증(AIDS), 크로이츠펠트-야콥병(CJD) 및 변종크로이츠펠트-야콥병(vCJD), 황열, 뎅기열, 큐열, 웨스트나일열, 라임병, 진드기매개뇌염, 유비저, 치쿤구니야열, 중증열성혈소판감소증후군(SFTS), 지카바이러스 감염증, 매독
제4급 감염병	• 제1급 감염병부터 제3급 감염병까지의 감염병 외에 유행 여부를 조사하기 위하여 표본감시 활동이 필요한 감염병 • 인플루엔자, 회충증, 편충증, 요충증, 간흡충증, 폐흡충증, 장흡충증, 수족구병, 임질, 클라미디아감염증, 연성하감, 성기단순포진, 첨규콘딜롬, 반코마이신내성장알균(VRE) 감염증, 메티실린내성황색포도알균(MRSA) 감염증, 다제내성녹농균(MRPA) 감염증, 다제내성아시네토박터바우마니균(MRAB) 감염증, 장관감염증, 급성호흡기감염증, 해외유입기생충감염증, 엔테로바이러스감염증, 사람유두종바이러스 감염증
기생충 감염병	• 기생충에 감염되어 발생하는 감염병 • 회충증, 편충증, 요충증, 간흡충증, 폐흡충증, 장흡충증, 해외유입기생충감염증

▌ 기생충 질환

- 무구조충 : 소고기
- 유구조충 : 돼지고기
- 선모충 : 개, 돼지
- 간흡충(간디스토마) : 제1중간숙주 – 우렁이, 제2중간숙주 – 민물고기
- 폐흡충(폐디스토마) : 제1중간숙주 – 다슬기, 제2중간숙주 – 게, 가재
- 횡천흡충(요코가와흡충) : 제1중간숙주 – 다슬기, 제2중간숙주 – 은어
- 긴촌충(광절열두조충) : 제1중간숙주 – 물벼룩, 제2중간숙주 – 송어, 연어

▌기생충 예방대책

- 음용수 등 소독 실시, 위생상태 개선
- 식생활 개선 : 생식을 금하며 요리기구 소독
- 유행지역의 역학조사와 생태 파악

▌직업병의 분류

- 이상고온 : 열중증(열사병, 열경련증, 열허탈증, 열쇠약증)
- 이상저온 : 동상, 동창
- 이상기압 : 잠함병
- 이상저압 : 고산병
- 조명 불량 : 안구진탕증, 안정피로, 근시
- 소음 : 직업성 난청
- 분진 : 진폐증
- 공업중독 : 카드뮴(이타이이타이병), 수은(미나마타병), 납(적혈구 감소)

▌식중독의 분류

종류	구분	원인
세균성 식중독	감염형	살모넬라균, 장염비브리오균, 병원성 대장균
	독소형	황색포도상구균, 보툴리누스균
	생체 내 독소형(감염형과 독소형 중간)	웰치균
화학성 식중독	유독, 유해화학물질에 의한 것	• 유해식품, 첨가물에 의한 식중독 • 농약에 의한 식중독 • 식품변질에 의한 식중독 • 유해중금속에 의해 일어나는 식중독 • 조리기구 및 포장용기에 있는 유해물질에 의한 식중독
자연독 식중독	식물성 독소	독버섯, 청매, 독미나리 등
	동물성 독소	복어, 모시조개 등
곰팡이 식중독	곰팡이독(Mycotoxin) 중독	황변미독, 아플라톡신

▌영양소의 구성

- 구성영양소 : 신체조직을 구성(단백질, 지방, 무기질, 물)
- 열량영양소 : 에너지로 사용(탄수화물, 지방, 단백질)
- 조절영양소 : 대사조절과 생리기능 조절(비타민, 무기질, 물)

▌ 영양소의 특징

탄수화물	• 탄소(C), 수소(H), 산소(O)의 3원소로 구성 • 1g당 4kcal 열량 • 에너지 공급원이며 과잉섭취하면 지방으로 전환되어 저장
단백질	• 신체조직을 구성 • 1g당 4kcal의 열량
지방	• 지방산과 글리세린이 결합한 상태 • 지용성 비타민의 흡수를 촉진하고 피부의 건강과 재생
무기질	• 체내의 기능을 조절(효소와 호르몬) • 철(Fe) : 혈액의 구성 성분(간, 노른자, 고기) • 인(P) : 치아와 뼈의 주성분 • 아이오딘(요오드, I) : 갑상선기능 유지
비타민	• 음식을 통해 섭취(인체 내에서 생성되지 않음) • 지용성(A, D, E, K) • 수용성(C, B 복합체) • 열에 쉽게 파괴

[02] 소독

▌ 소독 관련 용어

- 멸균 : 병원균이나 포자까지 완전히 사멸시켜 제거한다.
- 살균 : 미생물을 물리적, 화학적으로 급속히 죽이는 것이다(내열성 포자 존재).
- 소독 : 유해한 병원균 증식과 감염의 위험성을 제거한다(포자는 제거되지 않음).
  → 병원성 미생물의 생활력을 파괴 또는 멸살시켜 감염되는 증식물을 없애는 것이다.
- 방부 : 병원성 미생물의 발육을 정지시켜 음식의 부패나 발효를 방지한다.

▌ 소독약의 조건

- 살균력이 있어야 한다.
- 인체에 독성이 없어야 한다.
- 대상물을 손상시키지 말아야 한다.
- 부식 및 표백이 되지 않아야 한다.
- 빠르게 침투하여 소독효과가 우수해야 한다.
- 안정성 및 용해성이 있어야 한다.
- 사용법이 간단하고 경제적이어야 한다.
- 환경오염을 유발하지 않아야 한다.

▌ 물리적 소독법

건열멸균법	• 화염멸균법 : 물체에 직접 열을 가해 미생물을 태워 사멸한다. • 소각법 : 오염된 대상을 불에 태워 멸균한다(가장 안전). • 건열멸균법 : 건열멸균기를 이용하는 방법으로 보통 160~180℃에서 1~2시간 가열한다. 유리제품, 금속류, 사기그릇 등의 멸균에 이용한다(미생물과 포자를 사멸).
습열멸균법	• 자비소독법 : 100℃의 끓는 물에 15~20분 가열한다(포자는 죽이지 못함). → 의류, 식기, 주사기, 도자기 등 • 고압증기멸균법 : 2기압 121℃의 고온 수증기를 15~20분 이상 가열한다(포자까지 사멸). → 고무제품, 기구, 약액 등 • 저온살균법 : 62~65℃의 낮은 온도 상태에서 30분간 소독한다. → 우유, 술, 주스 등

▌ 화학적 소독법

• 알코올 : 70%의 에탄올 사용, 미용도구·손 소독

• 과산화수소 : 3% 수용액 사용, 피부상처 소독

• 승홍수 : 0.1% 수용액 사용, 화장실·쓰레기통·도자기류 소독

• 석탄산 : 고온일수록 효과가 높으며 살균력과 냄새가 강하고 독성이 있음. 3% 수용액을 사용하며, 금속을 부식시킴

• 생석회 : 화장실·하수도 소독 시 사용하며, 가격이 저렴함

• 크레졸 : 3% 수용액 사용

• 염소 : 살균력이 강하고 경제적이며 잔류효과가 크나 냄새가 강함

• 폼알데하이드 : 금속 소독 시 사용

• 역성비누 : 무색 액체로 양이온 계면활성제이며 기구, 식기, 손 소독에 적당

▌ 소독기준 및 방법(공중위생관리법 시행규칙 별표 3)

• 크레졸 소독 : 크레졸 3% + 물 97%의 수용액에 10분 이상 담가 둔다.

• 석탄산 소독 : 석탄산 3% + 물 97%의 수용액에 10분 이상 담가 둔다.

• 에탄올 소독 : 에탄올이 70%인 수용액에 10분 이상 담가 두거나 에탄올 수용액을 머금은 면 또는 거즈로 기구의 표면을 닦아 준다.

• 자외선 소독 : 1cm^{2}당 85μW 이상의 자외선을 20분 이상 쬐어 준다.

• 증기소독 : 100℃ 이상의 습한 열에 20분 이상 쬐어 준다.

• 건열멸균 소독 : 100℃ 이상의 건조한 열에 20분 이상 쬐어 준다.

• 열탕소독 : 100℃ 이상의 물속에 10분 이상 끓여 준다.

[03] 공중위생관리법규

▮ 공중위생관리법의 정의(법 제2조)

- 공중위생영업 : 다수인을 대상으로 위생관리서비스를 제공하는 영업으로서 숙박업·목욕장업·이용업·미용업·세탁업·건물위생관리업을 말한다.
- 이용업 : 손님의 머리카락 또는 수염을 깎거나 다듬는 등의 방법으로 손님의 용모를 단정하게 하는 영업을 말한다.
- 미용업 : 손님의 얼굴, 머리, 피부 및 손톱·발톱 등을 손질하여 손님의 외모를 아름답게 꾸미는 다음의 영업을 말한다.
  - 일반미용업 : 파마·머리카락 자르기·머리카락 모양내기·머리피부 손질·머리카락 염색·머리감기, 의료기기나 의약품을 사용하지 아니하는 눈썹손질을 하는 영업
  - 피부미용업 : 의료기기나 의약품을 사용하지 아니하는 피부상태 분석·피부관리·제모·눈썹손질을 하는 영업
  - 네일미용업 : 손톱과 발톱을 손질·화장하는 영업
  - 화장·분장 미용업 : 얼굴 등 신체의 화장, 분장 및 의료기기나 의약품을 사용하지 아니하는 눈썹손질을 하는 영업
  - 그 밖에 대통령령으로 정하는 세부 영업
  - 종합미용업 : 위의 업무를 모두 하는 영업

▮ 영업신고 및 폐업신고(법 제3조)

- 공중위생영업을 하고자 하는 자는 공중위생영업의 종류별로 보건복지부령이 정하는 시설 및 설비를 갖추고 시장·군수·구청장(자치구의 구청장에 한함)에게 신고하여야 한다. 보건복지부령이 정하는 중요사항을 변경하고자 하는 때에도 또한 같다.
- 공중위생영업의 신고를 한 자(공중위생영업자)는 공중위생영업을 폐업한 날부터 20일 이내에 시장·군수·구청장에게 신고하여야 한다. 다만, 영업정지 등의 기간 중에는 폐업신고를 할 수 없다.
- 이용업 또는 미용업의 신고를 한 자의 사망으로 이용사 및 미용사의 면허를 소지하지 아니한 자가 상속인이 된 경우에는 그 상속인은 상속받은 날부터 3개월 이내에 시장·군수·구청장에게 폐업신고를 하여야 한다.
- 시장·군수·구청장은 공중위생영업자가 「부가가치세법」에 따라 관할 세무서장에게 폐업신고를 하거나 관할 세무서장이 사업자등록을 말소한 경우에는 보건복지부령으로 정하는 바에 따라 신고사항을 직권으로 말소할 수 있다.
- 시장·군수·구청장은 직권말소를 위하여 필요한 경우 관할 세무서장에게 공중위생영업자의 폐업 여부에 대한 정보 제공을 요청할 수 있다. 이 경우 요청을 받은 관할 세무서장은 공중위생영업자의 폐업 여부에 대한 정보를 제공하여야 한다.
- 공중위생영업 신고의 방법 및 절차 등에 필요한 사항은 보건복지부령으로 정한다.

▌변경신고(시행규칙 제3조의2)

- 변경신고를 하려는 자는 영업신고사항 변경신고서(전자문서로 된 신고서 포함)에 영업신고증(신고증을 분실하여 영업신고사항 변경신고서에 분실 사유를 기재하는 경우에는 첨부하지 아니함), 변경사항을 증명하는 서류를 첨부하여 시장·군수·구청장에게 제출하여야 한다.
- 변경신고 대상 : 영업소의 명칭 또는 상호, 영업소의 주소, 신고한 영업장 면적의 1/3 이상의 증감, 대표자의 성명 또는 생년월일, 미용업 업종 간 변경 또는 업종의 추가

▌이용업자가 준수해야 하는 위생관리기준(시행규칙 별표 4)

- 이용기구 중 소독을 한 기구와 소독을 하지 아니한 기구는 각각 다른 용기에 넣어 보관하여야 한다.
- 1회용 면도날은 손님 1인에 한하여 사용하여야 한다.
- 영업장 안의 조명도는 75lx 이상이 되도록 유지하여야 한다.
- 영업소 내부에 이용업 신고증 및 개설자의 면허증 원본을 게시하여야 한다.
- 영업소 내부에 부가가치세, 재료비 및 봉사료 등이 포함된 요금표(이하 최종지급요금표)를 게시 또는 부착하여야 한다.
- 신고한 영업장 면적이 66m^2 이상인 영업소의 경우 영업소 외부(출입문, 창문, 외벽면 등을 포함)에도 손님이 보기 쉬운 곳에 「옥외광고물 등 관리법」에 적합하게 최종지급요금표를 게시 또는 부착하여야 한다. 이 경우 최종지급요금표에는 일부 항목(3개 이상)만을 표시할 수 있다.
- 3가지 이상의 이용서비스를 제공하는 경우에는 개별 이용서비스의 최종 지급가격 및 전체 이용서비스의 총액에 관한 내역서를 이용자에게 미리 제공하여야 한다. 이 경우 이용업자는 해당 내역서 사본을 1개월간 보관하여야 한다.

▌미용업자가 준수해야 하는 위생관리기준(시행규칙 별표 4)

- 점 빼기·귓불 뚫기·쌍꺼풀수술·문신·박피술 그 밖에 이와 유사한 의료행위를 하여서는 아니 된다.
- 피부미용을 위하여 의약품 또는 의료기기를 사용하여서는 아니 된다.
- 미용기구 중 소독을 한 기구와 소독을 하지 아니한 기구는 각각 다른 용기에 넣어 보관하여야 한다.
- 1회용 면도날은 손님 1인에 한하여 사용하여야 한다.
- 영업장 안의 조명도는 75lx 이상이 되도록 유지하여야 한다.
- 영업소 내부에 미용업 신고증 및 개설자의 면허증 원본을 게시하여야 한다.
- 영업소 내부에 최종지급요금표를 게시 또는 부착하여야 한다.
- 신고한 영업장 면적이 66m^2 이상인 영업소의 경우 영업소 외부에도 손님이 보기 쉬운 곳에 「옥외광고물 등 관리법」에 적합하게 최종지급요금표를 게시 또는 부착하여야 한다. 이 경우 최종지급요금표에는 일부 항목(5개 이상)만을 표시할 수 있다.

- 3가지 이상의 미용서비스를 제공하는 경우에는 개별 미용서비스의 최종 지급가격 및 전체 미용서비스의 총액에 관한 내역서를 이용자에게 미리 제공하여야 한다. 이 경우 미용업자는 해당 내역서 사본을 1개월간 보관하여야 한다.

이 · 미용업의 시설 및 설비기준(시행규칙 별표 1)

이용업	• 이용기구는 소독을 한 기구와 소독을 하지 아니한 기구를 구분하여 보관할 수 있는 용기를 비치하여야 한다. • 소독기, 자외선 살균기 등 이용기구를 소독하는 장비를 갖추어야 한다. • 영업소 안에는 별실 그 밖에 이와 유사한 시설을 설치하여서는 아니 된다.
미용업	• 미용기구는 소독을 한 기구와 소독을 하지 아니한 기구를 구분하여 보관할 수 있는 용기를 비치하여야 한다. • 소독기, 자외선 살균기 등 미용기구를 소독하는 장비를 갖추어야 한다.

이용사 및 미용사의 면허 등(법 제6조제1항)

이 · 미용사가 되고자 하는 자는 다음에 해당하는 자로서 보건복지부령이 정하는 바에 의하여 시장 · 군수 · 구청장의 면허를 받아야 한다.

- 전문대학 또는 이와 같은 수준 이상의 학력이 있다고 교육부장관이 인정하는 학교에서 이용 또는 미용에 관한 학과를 졸업한 자
- 「학점인정 등에 관한 법률」에 따라 대학 또는 전문대학을 졸업한 자와 같은 수준 이상의 학력이 있는 것으로 인정되어 이용 또는 미용에 관한 학위를 취득한 자
- 고등학교 또는 이와 같은 수준의 학력이 있다고 교육부장관이 인정하는 학교에서 이용 또는 미용에 관한 학과를 졸업한 자
- 초 · 중등교육법령에 따른 특성화고등학교, 고등기술학교나 고등학교 또는 고등기술학교에 준하는 각종 학교에서 1년 이상 이용 또는 미용에 관한 소정의 과정을 이수한 자
- 「국가기술자격법」에 의한 이용사 또는 미용사 자격을 취득한 자

면허증의 반납 등(시행규칙 제12조)

- 면허가 취소되거나 면허의 정지명령을 받은 자는 지체 없이 관할 시장 · 군수 · 구청장에게 면허증을 반납하여야 한다.
- 면허의 정지명령을 받은 자가 반납한 면허증은 그 면허정지기간 동안 관할 시장 · 군수 · 구청장이 이를 보관하여야 한다.

영업소 외에서의 이용 및 미용업무(시행규칙 제13조)

- 질병, 고령, 장애나 그 밖의 사유로 영업소에 나올 수 없는 자에 대하여 이용 또는 미용을 하는 경우
- 혼례나 그 밖의 의식에 참여하는 자에 대하여 그 의식 직전에 이용 또는 미용을 하는 경우
- 「사회복지사업법」에 따른 사회복지시설에서 봉사활동으로 이용 또는 미용을 하는 경우
- 방송 등의 촬영에 참여하는 사람에 대하여 그 촬영 직전에 이용 또는 미용을 하는 경우
- 이외에 특별한 사정이 있다고 시장 · 군수 · 구청장이 인정하는 경우

▌ 보고 및 출입 · 검사(법 제9조제1항)

시 · 도지사 또는 시장 · 군수 · 구청장은 공중위생관리상 필요하다고 인정하는 때에는 공중위생영업자에 대하여 필요한 보고를 하게 하거나 소속공무원으로 하여금 영업소, 사무소 등에 출입하여 공중위생영업자의 위생관리의무이행 등에 대하여 검사하게 하거나 필요에 따라 공중위생영업장부나 서류를 열람하게 할 수 있다.

▌ 공중위생감시원의 자격 및 임명(시행령 제8조)

• 시 · 도지사 또는 시장 · 군수 · 구청장은 다음의 어느 하나에 해당하는 소속공무원 중에서 공중위생감시원을 임명한다.
  - 위생사 또는 환경기사 2급 이상의 자격증이 있는 사람
  - 「고등교육법」에 따른 대학에서 화학 · 화공학 · 환경공학 또는 위생학 분야를 전공하고 졸업한 사람 또는 법령에 따라 이와 같은 수준 이상의 학력이 있다고 인정되는 사람
  - 외국에서 위생사 또는 환경기사의 면허를 받은 사람
  - 1년 이상 공중위생 행정에 종사한 경력이 있는 사람
• 시 · 도지사 또는 시장 · 군수 · 구청장은 위의 어느 하나에 해당하는 사람만으로는 공중위생감시원의 인력 확보가 곤란하다고 인정되는 때에는 공중위생 행정에 종사하는 사람 중 공중위생 감시에 관한 교육훈련을 2주 이상 받은 사람을 공중위생 행정에 종사하는 기간 동안 공중위생감시원으로 임명할 수 있다.

▌ 위생관리등급 구분(시행규칙 제21조)

• 최우수업소 : 녹색등급
• 우수업소 : 황색등급
• 일반관리대상 업소 : 백색등급

▌ 벌칙(법 제20조)

• 1년 이하의 징역 또는 1천만원 이하의 벌금
  - 공중위생영업의 신고를 하지 아니하고 공중위생영업(숙박업은 제외)을 한 자
  - 영업정지명령 또는 일부 시설의 사용중지명령을 받고도 그 기간 중에 영업을 하거나 그 시설을 사용한 자 또는 영업소 폐쇄명령을 받고도 계속하여 영업을 한 자
• 6월 이하의 징역 또는 500만원 이하의 벌금
  - 변경신고를 하지 아니한 자
  - 공중위생영업자의 지위를 승계한 자로서 신고를 하지 아니한 자
  - 건전한 영업질서를 위하여 공중위생영업자가 준수하여야 할 사항을 준수하지 아니한 자

- 300만원 이하의 벌금
  - 다른 사람에게 이용사 또는 미용사의 면허증을 빌려주거나 빌린 사람
  - 이용사 또는 미용사의 면허증을 빌려주거나 빌리는 것을 알선한 사람
  - 면허의 취소 또는 정지 중에 이용업 또는 미용업을 한 사람
  - 면허를 받지 아니하고 이용업 또는 미용업을 개설하거나 그 업무에 종사한 사람

▮ 과태료(법 제22조)

대통령령으로 정하는 바에 따라 보건복지부장관 또는 시장·군수·구청장이 부과·징수한다.
- 300만원 이하의 과태료
  - 보고를 하지 아니하거나 관계공무원의 출입·검사 기타 조치를 거부·방해 또는 기피한 자
  - 개선명령에 위반한 자
  - 이용업 신고를 하지 아니하고 이용업소표시등을 설치한 자
- 200만원 이하의 과태료
  - 이·미용업소의 위생관리 의무를 지키지 아니한 자
  - 영업소 외의 장소에서 이용 또는 미용업무를 행한 자
  - 위생교육을 받지 아니한 자

교육은 우리 자신의 무지를 점차 발견해 가는 과정이다.

– 윌 듀란트 –

PART

01

기출복원문제

제1회~제7회   기출복원문제

행운이란 100%의 노력 뒤에 남는 것이다.

− 랭스턴 콜먼(Langston Coleman)

제 **1** 회 | 기출복원문제

01 미용사(네일) 국가자격증이 제도화된 시기는?

① 1992년
② 1998년
③ 2005년
④ **2014년**

해설
• 1998년 : 최초의 네일 민간자격 시험제도가 도입, 대학에서 네일 교과목 신설
• 2014년 : 미용사(네일) 국가자격증 제도화 시작

02 고대 중국의 네일 역사에 대한 설명으로 옳지 않은 것은?

① 입술에 바르는 홍화로 손톱을 염색했다.
② 벌꿀, 달걀흰자, 젤라틴, 밀랍, 고무나무 수액으로 물들였다.
③ **상류층은 붉은색, 하류층은 옅은 색 손톱으로 사회적 신분을 표시했다.**
④ BC 600년 귀족들은 금색과 은색을 사용했다.

해설
③ 상류층은 붉은색, 하류층은 옅은 색 손톱으로 사회적 신분을 표시한 것은 고대 이집트이다.

03 네일 숍에서의 화학물질 안전관리방법으로 올바르지 않은 것은?

① 잦은 환기를 통해 유해물질을 배출한다.
② 유해물질이 호흡으로 흡입되는 것을 막기 위해 마스크를 착용한다.
③ 화기성이 강한 제품이 많으므로 담뱃불 등 불을 피우는 행위를 금지한다.
④ **화학제품은 플라스틱 속에 넣어 따뜻한 곳에 보관한다.**

해설
④ 화학제품은 철제가구 속에 두거나 서늘한 곳에 보관한다.

04 도구 소독 시 10분 동안 담가서 사용하며, 바이러스를 파괴하는 효과가 있는 소독제는?

① 알코올
② 포르말린
③ 페놀릭스
④ **차아염소산나트륨**

해설
도구 소독 시 차아염소산나트륨(농도 10%)을 10분 동안 담가서 사용한다. 바이러스를 파괴하는 효과가 있다.

05 다음 중 네일 보디에 대한 설명으로 옳은 것은?

① 신경조직이 분포한다.
② **조체 또는 네일 플레이트로 불린다.**
③ 눈으로 볼 수 없는 네일 부분이다.
④ 단층으로 구성된다.

> **해설**
> 네일 보디(조체, Nail Body, Nail Plate) : 눈으로 볼 수 있는 네일 부분으로, 신경조직이 없고 여러 개의 얇은 층으로 구성된다.

06 네일의 구성 성분 중 가장 적은 양을 차지하는 것은?

① 탄소   ② 질소
③ 황   ④ **수소**

> **해설**
> 네일의 구성 성분(케라틴의 화학적 조성비)
> 탄소 > 산소 > 질소 > 황 > 수소

07 태아의 손톱판이 생기는 시기는?

① **10주 이후**
② 12주 이후
③ 14주 이후
④ 21주 이후

> **해설**
> 태아는 10주 이후에 손톱판이 생기고 14주쯤 만들어지면서 21주가 되면 완성된다.

08 손톱 주위의 피부에 대한 설명으로 옳은 것은?

① **하이포니키움은 세균으로부터 손톱을 보호한다.**
② 에포니키움은 손톱 양 측면의 피부이다.
③ 네일 월은 손톱 베이스에 있는 가는 선의 피부이다.
④ 네일 그루브는 네일 루트가 묻혀 있는 손톱 베이스에서 깊이 접혀 있는 피부이다.

> **해설**
> ② 에포니키움은 손톱 베이스에 있는 가는 선의 피부이다.
> ③ 네일 월은 손톱 양 측면의 피부이다.
> ④ 네일 그루브는 네일 베드의 양 측면에 좁게 패인 부분이다.

09 네일의 형태와 특징으로 적절한 것은?

① 스퀘어형 – 약하거나 짧은 손톱에 적당
② 라운드형 – 네일 끝을 많이 쓰는 사람에게 적절
③ **오벌형 – 여성적이며 손가락이 길고 가늘어 보이는 형태**
④ 포인트형 – 이상적인 손톱 모양으로 고객이 가장 선호하는 형태

> **해설**
> ① 스퀘어형 : 네일 끝을 많이 쓰는 사람에게 적절한 형태로, 파고드는 발톱을 예방
> ② 라운드형 : 남성, 여성 누구나 잘 어울리는 형태로, 약하거나 짧은 손톱에 적당
> ④ 포인트형 : 손끝을 뾰족하게 만든 형태로, 손톱의 넓이가 좁은 사람에게 적당

10 다음 중 행 네일의 관리로 적절한 것은?

✔ **파라핀 매니큐어나 핫크림 매니큐어로 보습처리**

② 실크나 린넨으로 보강

③ 과산화수소로 표백

④ 부드럽게 파일링하고 부석가루(Pumice Powder)로 문지르며 관리

해설
행 네일(Hang Nail, 손 거스러미)
• 비누, 합성세제 등의 화학제로 인해 큐티클 또는 피부가 너무 건조해서 거스러미가 일어난 상태
• 파라핀 매니큐어나 핫크림 매니큐어로 보습처리하거나 오일로 마사지하여 관리

11 손 주위의 조직이 박테리아에 감염되어 붉게 부어오르며 염증과 고름이 발생하는 네일 병변은?

① 몰드(Nail Mold, 사상균증)

✔ **파로니키아(Paronychia, 조갑주위염)**

③ 오니키아(Onychia, 조갑염)

④ 오니코마이코시스(Onychomycosis, 조갑진균증)

해설
파로니키아(Paronychia, 조갑주위염)
• 증상
 – 손 주위의 조직이 박테리아에 감염
 – 붉게 부어오르며 염증과 고름이 발생
• 원인
 – 위생처리되지 않은 도구를 사용
 – 심하게 큐티클을 잘라냄으로써 박테리아에 감염

12 세로나 가로로 긴 골이 잡혀 있는 손톱의 관리법으로 옳은 것은?

① 혈액순환 개선을 위해 규칙적인 운동 및 의사와 상의 후 처방

② 오일로 마사지

③ 인조손톱을 붙이거나 꾸준한 매니큐어링

✔ **불규칙한 손톱 표면을 파일로 부드럽게 갈아서 관리**

해설
퍼로(Furrow, Corrugations, 고랑파진 손톱)
• 세로나 가로로 긴 골이 잡혀 있는 손톱
• 체내의 아연질 부족으로 발생
• 불규칙한 손톱 표면을 파일로 부드럽게 갈아서 관리

13 표피의 구성세포에 대한 설명으로 옳지 않은 것은?

① 각질형성세포 – 새로운 각질세포 형성

✔ **멜라닌세포 – 외부 자극으로부터 피부를 보호**

③ 랑게르한스세포 – 면역기능

④ 메르켈세포 – 촉각을 감지

해설
② 멜라닌세포 : 피부색 결정, 색소 형성

14 표피의 구조 중 각질화가 시작되며, 해로운 자외선 침투를 막는 작용을 하는 층은?

① 각질층 　　② 투명층
③ 과립층 　　④ 기저층

> **해설**
> 과립층
> • 케라토하이알린이 과립 모양으로 존재
> • 수분 방어막 및 외부로부터의 이물질의 침투에 대한 방어막 역할
> • 각질화가 시작되는 층
> • 해로운 자외선 침투를 막는 작용

15 이산화탄소를 피부 밖으로 배출하면서 산소와 교환하는 피부의 기능은?

① 지각기능
② 분비배설 기능
③ 비타민 D 합성기능
④ 호흡작용

> **해설**
> 피부의 기능
> • 체온을 조절하고 재생 및 면역작용 기능을 한다.
> • 지각기능 : 열, 통증, 촉각, 한기 등을 지각한다.
> • 분비배설 기능 : 땀과 피지를 분비하고 노폐물을 배설한다.
> • 보호기능 : 세균, 물리·화학적 자극, 자외선으로부터 피부를 보호한다.
> • 비타민 D 합성기능 : 자외선을 받으면 비타민 D를 형성한다.
> • 호흡작용 : 이산화탄소를 피부 밖으로 배출하면서 산소와 교환한다.

16 탄수화물 중 다당류에 속하는 것이 아닌 것은?

① 녹말 　　② 포도당
③ 글리코겐 　　④ 셀룰로스

> **해설**
> 탄수화물의 분류
> • 단당류 : 소화로 더 이상 분해가 되지 않는 단위(포도당, 과당, 갈락토스)
> • 이당류 : 단당류 2개가 결합한 당류(맥아당, 설탕, 유당)
> • 다당류 : 당이 수백, 수천 개가 결합된 것(녹말, 글리코겐, 셀룰로스 등)

17 피부질환의 원인과 병명의 연결이 옳지 않은 것은?

① 바이러스성 피부질환 – 사마귀
② 진균성 피부질환 – 풍진
③ 세균성 피부질환 – 농가진
④ 과색소 침착 – 검버섯

> **해설**
> ② 풍진은 바이러스성 피부질환이다.
> 진균성 피부질환
> • 조갑백선 : 손톱과 발톱이 백선균에 감염되어 일어나는 질환
> • 족부백선 : 하얀 곰팡이균의 감염에 의해 발에 생기는 무좀
> • 두부백선 : 머리의 뿌리에 곰팡이균이 기생하는 질환
> • 칸디다증 : 진균의 일종인 칸디다에 의해 신체의 일부 또는 여러 부위가 감염되어 발생하는 감염질환

18 다음 중 속발진으로 짝지어진 것은?

① 농포, 반점, 인설
② 수포, 균열, 반점
③ 반점, 구진, 결절
✔ **인설, 가피, 미란**

> **해설**
> 속발진은 인설, 찰상, 가피, 미란, 균열, 궤양, 반흔,
> 위축, 태선화 등이 있다.

19 다음 중 자외선의 부정적인 영향은?

① 비타민 D 형성
✔ **홍반반응**
③ 살균 및 소독
④ 혈액순환 촉진

> **해설**
> 자외선의 영향
> • 긍정적 영향 : 비타민 D 합성, 살균 및 소독, 강장효과
>   및 혈액순환 촉진
> • 부정적 영향 : 홍반, 색소침착, 노화, 일광화상, 피부암

20 B림프구의 특징이 아닌 것은?

① 체액성 면역
② 골수에서 생성
③ 면역글로불린이라는 당단백질로 구성
✔ **직접 감염된 세포를 제거**

> **해설**
> ④ T림프구의 작용이다.
> B림프구
> • 체액성 면역
> • 골수에서 생성
> • 항체는 체액에 존재
> • 면역글로불린이라는 당단백질로 구성

21 다음 중 피부의 광노화 반응과 가장 거리가 먼 것은?

✔ **모세혈관 수축**
② 건조
③ 과색소 침착
④ 거칠어짐

> **해설**
> 피부의 광노화(외인성 노화)가 진행되면 모세혈관이
> 약화되어 확장된다.

22 모발이 검은색으로 나타나는 것은 어떤 멜라닌 색소의 영향 때문인가?

① 페오멜라닌   ✔ **유멜라닌**
③ 타이로신   ④ 카로티노이드

> **해설**
> 멜라닌 색소는 페오멜라닌(Pheomelanin)과 유멜라닌
> (Eumelanin)으로 나뉜다. 모발이 빨간색, 노란색을 띠
> 는 것은 페오멜라닌 색소 때문이고, 모발이 검은색,
> 적갈색을 띠는 것은 유멜라닌 색소 때문이다.

23 피부에 존재하는 감각기관 중 가장 많이 분포하는 것은?

① 촉각점   ② 온각점
✔ **통각점**   ④ 냉각점

> **해설**
> 감각기능 분포(피부면적 $1cm^2$ 기준)
> 통각점(100~200개) > 촉각점(25개) > 냉각점(12
> 개) > 압각점(6~8개) > 온각점(1~2개)

24 피부에서 피지의 작용이 아닌 것은?

① 살균작용

② 수분 증발 억제

③ 유화작용

☑ 열발산 방지작용

피지는 피부 보호막으로, 피지막은 피부를 부드럽게 하며 세균으로부터 피부를 보호하고 수분 증발을 억제한다.

25 화장품 성분 중 무기안료에 대한 설명으로 옳은 것은?

① 유기안료에 비해 색의 종류가 다양하다.

② 선명도와 착색력이 뛰어나다.

③ 유기용매에 잘 녹는다.

☑ 내광성, 내열성이 우수하다.

무기안료는 천연광물 그대로 만드는 것으로, 내광성과 내열성이 좋고 커버력이 우수하여 주로 마스카라의 색소로 사용된다. 유기안료는 색상이 선명하고 화려함을 표현하는 데 주로 사용된다.

26 우리 피부의 세포가 기저층에서 생성되어 각질세포로 변화하여 피부 표면으로부터 떨어져 나가는 데 걸리는 기간은?

① 약 14일   **☑ 약 28일**

③ 약 90일   ④ 약 120일

각질형성세포의 교체주기는 약 28일이다.

27 피부 유형별 적용 화장품 성분의 연결로 옳은 것은?

☑ 민감성 피부 - 아줄렌, 비타민 B

② 여드름 피부 – 아보카도 오일, 올리브 오일

③ 지성피부 – 콜라겐, 레티놀

④ 건성피부 – 클로로필, 위치하젤

② 아보카도 오일, 올리브 오일은 건성피부나 정상피부에 알맞다.

③ 콜라겐, 레티놀은 건성피부나 노화피부에 알맞다.

④ 위치하젤은 여드름 완화, 수렴효과가 있어 지성피부에 알맞다.

28 신경계의 설명이 옳게 연결된 것은?

① 수상돌기 – 단백질을 합성

② 축삭돌기 – 수용기 세포에서 자극을 받아 세포체에 전달

③ 시냅스 – 신경조직의 최소 단위

☑ 신경초 – 말초신경섬유의 재생에 중요한 부분

① 수상돌기는 세포체에 정보를 전달한다.

② 축삭돌기는 다른 뉴런에 신호를 전달한다.

③ 신경조직의 최소 단위는 뉴런이다.

29 자외선 차단성분 중 물리적 차단제는?

❶ 산화아연(징크옥사이드)

② 옥틸다이메틸파바

③ 벤조페논유도체

④ 캠퍼유도체

해설

자외선 차단성분

• 자외선 산란제(물리적 차단제) : 산화아연(징크옥사이드), 이산화타이타늄(타이타늄다이옥사이드)

• 자외선 흡수제(화학적 차단제) : 옥틸다이메틸파바, 옥틸메톡시신나메이트, 벤조페논유도체, 캠퍼유도체, 다이벤조일메탄유도체, 갈릭산유도체, 파라아미노벤조산

30 미백에 도움을 주는 성분 중 멜라닌세포를 사멸하는 것은?

① 비타민 C

❷ 하이드로퀴논

③ AHA

④ 닥나무 추출물

해설

미백에 도움을 주는 성분

• 알부틴, 코직산, 감초 추출물, 닥나무 추출물 : 타이로신(티로신)의 산화를 촉매하는 타이로시네이스(티로시나제)의 작용을 억제시킨다.

• 비타민 C : 도파의 산화를 억제시킨다.

• 하이드로퀴논 : 멜라닌세포를 사멸한다.

• AHA : 각질층을 녹여 멜라닌 색소를 제거한다.

31 뼈의 기본 구조 중 뼈를 보호하고 영양 공급, 재생기능의 역할을 하는 것은?

❶ 골막　　　　② 해면골

③ 치밀골　　　④ 골수강

해설

골막 : 뼈를 덮는 강한 결합조직층으로 신경, 혈관이 많이 분포되어 있으며, 뼈를 보호하고 영양 공급, 재생기능의 역할을 한다.

32 모발 화장품의 분류가 잘못된 것은?

① 세정용 - 샴푸

❷ 트리트먼트 - 헤어린스

③ 탈색제 - 헤어블리치

④ 양모제 - 헤어 토닉

해설

② 헤어린스는 세정용 제품이다.

트리트먼트는 모발에 영양을 공급하고 모발의 손상을 예방하여 모발 건강에 도움을 주는 제품이다.

33 다음 중 골의 종류가 바르게 연결된 것은?

① 장골 - 수근골

❷ 단골 - 족근골

③ 편평골 - 슬개골

④ 종자골 - 견갑골

해설

① 장골 : 길이가 길며 골간과 두 개의 골단으로 이루어져 있고, 내면에 골수강을 형성(대퇴골, 상완골, 요골, 척골, 경골, 비골)

③ 편평골 : 얇고 편평하며 대부분 휘어져 있는 형태(견갑골, 늑골, 두개골)

④ 종자골 : 씨앗 모양의 뼈(슬개골)

34 '전 국민 의료보험제도'가 적용되어 온 국민이 의료보험 혜택을 받게 된 시기는?

① 1978년   ② 1982년
③ **1989년**   ④ 1992년

해설
1989년 7월 1일, 지역 의료보험이 농촌 지역에 이어 도시 지역까지 확대 적용됨으로써 마침내 '전 국민 의료보험제도'가 완성되어 온 국민이 의료보험의 혜택을 받게 되었다.

35 다음 기생충의 공통 매개물이 되는 것은?

회충, 십이지장충, 동양모양선충

① 접촉 매개
② 어패류 매개
③ **토양 매개**
④ 육류 매개

해설
오염된 토양을 감염원으로 하는 기생충으로 회충, 십이지장충, 동양모양선충 등이 있다.

36 초고령 사회로 구분될 때 65세 이상 인구가 전체 인구에서 차지하는 비율은?

① 4% 이상   ② 7% 이상
③ 14% 이상   ④ **20% 이상**

해설
유엔(UN)은 65세 이상 인구가 전체 인구에서 차지하는 비율이 7% 이상이면 고령화 사회, 14% 이상은 고령 사회, 20% 이상은 초고령 사회로 구분하였다.

37 다음 중 원충류에 해당되는 것은?

① **유구조충**
② 발진티푸스
③ 콜레라
④ 일본뇌염

해설
병원체의 종류
• 세균 : 콜레라, 장티푸스, 디프테리아, 결핵, 한센병, 세균성 이질, 성병 등
• 바이러스 : 소아마비, 홍역, 유행성 이하선염, 일본뇌염, AIDS, 광견병, 간염 등
• 리케차 : 발진티푸스, 발진열, 쯔쯔가무시증 등
• 원충류 : 회충, 구충, 말라리아, 유구조충 등

38 기침, 대화, 재채기에 의해 전파되는 감염병으로 짝지어진 것은?

① 콜레라, 장티푸스, 폴리오
② **결핵, 감기, 천연두, 백일해**
③ 매독, 임질
④ 농양, 파상풍

해설
감염병 전파 경로
• 기침, 대화, 재채기 → 결핵, 감기, 천연두, 백일해, 수두 등
• 분변, 토사물 → 콜레라, 장티푸스, 폴리오, 세균성 이질 등
• 소변, 성기 분비물을 통해 배출 → 매독, 임질 등
• 신체 표면의 피부병 등 → 농양, 파상풍 등
• 곤충의 흡혈, 주사기 → 말라리아, 발진티푸스 등

39 감염병의 분류로 옳지 않은 것은?

① 소화기계 감염병 – 세균성 이질, 파라 티푸스

② 호흡기계 감염병 – 유행성 이하선염, 백일해, 인플루엔자

③ 절지동물매개 감염병 – 발진티푸스, 말라리아

④ **동물매개 감염병 – 폴리오, 장티푸스**

해설
④ 동물매개 감염병 : 공수병, 탄저병, 브루셀라증

40 혐기성 세균에 대한 설명으로 옳은 것은?

① 산소가 필요한 세균

② **산소가 없어야 하는 세균**

③ 산소의 유무와 관계없는 세균

④ 유리산소를 필요로 하는 세균

해설
세균의 분류

호기성 세균	산소가 필요한 세균 예 결핵균, 디프테리아균 등
혐기성 세균	산소가 없어야 하는 세균 예 파상풍균, 보툴리누스균 등
통성혐기성 세균	산소의 유무와 관계없는 세균 예 살모넬라균, 포도상구균 등

41 다음 중 병원소에 해당하지 않는 것은?

① **물**

② 흙

③ 가축

④ 보균자

해설
병원소 : 병원체가 생활하고 증식하면서 다른 숙주에 전파시킬 수 있는 상태로 저장된 장소이다.
• 인간 병원소 : 환자, 보균자
• 동물 병원소 : 소, 돼지, 양, 개, 말, 쥐, 고양이 등
• 토양 병원소 : 무생물이면서 병원소 역할(파상풍, 히스토플라스마병 등)

42 소독제별 사용법에 대한 연결이 옳지 않은 것은?

① 과산화수소 – 3% 수용액 사용, 피부 상처 소독

② 승홍수 – 0.1% 수용액 사용, 화장실・쓰레기통 소독

③ **석탄산 – 3% 수용액 사용, 금속 소독**

④ 알코올 – 70%의 에탄올 사용, 미용도구・손 소독

해설
석탄산
• 고온일수록 효과가 높으며 살균력과 냄새가 강하고 독성이 있음
• 3% 수용액을 사용하며, 금속을 부식시킴

43 다음 중 포장된 제품 소독 시에 사용하는 소독법은?

① 자외선멸균법
② 초음파멸균법
③ 일광소독법
✔ **방사선살균법**

해설
방사선살균법 : 감마선을 이용해 살균, 플라스틱·알루미늄까지 투과 → 포장된 제품에 살균

44 소독인자에 대한 설명으로 적절하지 않은 것은?

① 물에 젖은 균체와의 접촉 후 균막을 통해 균체에 용해되어 들어가 단백질을 변성시킨다.
② 물리적 소독과 화학적 소독은 일정 시간이 필요하다.
✔ **소독 대상물의 증식 환경과 상관없이 높은 온도일수록 살균효과가 좋다.**
④ 소독력에 따라 적당한 유효농도를 선택해야 살균효과가 보장된다.

해설
소독인자

수분	물에 젖은 균체와의 접촉 후 균막을 통해 균체에 용해되어 들어가 단백질을 변성시킨다.
시간	물리적 소독과 화학적 소독은 일정 시간이 필요하다.
온도	소독 대상물의 증식 환경에 맞는 적정 온도를 이용해야 한다.
농도	소독력에 따라 적당한 유효농도를 선택해야 살균효과가 보장된다.

45 소독제의 작용기전 중 산화작용에 의한 것이 아닌 것은?

① 과산화수소
✔ **포르말린**
③ 오존
④ 염소

해설
살균(소독)기전
• 산화작용 : 과산화수소, 염소, 오존
• 탈수작용 : 설탕, 식염, 알코올
• 가수분해 작용 : 강알칼리, 강산
• 균체 단백질 응고작용 : 크레졸, 알코올, 석탄산
• 균체 효소의 불활성화 작용 : 석탄산, 알코올, 중금속

46 산화칼슘을 98% 이상 함유한 백색 분말로 가격이 저렴하며 오물, 분변, 화장실, 하수도 소독에 사용되는 소독제는?

① 석탄산
② 과산화수소
✔ **생석회**
④ 염소

해설
생석회 : 산화칼슘을 98% 이상 함유한 백색 분말로 가격이 저렴하며 오물, 분변, 화장실, 하수도 소독에 사용된다.

47 매니큐어 종류에 따른 설명이 옳지 않은 것은?

① 습식 매니큐어는 물에 손을 담가 손 관리를 하는 방법이다.

② 프렌치 매니큐어는 프리에지에 다른 색상의 폴리시를 디자인하여 발라 준다.

③ **파라핀 매니큐어는 상처가 난 피부나 습진이 있는 피부에 영양을 공급해 준다.**

④ 핫오일 매니큐어는 큐티클을 부드럽고 유연하게 하는 데 도움을 준다.

파라핀 매니큐어
• 건조한 손에 보습과 영양을 효과적으로 공급해 준다.
• 혈액순환을 촉진시켜 주며 신진대사를 활발히 할 수 있도록 도움을 준다.
• 상처가 난 피부, 습진이 있는 피부는 시술을 피한다.

48 손톱의 양옆을 1.5mm 정도 빼고 컬러링하는 것은?

① 풀코트(Full Coat)

② 프렌치(French)

③ 그러데이션(Gradation)

④ **슬림라인(Slim Line)**

① 풀코트(Full Coat) : 손톱 전체에 컬러링한다.
② 프렌치(French) : 프리에지 부분에 컬러링한다.
③ 그러데이션(Gradation) : 프리에지 부분이 진하고 큐티클로 올라갈수록 연하게 하는 방법이다.

49 아크릴릭 네일에 대한 설명으로 잘못된 것은?

① 스컬프처 네일이라고도 한다.

② 아크릴릭 파우더와 아크릴릭 리퀴드를 혼합하여 인조네일의 모양을 만들어 연장하는 방법이다.

③ 인조 팁보다 내수성과 지속성이 좋다.

④ **물어뜯는 손톱에는 시술이 불가능하다.**

아크릴릭 네일은 스컬프처 네일이라고도 하며, 아크릴릭 파우더와 아크릴릭 리퀴드를 혼합하여 인조네일의 모양을 만들어 연장하는 방법이다. 인조 팁보다 내수성과 지속성이 좋고 물어뜯는 손톱에도 시술이 가능하다.

50 네일 랩 중 매우 얇은 인조유리섬유로 글루가 잘 스며들어 투명도가 높은 것은?

① 실크

② 린넨

③ **파이버글라스**

④ 페이퍼 랩

네일 랩의 종류

종류		특징
패브릭 랩 (Fabric Wrap)	실크(Silk)	얇고 부드럽고 투명하여 가장 많이 사용
	린넨(Linen)	두껍고 강하게 유지되지만 컬러링 필요
	파이버글라스 (Fiberglass)	매우 얇은 인조유리섬유로 글루가 잘 스며들어 투명도가 높음
페이퍼 랩(Paper Wrap)		얇은 종이 소재로 폴리시 리무버와 아세톤에 용해되기 쉬워 임시 랩으로 사용

51 아크릴릭 네일 과정 중 아크릴이 완전히 건조되기 전 C커브 형성을 위해 하는 시술은?

① 네일 폼 끼우기
② 아크릴 볼 올리기
③ 핀칭 주기
④ 표면 정리하기

> **해설**
> ① 네일 폼 끼우기 : 손톱 사이즈에 맞게 폼을 재단한 후 프리에지 밑에 끼울 때 공간이 생기지 않도록 주의한다.
> ② 아크릴 볼 올리기 : 브러시를 리퀴드에 적셔 아크릴 볼을 만든 후 프리에지 → 하이포인트 → 큐티클 순서로 볼을 얹은 후 얇게 골고루 잘 펴서 연결한다.
> ④ 표면 정리하기 : 샌딩으로 표면을 정리하고 멸균거즈로 손톱을 닦아 준다.

52 에나멜을 인공적으로 빠르게 건조시키는 것은?

① 에나멜 드라이어
② 젤 와이퍼
③ 네일 컨디셔너
④ 네일 드릴

> **해설**
> ② 젤 와이퍼 : 젤을 닦아내는 재료
> ③ 네일 컨디셔너 : 손톱이 찢어지거나 갈라지는 것을 예방해 주고 큐티클을 부드럽게 함
> ④ 네일 드릴 : 네일 표면을 조형하거나 큐티클 제거 시 사용

53 다음 중 젤 스컬프처에 사용되는 재료와 도구를 모두 고른 것은?

> ㉠ 베이스 젤
> ㉡ 젤 브러시
> ㉢ 카탈리스트
> ㉣ 퍼프

① ㉠, ㉡
② ㉡, ㉣
③ ㉠, ㉡, ㉢
④ ㉠, ㉡, ㉣

> **해설**
> ㉢ 카탈리스트(Catalyst)는 아크릴릭 네일에 사용되며, 아크릴을 빨리 굳게 하는 촉매제이다.
> 젤 스컬프처의 재료 : 습식 매니큐어 재료, 프라이머, 젤(베이스 젤, 탑 젤, 클리어 젤), 젤 브러시, 젤 램프, 젤 클렌저, 젤 폼, 퍼프 등

54 다음 중 젤의 건조를 위하여 사용하는 전기기구는?

① 폴리시 드라이어
② 파라핀 워머
③ UV 램프
④ 글루 드라이어

> **해설**
> 젤 네일은 자연손톱과 인조네일 위에 젤을 바르고 LED 또는 UV 램프 등의 특수한 빛을 이용하여 응고한다.
> ① 폴리시 드라이어 : 폴리시를 건조하는 전기기구
> ② 파라핀 워머 : 파라핀을 녹이는 기구
> ④ 글루 드라이어 : 글루나 젤을 건조하는 스프레이

55 다음 중 공중위생관리법에 따른 미용업의 정의는?

① 물로 목욕을 할 수 있는 시설 및 설비 등의 서비스를 말한다.

☑ **손님의 얼굴, 머리, 피부 및 손톱·발톱 등을 손질하여 손님의 외모를 아름답게 꾸미는 영업을 말한다.**

③ 의류 기타 섬유제품이나 피혁제품 등을 세탁하는 영업을 말한다.

④ 손님의 머리카락 또는 수염을 깎거나 다듬는 등의 방법으로 손님의 외모를 단정하게 하는 영업을 말한다.

해설
미용업이라 함은 손님의 얼굴, 머리, 피부 및 손톱·발톱 등을 손질하여 손님의 외모를 아름답게 꾸미는 일반미용업, 피부미용업, 네일미용업, 화장·분장미용업, 그 밖에 대통령령으로 정하는 세부영업, 종합미용업을 말한다(공중위생관리법 제2조).

56 다음 (　)에 들어갈 말로 알맞은 것은?

공중위생영업자는 그 이용자에게 건강상 (　)이 발생하지 아니하도록 영업 관련 시설 및 설비를 위생적이고 안전하게 관리하여야 한다.

① 질병　　　　② 사망

☑ **위해요인**　　④ 감염병

해설
공중위생영업자는 그 이용자에게 건강상 위해요인이 발생하지 아니하도록 영업 관련 시설 및 설비를 위생적이고 안전하게 관리하여야 한다(공중위생관리법 제4조 제1항).

57 다음은 인조네일 실크 보수에 대한 내용이다. (　)에 들어갈 말로 알맞은 것은?

ㄱ 시술자 손 및 고객 손을 소독한다.
ㄴ 폴리시를 제거한다.
ㄷ 랩의 들뜬 정도를 파악한다.
ㄹ (　　　　　　　　　　　　　)
ㅁ 랩을 재단하여 붙인 후 글루를 도포하고, 실크 턱을 갈아 준 후 글루 젤을 도포한다.
ㅂ 표면 샌딩 후 큐티클 오일을 바르고 마무리한다.

① 아세톤을 적신 솜을 손톱 위에 올린 후 포일로 감싸 준다.

☑ **길이를 조절하고 턱 경계면을 갈아준 후 표면을 샌딩한다.**

③ 손톱을 보호하기 위해 손톱 표면의 광택과 유분기를 유지한 상태로 작업한다.

④ 푸셔를 이용하여 큐티클을 밀어내고, 거스러미 제거를 위해 니퍼를 사용한다.

해설
실크 보수
① 시술자 손 및 고객 손 소독하기
② 폴리시 제거하기
③ 랩의 들뜬 정도 파악하기
④ 길이를 조절하고 턱 경계면을 갈아준 후 표면 샌딩하기
⑤ 표면 정리 후 랩을 재단하여 붙인 후 글루 도포하기
⑥ 실크 턱을 갈아준 후 글루 젤 도포하기
⑦ 표면 샌딩하기
⑧ 큐티클 오일 바르기 및 마무리하기

58 다음 중 이용사 또는 미용사의 면허를 받을 수 있는 경우는?

① 피성년후견인

✔ **면허취소 후 1년이 경과된 자**

③ 정신질환자

④ 감염병환자

해설
면허가 취소된 후 1년이 경과되지 아니한 자는 이용사 또는 미용사의 면허를 받을 수 없다(공중위생관리법 제6조제2항).

59 공중위생영업자가 중요사항을 변경하고자 할 때 시장·군수·구청장에게 어떤 절차를 취해야 하는가?

① 통보   ② 통고

✔ **신고**   ④ 허가

해설
변경신고(공중위생관리법 시행규칙 제3조의2)
변경신고를 하려는 자는 영업신고사항 변경신고서에 영업신고증, 변경사항을 증명하는 서류를 첨부하여 시장·군수·구청장에게 제출하여야 한다.

60 다음 중 미용업소에 게시하지 않아도 되는 것은?

① 개설자의 면허증 원본

② 미용업 신고증

③ 최종지급요금표

✔ **미용사 자격증**

해설
미용업소 내 게시해야 할 사항 : 미용업 신고증, 개설자의 면허증 원본, 최종지급요금표
※ 공중위생관리법 시행규칙 별표 4 참고

제2회 | 기출복원문제

01 다음 중 발의 근육에 해당하는 것은?

① 비복근
② 대퇴근
③ 장골근
④ **족배근** ✓

해설
④ 족배근 : 발등 부분의 근육
① 비복근 : 종아리 근육
② 대퇴근 : 허벅지 근육
③ 장골근 : 골반 주변 근육

02 고객관리에 대한 설명으로 옳은 것은?

① 고객관리를 위해 고객 성향과는 상관 없이 과잉 친절한 태도로 응대한다.
② 피부 습진이 있는 고객은 시술 후 습진 완화제를 추가로 발라 준다.
③ **네일제품으로 인한 알레르기 반응이 생길 경우 원인이 되는 제품의 사용을 중지하도록 한다.** ✓
④ 문제성 피부라도 손톱만 문제가 없다면 고객에게 마사지, 큐티클 케어 등 전 과정을 수행한다.

해설
네일제품으로 인해 고객의 손톱에 이상 증상과 알레르기 반응이 생길 경우 원인이 되는 제품의 사용을 중지하도록 한다.

03 다음 중 수지골이 아닌 것은?

① 기절골
② 중절골
③ 말절골
④ **유구골** ✓

해설
유구골은 유두골, 대능형골, 소능형골과 함께 수근골에 해당한다.

04 네일 기본 관리 작업과정으로 옳은 것은?

① 손 소독 → 프리에지 모양 만들기 → 네일 폴리시 제거 → 큐티클 정리하기 → 컬러 도포하기 → 마무리하기
② **손 소독 → 네일 폴리시 제거 → 프리에지 모양 만들기 → 큐티클 정리하기 → 컬러 도포하기 → 마무리하기** ✓
③ 손 소독 → 프리에지 모양 만들기 → 큐티클 정리하기 → 네일 폴리시 제거 → 컬러 도포하기 → 마무리하기
④ 프리에지 모양 만들기 → 네일 폴리시 제거 → 마무리하기 → 손 소독

해설
네일 기본 관리 작업과정 : 손 소독 → 네일 폴리시 제거 → 프리에지 모양 만들기 → 큐티클 정리하기 → 컬러 도포하기 → 마무리하기

05 다음 네일 숍의 안전관리 대처방법으로 적합하지 않은 것은?

① 인조네일 제거를 위한 파일작업 시 마스크를 착용하여 가루의 흡입을 막는다.
② 화학물질을 사용할 때는 반드시 뚜껑이 있는 용기를 사용한다.
☑ **네일제품은 스프레이 형태의 화학물질을 사용하는 것이 가장 좋다.**
④ 작업공간에서는 음식물이나 음료 섭취를 금하는 것이 좋다.

> **해설**
> 네일제품의 화학물질을 스프레이 형태로 사용하면 작업공간 내 공기로 확산되어 흡입할 우려가 있다.

06 법정 감염병을 신고해야 하는 의무자로 해당되지 않는 사람은?

① 의사
② 치과의사
③ 한의사
☑ **간호사**

> **해설**
> 의사 등의 신고(감염병의 예방 및 관리에 관한 법률 제11조제1항)
> 의사, 치과의사 또는 한의사는 감염병환자 등을 진단하거나 그 사체를 검안(檢案)한 경우 소속 의료기관의 장에게 보고하여야 하고, 해당 환자와 그 동거인에게 질병관리청장이 정하는 감염 방지방법 등을 지도하여야 한다. 다만, 의료기관에 소속되지 아니한 의사, 치과의사 또는 한의사는 그 사실을 관할 보건소장에게 신고하여야 한다.

07 다음 중 화장품의 4대 요건이 아닌 것은?

① 안전성
② 안정성
③ 유효성
☑ **기능성**

> **해설**
> 화장품의 4대 요건 : 안전성, 안정성, 유효성, 사용성

08 교조증이라고 하며, 손톱을 물어뜯는 것을 무엇이라 하는가?

☑ **오니코파지**
② 루코니키아
③ 오니키아
④ 테리지움

> **해설**
> 오니코파지(교조증) : 손톱을 심하게 물어뜯는 것으로, 심리적인 불안감에서 습관적으로 발생한다.

09 피부의 구성요소로서 개념이 다른 하나는?

☑ **진피**
② 모발
③ 손톱
④ 한선

> **해설**
> 진피는 피부의 구성요소이고, 털(모발), 손발톱, 한선, 피지선은 피부의 부속기관이다.

10 손님에게 음란행위를 알선한 사람에 대한 관계행정기관의 장의 요청이 있는 때, 1차 위반에 대하여 행할 수 있는 영업소와 미용사에 대한 행정처분기준이 바르게 짝지어진 것은?

① 영업정지 1월 – 면허정지 1월
② 영업정지 2월 – 면허정지 2월
✅ **영업정지 3월 – 면허정지 3월**
④ 영업장 폐쇄명령 – 면허취소

`해설`
행정처분기준(공중위생관리법 시행규칙 별표 7)
손님에게 성매매알선 등 행위 또는 음란행위를 하게 하거나 이를 알선 또는 제공한 경우
• 영업소 : 1차 위반 시 영업정지 3월, 2차 위반 시 영업장 폐쇄명령
• 미용사 : 1차 위반 시 면허정지 3월, 2차 위반 시 면허취소

11 라이트 큐어드 젤(Light Cured Gel)에 대한 설명으로 옳은 것은?

✅ **특수한 빛에 노출시켜 젤을 응고시키는 방법이다.**
② 적외선에 노출시켜 젤을 응고시키는 방법이다.
③ 온열기기에 넣고 젤을 응고시키는 방법이다.
④ 네일 폴리시 퀵 드라이를 분사시켜 젤을 응고시키는 방법이다.

`해설`
라이트 큐어드 젤 : 자외선이나 할로겐램프와 같은 특수한 빛에 노출시켜 젤을 응고시키는 방법이다.

12 네일 클리퍼 사용에 대한 설명으로 틀린 것은?

① 손·발톱의 길이를 줄일 때 사용한다.
② 손·발톱이 건조할 때 한꺼번에 너무 많이 잘라내는 경우 충격이 발생하여 프리에지에 균열이나 손상의 원인이 된다.
③ 손·발톱을 너무 깊게 잘라내는 경우 출혈이 발생할 수 있다.
✅ **손·발톱은 조금의 길이 조절도 네일 클리퍼를 사용하는 것이 좋다.**

`해설`
④ 조금의 길이 조절이라면 네일 파일을 사용하는 것이 좋다.

13 영양소의 기능을 잘못 설명한 것은?

① 철(Fe) – 헤모글로빈 구성, 결핍 시 빈혈 유발
② 인(P) – 핵산과 세포막의 구성 성분
③ 나트륨(Na) – 산과 알칼리의 평형
✅ **마그네슘(Mg) – 근육긴장, 신경자극**

`해설`
④ 마그네슘(Mg) : 근육이완, 신경안정

14 식중독의 종류와 원인이 바르게 연결된 것은?

① 감염형 세균성 – 포도상구균
② 독소형 세균성 – 병원성 대장균
③ 동물성 자연독 – 복어
④ 식물성 자연독 – 모시조개

해설
① 감염형 세균성 : 살모넬라균, 병원성 대장균, 장염비브리오균
② 독소형 세균성 : 포도상구균, 보툴리누스균
④ 식물성 자연독 : 독버섯, 독미나리 등

15 피부구조에 대한 설명 중 틀린 것은?

① 피부는 표피, 진피, 피하지방층의 3개의 층으로 구성된다.
② 멜라닌세포의 수는 인종과 성별에 따라 다르다.
③ 멜라닌세포는 표피의 기저층에 산재한다.
④ 표피는 내측으로부터 기저층, 유극층, 과립층, 투명층, 각질층의 5층으로 나뉜다.

해설
② 멜라닌세포의 수는 인종과 성별에 관계없이 동일하다.

16 다음 중 제3급 감염병이 아닌 것은?

① 임질
② 파상풍
③ B형간염
④ C형간염

해설
① 임질은 제4급 감염병이다.

17 젤 네일 폴리시 제거제 선택방법으로 가장 적합하지 않은 것은?

① 젤 네일 폴리시 컬러링의 도포 두께를 확인한다.
② 젤 네일 폴리시 컬러링의 상태 유지기간을 확인한다.
③ 젤 네일 폴리시 화장물과 다른 네일 화장물이 혼합되었다면 퓨어 아세톤을 사용한다.
④ 젤 제거제로 제거가 가능한 젤인지 확인한다.

해설
젤 네일 폴리시 제거제 선택방법
• 젤 네일 폴리시 컬러링의 도포 두께, 상태 유지기간, 종류 등을 확인한다.
• 젤 제거제로 제거가 가능한 젤인지 확인한다.
• 젤 네일 폴리시 화장물 이외에 다른 네일 화장물과 혼합되지 않고 젤 제거제로 제거가 가능한 경우에는 젤 네일 폴리시 리무버 또는 퓨어 아세톤을 선택한다.

18 큐티클 정리 시 주의사항으로 적합하지 않은 것은?

① 큐티클과 손톱 주변 굳은살 등 지저분한 부분을 정리한다.

② 큐티클 푸셔는 45°의 각도를 유지해 준다.

③ 큐티클 부분은 손톱의 상태에 따라 적당한 힘을 주어 밀어 준다.

☑ **큐티클과 에포니키움의 밑부분까지 모두 깨끗하게 정리한다.**

[해설]
에포니키움의 밑부분까지 모두 정리하면 상처가 생겼을 때 질병에 감염될 우려가 있다.

19 신경에 대한 설명으로 옳지 않은 것은?

☑ **정중신경 – 삼각근과 소원근에 분포**

② 수지신경 – 손가락에 분포

③ 요골신경 – 손등의 외측과 요골에 분포

④ 비복신경 – 종아리 뒤쪽으로 연결되는 장딴지에 분포

[해설]
• 정중신경 : 팔을 관통하여 아래팔 앞쪽과 손바닥에 분포
• 액와신경 : 삼각근과 소원근에 분포

20 네일 팁의 사용에 대한 설명으로 가장 적합한 것은?

☑ **팁 접착 부분에 공기가 들어가지 않도록 하여야 손톱의 손상을 줄일 수 있다.**

② 팁을 부착할 시 유지력을 높이기 위해 모든 네일에 하프 웰 팁을 적용한다.

③ 팁을 선택할 때는 자연손톱의 사이즈보다 한 사이즈 작은 것으로 한다.

④ 팁을 부착할 시 네일 팁이 자연손톱의 1/2 이상 덮어야 유지력이 높아진다.

[해설]
② 손톱이 크고 납작한 경우는 끝이 좁은 내로 팁을, 손톱 끝이 위로 솟은 경우는 커브 팁을, 양쪽 측면이 움푹 들어갔거나 각진 손톱은 하프 웰의 팁을 선택한다.
③ 자연손톱의 사이즈와 동일하거나 한 사이즈 큰 것을 선택한다.
④ 손톱의 1/3 정도로 공기가 들어가지 않게 붙인다.

21 T림프구에 대한 설명이 아닌 것은?

☑ **체액성 면역**

② 항체 생성

③ 세포성 면역에 핵심 역할

④ 직접 감염된 세포를 제거

[해설]
T림프구는 세포성 면역, B림프구는 체액성 면역이다.

22 화장품과 의약품의 차이점을 설명한 것으로 적절하지 않은 것은?

① 화장품은 부작용을 인정한다.
② 의약품은 부작용을 인정한다.
③ 화장품은 청결 및 미화를 목적으로 사용한다.
④ 의약품은 진단 및 치료를 목적으로 사용한다.

해설
① 화장품은 부작용을 인정하지 않는다.

23 네일 폴리시의 요구 조건으로 적합하지 않은 것은?

① 적당한 점도와 안료가 균일하게 분산되어 있을 것
② 제거할 때 쉽게 깨끗이 지워져야 하며 착색이나 변색현상이 없을 것
③ 균일한 피막을 형성하고 쉽게 잘 벗겨질 것
④ 손톱에 밀착된 피막이 쉽게 손상되지 않을 것

해설
③ 손톱에 밀착된 피막이 균일한 피막을 형성하고 쉽게 손상되거나 잘 벗겨지지 않을 것

24 다음 중 에멀션의 안정화에 사용되는 고급 알코올 원료에 속하지 않는 것은?

① 라우릴알코올
② 에틸알코올
③ 세틸알코올
④ 스테아릴알코올

해설
에틸알코올은 저급 알코올로 가용화제, 소독제로 사용한다.

25 손톱의 뿌리이자 손톱 세포를 형성하는 부분은 어디인가?

① 네일 매트릭스
② 큐티클
③ 네일 보디
④ 네일 루트

해설
네일 루트(조근, Nail Root) : 손톱의 근원, 손톱 세포를 형성

26 다음 감염병 중 원인이 다른 것은?

① 장티푸스   ② 이질
③ 결핵   ④ 콜레라

해설
수인성 감염병 : 장티푸스, 이질, 콜레라

27 피부 표피 중 가장 두꺼운 층은?

① 각질층
② 과립층
✓③ 유극층
④ 기저층

해설
유극층은 표피 중 가장 두꺼운 층으로 유핵세포로 구성되었다.

---

28 젤 네일 폴리시 제거작업의 유의사항으로 옳지 않은 것은?

① 네일파일 작업 시 고객을 배려하며, 정확하고 섬세하게 작업한다.
② 네일 화장물 제거 시 자연네일과 네일 주변이 손상되지 않도록 주의해야 한다.
③ 제거제는 피부에 닿지 않도록 주의하며, 청결하게 마무리한다.
✓④ 하드 젤은 아세톤으로 제거하고, 소프트 젤은 파일로 제거한다.

해설
소프트 젤은 아세톤이나 젤 전용 제거제로 제거하고, 하드 젤은 파일로 제거한다.

---

29 다음 중 생활폐기물이 아닌 것은?

① 가정에서 배출하는 종량제봉투 배출 폐기물
② 음식물류 폐기물
✓③ 의료폐기물
④ 고철 및 금속캔류

해설
생활폐기물이란 사업장폐기물 외의 폐기물로 가정에서 배출하는 종량제봉투 배출 폐기물, 음식물류 폐기물, 폐식용유, 폐지류, 고철 및 금속캔류, 폐목재 및 폐가구류 등을 말한다.
※ 폐기물관리법 제2조, 폐기물관리법 시행규칙 별표 4 참고

---

30 실내 공기오염이 건강에 미치는 영향으로 옳지 않은 것은?

① 오래된 건물, 밀폐된 공간인 차나 기차에서 빌딩증후군이 발생할 수 있다.
② 냉방기나 가습기에 곰팡이, 세균, 원충, 동물 비듬 등이 있는 경우 과민성 폐장염, 레지오넬라증 등이 발생할 수 있다.
③ 실내 공기 오염원인 석면, 라돈, 폼알데하이드(포름알데히드) 등은 국제암연구소의 지정 1급 발암물질이다.
✓④ 석면 및 라돈은 폐암을, 폼알데하이드는 간암을 일으킬 수 있다.

해설
석면 및 라돈은 폐암을, 폼알데하이드는 후두암을 일으킬 수 있다.

31 다음 중 질환의 원인이 다른 것은?

① 대상포진　　② 단순포진

③ **칸디다증**　④ 홍역

> **해설**
> • 바이러스성 피부질환 : 대상포진, 단순포진, 홍역
> • 진균성 피부질환 : 칸디다증, 백선

32 다음 중 고급 알코올의 설명으로 적절한 것은?

① 고급 원료를 뜻한다.

② **유성원료이다.**

③ 유화력이 우수하다.

④ 수성원료이다.

> **해설**
> 고급 알코올은 유성원료로 탄소(C) 수가 6개 이상인 알코올이다. 원료별로 고체와 액체 상태이고, 자체적으로 유화력은 없으나 유화 안정 보조제로 쓰인다.

33 진피의 구성요소 중 가장 많은 비중을 차지하는 것은?

① **교원섬유**

② 탄력섬유

③ 무코다당류

④ 하이알루론산

> **해설**
> 진피의 90%는 교원섬유(콜라겐으로 구성)로 되어 있으며, 피부에 탄력을 준다.

34 화장품의 주원료가 되는 성분으로, 함량이 높아 화장품 전성분 표시에서 가장 앞에 나열되는 보편적인 원료는?

① **정제수**

② 에틸알코올

③ 다가알코올

④ 천연보습인자

> **해설**
> 정제수(물)는 화장품의 주원료가 되는 성분으로, 함량이 높아 화장품 전성분 표시에서 가장 앞에 나열되는 보편적인 원료이다.

35 네일미용 작업 시 실내 공기 관리방법으로 적합하지 않은 것은?

① 겨울과 여름에는 온·냉방이 되어야 하며, 환기가 잘되어야 한다.

② **작업장 내에 쓰레기는 뚜껑이 있는 쓰레기통에 넣고 자주 비우지 않는다.**

③ 자연 환기와 신선한 공기의 유입을 고려하여 창문을 설치한다.

④ 공기보다 무거운 성분이 있으므로 환기구를 아래쪽에도 설치한다.

> **해설**
> 네일 화장물을 사용하고 나온 쓰레기는 뚜껑이 있는 쓰레기통에 넣고 쌓이지 않도록 자주 확인하여 비우는 것이 좋다.

36 기초 화장품의 사용 목적이 아닌 것은?

① 세안
② 피부정돈
③ 피부보호
✔ **피부결점 보완**

해설
기초 화장품을 사용하는 목적은 세안, 피부정돈, 피부보호이다.

37 공중위생관리법상 소독기준 및 방법이 아닌 것은?

① 자외선 소독 – $1cm^2$당 $85\mu W$ 이상의 자외선을 20분 이상 쬐어 준다.
② 건열멸균 소독 – 100℃ 이상의 건조한 열에 20분 이상 쬐어 준다.
③ 석탄산수 소독 – 석탄산 3%, 물 97%의 수용액에 10분 이상 담가 둔다.
✔ **증기소독 – 100℃ 이상의 습한 열에 10분 이상 쬐어 준다.**

해설
④ 증기소독 : 100℃ 이상의 습한 열에 20분 이상 쬐어 준다.
※ 공중위생관리법 시행규칙 별표 3 참고

38 다음 중 아크릴릭 네일의 사용 재료가 아닌 것은?

① 모노머(Monomer)
② 폴리머(Polymer)
③ 카탈리스트(Catalyst)
✔ **네일 트리트먼트(Nail Treatment)**

해설
아크릴릭 네일의 화학물질
• 모노머(Monomer, 단량체) : 아크릴 리퀴드
• 폴리머(Polymer, 중합체) : 아크릴 파우더
• 카탈리스트(Catalyst) : 아크릴을 빨리 굳게 하는 촉매제

39 감염성 질병 유행의 6대 요소 중 환경 요소만 연결된 것은?

① 병원소로부터 병원체의 탈출, 숙주의 감염
✔ **병원소로부터 병원체의 탈출, 전파, 새로운 숙주의 침입**
③ 병원체, 병원소로부터 병원체의 탈출, 전파
④ 병원소, 병원소로부터 병원체의 탈출, 전파

해설
감염병의 발생단계 : 병원체 → 병원소 → 병원소로부터 병원체의 탈출 → 병원체의 전파 → 새로운 숙주로의 침입 → 감수성 있는 숙주의 감염
감염병 발생단계 중 '병원체, 병원소'는 병인 요인이고 '병원체 탈출, 전파, 침입'은 환경 요인, '숙주의 감수성'은 숙주 요인이다.

40 다음 중 진피에 존재하는 세포는?

① 각질형성세포

✔ **섬유아세포**

③ 랑게르한스세포

④ 색소형성세포

> **해설**
> 진피층에 섬유아세포, 비만세포, 대식세포 등이 있다.

41 다음 중 네일미용 도구의 위생적인 관리법이 아닌 것은?

① 모든 도구는 매번 사용 후 소독 처리를 한다.

② 일회용 제품은 1인 1회 사용이 원칙으로, 재사용하지 않는다.

③ 니퍼, 메탈 푸셔, 랩 가위 등은 사용 후 제4기 암모늄 혼합물 소독제나 70% 알코올에 적정 시간 담갔다가 흐르는 물에 헹구고 마른 수건으로 닦은 후 자외선 소독기에 넣었다가 사용한다.

✔ **네일파일과 핑거볼은 일회용품이 아니므로 재사용 가능하다.**

> **해설**
> 네일파일과 같은 일회용품은 1인 1회 사용이 원칙으로, 재사용하지 않도록 한다. 핑거볼은 가능한 일회용을 사용하고 그렇지 않을 경우 반드시 소독 처리하여 사용한다.

42 다음 중 고객 응대에서 중요한 매너 요소가 아닌 것은?

① 고객에게 신뢰감을 주는 표정

✔ **고객에게 최대한 신속하고 빠르게 서비스를 진행하여 시간 단축**

③ 관리사의 단정하고 깔끔한 복장

④ 고객에게 관리에 대한 명확한 설명

> **해설**
> 네일관리상 고객에게 신속하고 정확하게 서비스를 진행하되, 주어진 시간을 충분히 사용하는 것이 좋다. 다만 고객이 시간 단축을 원하는 경우는 예외로 한다.

43 네일 랩에 대한 설명으로 적합한 것은?

✔ **오버레이(Overlay)라고도 하며, 손톱을 포장한다는 뜻이다.**

② 실크를 이용한 패브릭 랩은 두껍고 강하게 유지되지만 컬러링이 필요하다.

③ 페이퍼 랩은 얇고 부드럽고 투명하여 가장 많이 사용한다.

④ 린넨을 이용한 패브릭 랩은 매우 얇은 인조유리섬유로 글루가 잘 스며들어 투명도가 높다.

> **해설**
> ② 실크를 이용한 패브릭 랩은 얇고 부드럽고 투명하여 가장 많이 사용한다.
> ③ 페이퍼 랩은 얇은 종이 소재로 폴리시 리무버와 아세톤에 용해되기 쉬워 임시 랩으로 사용한다.
> ④ 린넨을 이용한 패브릭 랩은 두껍고 강하게 유지되지만 컬러링이 필요하다.

44 가축전염병예방법에 따라 신고를 받은 가축전염병 중 즉시 질병관리청장에게 통보하여야 하는 감염병이 아닌 것은?

① 탄저
② 고병원성 조류인플루엔자
✓ ③ 폴리오
④ 동물인플루엔자

해설
인수공통감염병의 통보(감염병의 예방 및 관리에 관한 법률 제14조제1항)
가축전염병예방법에 따라 가축의 전염성 질병에 걸렸거나 걸렸다고 믿을 만한 결과나 임상증상이 있는 가축 신고를 받은 국립가축방역기관장, 신고대상 가축의 소재지를 관할하는 시장·군수·구청장 또는 시·도 가축방역기관의 장은 같은 법에 따른 가축전염병 중 다음의 어느 하나에 해당하는 감염병의 경우에는 즉시 질병관리청장에게 통보하여야 한다.
• 탄저
• 고병원성 조류인플루엔자
• 광견병
• 그 밖에 대통령령으로 정하는 인수공통감염병(동물인플루엔자)

45 진균에 의한 피부질환이 아닌 것은?

① 백선
✓ ② 농가진
③ 어루러기
④ 칸디다증

해설
② 농가진은 세균성 피부질환이다.

46 다음 중 네일미용업에 대한 설명으로 가장 적절한 것은?

✓ ① 손톱과 발톱을 손질·화장하는 영업
② 손톱과 발톱을 손질·관리하는 영업
③ 손톱과 발톱을 손질하고 제모·눈썹 손질을 하는 영업
④ 손톱과 발톱을 손질하고 의료기기나 의약품을 사용하지 아니하는 눈썹 손질을 하는 영업

해설
네일미용업은 손톱과 발톱을 손질·화장(化粧)하는 영업이다(공중위생관리법 제2조).

47 다음에서 ( )에 들어갈 단어는?

계면활성제는 물에 녹기 쉬운 ( ) 부분과 기름에 녹기 쉬운 친유성 부분을 동시에 가지고 있는 화합물이다.

✓ ① 친수성
② 유성
③ 소수성
④ 친화성

해설
계면활성제는 물에 녹기 쉬운 친수성 부분과 기름에 녹기 쉬운 친유성 부분을 동시에 가지고 있는 화합물이다.

48 다음에서 설명하는 것은?

> 식품 섭취로 인하여 인체에 유해한 미생물 또는 유독물질에 의하여 발생하였거나 발생한 것으로 판단되는 감염성 질환 또는 독소형 질환

① 감염성 질환
② 유독물질
③ **식중독** ✓
④ 노로바이러스

해설
식중독이란 식품 섭취로 인하여 인체에 유해한 미생물 또는 유독물질에 의하여 발생하였거나 발생한 것으로 판단되는 감염성 질환 또는 독소형 질환을 말한다(식품위생법 제2조).

49 살을 파고드는 내성 발톱의 경우 적합한 네일 형태(Shape)는 무엇인가?

① Round Shape
② Almond Shape
③ Oval Shape
④ **Square Shape** ✓

해설
살을 파고드는 내성 발톱은 스퀘어형으로 정리하면 자라면서 덜 파고든다.

50 살균작용의 기전 중 단백질 응고작용에 의한 소독법은 무엇인가?

① 과산화수소
② 염소
③ 오존
④ **석탄산** ✓

해설
④ 석탄산은 균체의 단백질 응고작용을 한다.

51 네일의 특성으로 적합하지 않은 것은?

① 단백질로 구성되어 있으며, 비타민과 미네랄이 부족하면 이상현상이 발생한다.
② 손톱의 경도는 손톱에 함유된 수분의 양이나 케라틴 조성에 따라 다르다.
③ **손톱은 피부의 부속물로서 신경이나 혈관이 있다.** ✓
④ 손톱의 수분 함유량은 12~18%이며, 아미노산과 시스테인이 포함되어 있다.

해설
손톱은 피부의 부속물로서 신경이나 혈관, 털이 없다.

52 세계보건기구(WHO)에서 국가 간 건강수준을 비교하기 위해 정한 지표 3가지를 연결한 것은?

① **평균수명, 조사망률, 비례사망지수** ✓
② 평균수명, 조사망률, 영아사망률
③ 평균여명, 조사망률, 비례사망지수
④ 평균여명, 조사망률, 영아사망률

해설
세계보건기구에서는 한 나라의 건강수준을 다른 국가들과 비교할 수 있는 지표로 비례사망지수, 조사망률, 평균수명을 제시하였다.

53 다음 네일의 역사에 대한 설명으로 옳지 않은 것은?

① 1800년대 – 아몬드 형태의 네일이 유행

② 1830년 – 발 전문의사인 시트(Sitts)가 치과기구에서 고안한 오렌지 우드스틱을 네일관리에 사용

③ 1885년 – 네일 에나멜의 필름 형성제인 나이트로셀룰로스의 개발

④ **1895년 – 제나(Gena) 연구팀에서 네일 에나멜 리무버, 워머 로션, 큐티클 오일을 개발**

해설
④ 1930년 제나(Gena) 연구팀에서 네일 에나멜 리무버, 워머 로션, 큐티클 오일을 개발하였다.

54 원주형의 세포가 단층으로 이어져 있으며, 각질형성세포와 색소형성세포가 존재하는 피부층은?

① **기저층**

② 과립층

③ 각질층

④ 유극층

해설
기저층은 원주형의 세포가 단층으로 이어져 있으며, 각질형성세포와 색소형성세포가 존재한다.

55 네일 화장물 제거제 사용 시 주의사항으로 적합하지 않은 것은?

① 호흡기를 보호하기 위해 마스크를 착용한다.

② 환기를 시켜 실내 공기를 정화한다.

③ **네일 화장물 제거제는 화기 옆에 두어도 안전하다.**

④ 네일 화장물 제거제는 휘발성이 강하므로 과도하게 사용하지 않는다.

해설
③ 네일 화장물 제거제는 인화성 물질이므로 화기 옆에 두면 안 된다.

56 계면활성제에 대한 설명으로 옳은 것은?

① 음이온 계면활성제는 살균과 소독작용을 한다.

② 양이온 계면활성제는 세정작용이 있다.

③ **계면활성제의 피부자극성은 양이온성 > 음이온성 > 양쪽성 > 비이온성 순으로 크다.**

④ 계면활성제의 세정력은 양이온성 > 음이온성 > 양쪽성 > 비이온성 순으로 크다.

해설
① 음이온 계면활성제는 세정력이 뛰어나고 거품을 형성한다.
② 양이온 계면활성제는 살균과 소독작용을 한다.
④ 계면활성제의 세정력 : 음이온성 > 양쪽성 > 양이온성 > 비이온성

57 화학물질의 안전관리에 대한 설명으로 바르지 않은 것은?

① 렌즈의 사용을 피하고 보안경을 착용하는 것이 바람직하다.

② 창문을 열어 정기적인 환기를 해야 한다.

✓ 화학물질은 피부에 닿아도 전혀 상관없기 때문에 신경 쓰지 않아도 된다.

④ 액티베이터의 경우 스프레이 타입보다 스포이트 타입을 사용하는 것이 좋다.

> **해설**
> ③ 피부에 닿았을 때 화상과 트러블을 일으킬 수 있으므로 피부에 닿지 않게 주의한다.

58 홍역에 감염된 후 이 병원체에 대한 항체가 생성되는 면역을 무엇이라 하는가?

✓ 자연능동면역

② 인공능동면역

③ 자연수동면역

④ 인공수동면역

> **해설**
> 능동면역은 숙주 스스로 항체를 형성하여 면역을 획득하는 것이다. 자연능동면역은 질병 이환 후 획득하는 면역을 말한다.

59 화장품 원료의 기능에 대한 설명으로 옳지 않은 것은?

① 점증제 – 화장품의 점성 증가

② 피막형성제 – 화장품 도포 후 필름막을 형성

③ 보습제 – 피부의 건조 방지

✓ 산화방지제 – 금속이온의 활성 방지

> **해설**
> • 산화방지제 : 화장품의 산화와 변질 방지
> • 금속이온봉쇄제 : 금속이온의 활성 방지

60 손의 근육과 작용에 대한 설명이 바르게 짝지어진 것은?

✓ 짧은엄지벌림근(단무지외전근) – 손가락을 벌리는 작용

② 네모엎침근(회내근) – 물체를 잡는 작용

③ 맞섬근(대립근) – 손가락을 붙이고 구부리는 작용

④ 모음근(내전근) – 손을 안쪽으로 돌려주며 손등이 위로 보이게 하는 작용

> **해설**
> ② 네모엎침근(회내근) : 손을 안쪽으로 돌려주며 손등이 위로 보이게 하는 작용
> ③ 맞섬근(대립근) : 물체를 잡는 작용, 마주보게 하는 작용
> ④ 모음근(내전근) : 손가락을 붙이고 구부리는 작용

01 네일 역사에 대한 설명으로 잘못 연결된 것은?

① 1885년 – 네일 에나멜의 필름 형성제인 나이트로셀룰로스의 개발

② 1892년 – 미국에서 네일 아티스트가 새로운 직업으로 등장

❸ 1930년 – 일반 상점에서 에나멜을 판매

④ 1935년 – 인조네일의 개발

해설
• 1925년 : 일반 상점에서 에나멜을 판매, 네일 에나멜 사업의 본격화
• 1930년 : 다양한 종류의 붉은색 에나멜의 등장, 제나 (Gena) 연구팀에서 네일 에나멜 리무버, 워머 로션, 큐티클 오일을 개발

02 네일의 구성 성분인 케라틴에서 화학적으로 함유된 성분 비율이 가장 많은 것은?

❶ 탄소

② 산소

③ 질소

④ 황

해설
케라틴의 화학적 조성비
탄소 > 산소 > 질소 > 황 > 수소

03 외국의 네일미용에 대한 설명으로 옳지 않은 것은?

① 중국 – 15세기 명나라 왕조는 흑색과 적색을 손톱에 발라서 신분 과시

② 이집트 – BC 3000년 헤나의 붉은색, 오렌지색 염료로 미라의 손톱에 색상을 입힘(주술적 의미)

③ 인도 – 17세기 인도 상류층 여성들은 문신바늘을 이용해 조모(네일 매트릭스)에 색소를 넣어서 신분을 표시

❹ 이집트 – 상류층은 옅은 색, 하류층은 붉은색 손톱으로 사회적 신분을 표시

해설
이집트
• BC 3000년 헤나의 붉은색, 오렌지색 염료로 미라의 손톱에 색상을 입힘(주술적 의미)
• 상류층은 붉은색, 하류층은 옅은 색 손톱으로 사회적 신분을 표시

04 꿀벌에서 추출한 동물성 왁스는?

❶ 밀납   ② 스쿠알렌

③ 레시틴   ④ 리바이탈

해설
동물성 왁스

| 라놀린(양모) | 꿀벌과 양모에서 채취한 원료로 보습력 |
| 밀납(꿀벌) | 과 수분 흡수력을 가진 유화제이다. |

05 다음 중 고객을 대하는 자세로서 옳지 않은 것은?

① 고객에게 친절하고 예의바른 태도로 대한다.
② 차분한 상담태도로 고객의 요구사항을 파악한다.
③ 옷차림을 청결하고 단정하게 유지한다.
✔️ **고객과의 유대관계를 위해 사적인 이야기로 라포형성을 한다.**

> [해설]
> ④ 공과 사를 구분하고 사적인 이야기는 피한다.

06 네일의 구조 중 다음에서 설명하는 것은?

> • 네일 주위를 덮고 있는 피부
> • 각질세포의 생산과 성장조절에 관여
> • 외부의 병원물이나 오염물질로부터 보호

✔️ **큐티클**
② 하이포니키움
③ 네일 폴드
④ 네일 그루브

> [해설]
> ② 하이포니키움(하조피) : 세균으로부터 손톱을 보호, 손톱 아래의 피부(옐로라인 안쪽)
> ③ 네일 폴드(조주름) : 네일 루트가 묻혀 있는 손톱 베이스에서 깊이 접혀 있는 피부
> ④ 네일 그루브(조구) : 네일 베드 양 측면에 좁게 패인 부분

07 건강한 손톱의 조건으로 옳지 않은 것은?

① 12~18%의 수분을 함유하여야 한다.
✔️ **일자 모양의 플랫한 형태이어야 한다.**
③ 세균에 감염되지 않아야 한다.
④ 탄력이 있고 단단해야 한다.

> [해설]
> 건강한 손톱의 조건
> • 반투명색의 분홍색을 띠며 윤기가 있어야 한다.
> • 12~18%의 수분을 함유해야 한다.
> • 둥근 모양의 아치형이어야 한다.
> • 세균에 감염되지 않아야 한다.
> • 탄력이 있고 단단해야 한다.

08 네일의 구조에서 손톱 끝부분으로 네일 베드와 접착되어 있지 않은 부분은?

① 조근(네일 루트)
✔️ **프리에지(자유연)**
③ 조모(매트릭스)
④ 조상(네일 베드)

> [해설]
> ① 조근(네일 루트) : 새로운 세포가 만들어지면서 손톱 성장이 시작되는 부분
> ③ 조모(매트릭스) : 네일 루트 아래에 위치하며 모세혈관과 신경세포가 분포, 손상을 입으면 성장을 저해시키거나 기형 유발
> ④ 조상(네일 베드) : 네일 보디를 받치고 있는 네일 밑부분으로, 네일의 신진대사와 수분공급을 함

09 인체를 구성하는 생태학적 단계로 바르게 나열한 것은?

① 세포 – 계통 – 조직 – 기관 – 인체
② 세포 – 기관 – 조직 – 계통 – 인체
③ **세포 – 조직 – 기관 – 계통 – 인체**
④ 인체 – 계통 – 기관 – 세포 – 조직

해설
인체를 구성하는 생태학적 단계
• 세포 : 모든 생물체의 구조적, 기능적 기본 단위
• 조직 : 생물체를 구성하는 단위의 하나로, 같은 형태나 기능을 가진 세포의 모임
• 기관 : 세포가 모여 조직이 되고, 서로 다른 여러 조직들이 모여 통합된 구조를 형성한 것
• 계통 : 연관성 있는 기관이 모여 복잡한 기능을 수행하는 계통을 형성(골격계, 근육계, 신경계 등)
• 인체 : 계통이 모여 인체를 형성함

10 손목에 있는 뼈로서 총 8개의 짧은 뼈로 구성되어 있는 뼈는?

① 자뼈(척골)　　② **손목뼈(수근골)**
③ 노뼈(요골)　　④ 손가락뼈(수지골)

해설
손의 뼈

		근위 수근골	주상골, 월상골, 삼각골, 두상골
수근골	손목뼈, 8개의 짧은 뼈		
		원위 수근골	대능형골, 소능형골, 유두골, 유구골
중수골	손바닥뼈, 5개	제1중수골~제5중수골	
수지골	손가락뼈, 14개	엄지 손가락	기절골, 말절골
		나머지 손가락	기절골, 중절골, 말절골

11 네일 형태에 대한 설명으로 잘못된 것은?

① 스퀘어형 – 네일 끝을 많이 쓰는 사람에게 적절
② 라운드형 – 남성, 여성 누구나 잘 어울리는 형태로 약하거나 짧은 손톱에 적당
③ **오벌형 – 이상적인 손톱 모양으로 고객이 가장 선호하는 형태**
④ 포인트형 – 손끝을 뾰족하게 만든 형태로 손톱의 넓이가 좁은 사람에게 적당

해설
③ 이상적인 손톱 모양으로 고객이 가장 선호하는 형태는 라운드 스퀘어형이다.

12 다음 중 네일케어가 불가능한 장애가 아닌 것은?

① 네일 몰드(Nail Mold, 사상균증)
② 오니코마이코시스(Onychomycosis, 조갑진균증)
③ 파로니키아(Paronychia, 조갑주위염)
④ **오니콕시스(Onychauxis, 조갑비대증)**

해설
오니콕시스(Onychauxis, 조갑비대증)
• 손톱이나 발톱이 비정상적으로 두꺼워진 경우로, 작은 신발을 장시간 착용할 경우에 발생
• 부드럽게 파일링하고 부석가루(Pumice Powder)로 문지르며 관리
• 핫크림(오일) 매니큐어로 꾸준히 관리

13 네일의 병변과 그 원인의 연결이 잘못된 것은?

① 달걀껍질 손톱(에그셀 네일) – 영양상태가 부적합하거나 내과적 질병 또는 신경계통의 이상으로 발생

② 조갑위축증(오니카트로피아) – 네일 매트릭스에 손상을 입었거나 내과적 질병 또는 강한 푸셔 사용 시 발생

✔ **검은 반점(니버스) – 손톱을 심하게 물어뜯는 것**

④ 고랑 파진 손톱(퍼로) – 체내의 아연질 부족으로 발생

해설
• 니버스(검은 반점) : 멜라닌 색소가 착색되어 일어나는 작용이다. 손톱이 자라면 없어지며 인조손톱을 붙이거나 폴리시를 발라서 관리한다.
• 오니코파지(교조증) : 손톱을 심하게 물어뜯는 것으로, 심리적인 불안감에서 습관적으로 발생하며 인조손톱을 붙이거나 꾸준한 매니큐어링으로 관리한다.

14 손톱과 발톱이 두꺼워지고 구부러지는 현상은?

✔ **오니코그라이포시스(조갑구만증)**

② 오니콥토시스(조갑탈락증)

③ 오니코리시스(조갑박리증)

④ 파로니키아(조갑주위염)

해설
② 오니콥토시스(조갑탈락증) : 손톱 일부분 혹은 전체가 주기적으로 손가락에서 떨어져 나가는 증상
③ 오니코리시스(조갑박리증) : 손톱과 조체 사이에 틈이 생기는 현상
④ 파로니키아(조갑주위염) : 손 주위 조직이 박테리아 감염으로 붉게 부어오르며 염증과 고름이 발생

15 뼈의 형태에 대한 설명으로 잘못 연결된 것은?

① 장골 – 길이가 길며 골간과 두 개의 골단으로 이루어져 있고, 내면에 골수강을 형성

② 단골 – 넓이와 길이가 비슷하며, 골수강이 없는 짧은 뼈

③ 편평골 – 얇고 편평하며 대부분 휘어져 있는 형태

✔ **종자골 – 모양이 다양하고 복잡한 뼈**

해설
뼈의 형태

장골	• 길이가 길며 골간과 두 개의 골단으로 이루어져 있고, 내면에 골수강을 형성 • 대퇴골, 상완골, 요골, 척골, 경골, 비골
단골	• 넓이와 길이가 비슷하며, 골수강이 없는 짧은 뼈 • 수근골, 족근골
편평골	• 얇고 편평하며 대부분 휘어져 있는 형태 • 견갑골, 늑골, 두개골
종자골	• 씨앗 모양의 뼈 • 슬개골

16 발바닥 안쪽 아치 모양의 뼈로 몸의 중력을 분산시키는 역할을 하는 뼈는?

① 족근골

✔ **족궁**

③ 족지골

④ 중족골

해설
족궁은 발바닥 안쪽 아치 모양의 뼈로, 몸의 중력을 분산시키는 역할을 한다.

17 한선에 대한 설명으로 옳지 않은 것은?

① 땀을 만들어내는 피부의 외분비선이다.

② 에크린선(소한선)과 아포크린선(대한선)으로 구분된다.

③ 우리 몸의 노폐물과 수분을 땀의 형태로 배설하는 기능을 한다.

✔ 손바닥, 발바닥을 제외한 전신에 분포한다.

해설
한선(땀샘)

에크린선(소한선)	아포크린선(대한선)
• 손바닥, 발바닥, 겨드랑이, 등, 앞가슴, 코 부위에 분포 • 약산성의 무색·무취 • 노폐물 배출 • 체온조절 기능	• 겨드랑이, 유두 주위, 배꼽 주위, 성기 주위, 항문 주위 등 특정한 부위에 분포 • 단백질 함유량이 많은 땀을 생산 • 세균에 의해 부패되어 불쾌한 냄새

18 다음 중 탄수화물의 최종 분해산물은?

① 미네랄

② 아미노산

✔ 포도당

④ 지방산

해설
• 탄수화물 – 포도당
• 단백질 – 아미노산
• 지방 – 지방산

19 진피층에 대한 설명으로 옳은 것은?

✔ 유두층 – 표피의 경계 부위에 유두 모양의 돌기를 형성하는 진피의 상단 부분

② 망상층 – 혈관을 통해 기저층에 영양분을 공급

③ 유극층 – 표피 중 가장 두꺼운 유핵세포로 구성

④ 기저층 – 멜라닌세포가 존재하여 피부의 색을 결정

해설
진피층

유두층	• 표피의 경계 부위에 유두 모양의 돌기를 형성하고 있는 진피의 상단 부분 • 다량의 수분을 함유 • 혈관을 통해 기저층에 영양분을 공급
망상층	• 유두층의 아래에 위치하며 피하조직과 연결되는 층 • 진피층에서 가장 두꺼운 층으로 그물 형태로 구성 • 교원섬유와 탄력섬유 사이를 채우고 있는 간충물질과 섬유아세포로 구성 • 피부의 탄력과 긴장을 유지

20 진피의 구성세포 중 신체방어 작용과 면역을 담당하는 세포는?

① 섬유아세포　　② 비만세포

✔ 대식세포　　④ 멜라닌세포

해설
진피의 구성세포
• 섬유아세포 : 콜라겐, 엘라스틴 합성
• 비만세포 : 염증 매개 물질을 생성하거나 분비하는 작용
• 대식세포 : 신체방어 작용, 면역을 담당

21 피지선에 대한 설명으로 옳지 않은 것은?

① 표피의 기저층에 위치한다.

② 하루 평균 1~2g의 피지를 모공을 통해 밖으로 배출시킨다.

③ 모공이 각질이나 먼지에 의해 막혀 피지가 외부로 분출이 되지 않으면 여드름이 발생한다.

④ 남성호르몬 안드로겐은 피지 분비를 활성화시키며, 여성호르몬 에스트로겐은 피지 분비를 억제하는 역할을 한다.

해설
① 피지선은 진피의 망상층에 위치한다.

22 피부 타입에 대한 특징으로 잘못 연결된 것은?

① 정상피부 – 피부의 수분과 유분의 밸런스가 이상적인 상태이다.

② 건성피부 – 화장이 잘 받지 않고 들뜨기 쉽다.

③ 지성피부 – 다른 피부에 비해 외부 자극에 대한 저항력이 약하다.

④ 민감성 피부 – 정상피부에 비해 환경변화에 쉽게 반응을 일으킨다.

해설
지성피부의 특징
• 모공이 넓고 피지가 과다 분비되어 항상 번들거린다.
• 각질층이 두껍고 피부가 거칠다.
• 다른 피부에 비해 외부 자극에 대한 저항력이 강하다.
• 피지 분비가 많아서 면포나 여드름이 생기기 쉽다.
• 피부가 맑거나 투명해 보이지 않고 탁해 보인다.

23 지루성 피부염에 대한 설명으로 옳은 것은?

① 팔꿈치 안쪽이나 목 등의 피부가 거칠어지고 아주 심한 가려움증

② 외부 물질과의 접촉에 의하여 생기는 모든 피부염

③ 피부가 건조해져서 생기는 습진으로, 각질과 가려움증을 유발

④ 피지의 과다분비와 정신적 스트레스 등으로 홍반과 인설 등이 발생

해설
①은 아토피성 피부염, ②는 접촉성 피부염, ③은 건성습진에 대한 설명이다.

24 태양광선 중 파장이 가장 긴 것은?

① UV-A

② UV-B

③ UV-C

④ 가시광선

해설
자외선의 종류

구분	파장	특징
UV-A (장파장)	320~400nm	• 진피층까지 침투 • 즉각 색소침착 • 광노화 유발 • 피부탄력 감소
UV-B (중파장)	290~320nm	• 표피 기저층까지 침투 • 홍반 발생 • 일광화상 • 색소침착(기미)
UV-C (단파장)	200~290nm	• 오존층에서 흡수 • 강력한 살균작용 • 피부암 원인

25 내인성 노화가 아닌 것은?

① 에스트로겐 분비 감소로 인한 주름 발생

② 진피층의 콜라겐과 엘라스틴이 감소

✓ **자외선 노출**

④ 방어벽 역할을 하는 면역기능 이상

해설
③ 외인성 노화에 해당한다.
내인성 노화(자연노화)
• 나이가 들면서 자연스럽게 발생하는 노화
• 에스트로겐 분비 감소로 인한 주름 발생
• 진피층의 콜라겐과 엘라스틴이 감소
• 표피와 진피 두께가 얇아짐
• 유전이나 혈액순환 저하
• 방어벽 역할을 하는 면역기능 이상

26 인수공통감염병으로 옳지 않은 것은?

① 공수병(광견병) – 개

② 페스트 – 쥐

③ 탄저 – 양, 말, 소

✓ **돼지 – 탄저, 일본뇌염**

해설
인수공통감염병은 동물과 사람 사이에 상호 전파되는 병원체에 의해 감염된다.
예 공수병(광견병) – 개, 페스트 – 쥐, 탄저 – 양, 말, 소

27 신생아가 모체로부터 태반, 수유를 통해 얻는 면역는?

① 자연능동면역

② 인공능동면역

✓ **자연수동면역**

④ 인공수동면역

해설
① 자연능동면역 : 감염병에 감염된 후 형성되는 면역이다.
② 인공능동면역 : 인위적으로 생균백신, 사균백신 등 예방접종으로 감염을 일으켜 얻어지는 면역이다.
④ 인공수동면역 : 인공제제를 주사하여 항체를 얻는 면역이다.

28 호흡기계 감염병으로 옳지 않은 것은?

✓ **세균성 이질**

② 유행성 이하선염

③ 홍역

④ 인플루엔자

해설
감염병의 종류
• 소화기계 감염병 : 세균성 이질, 파라티푸스, 폴리오, 장티푸스
• 호흡기계 감염병 : 유행성 이하선염, 백일해, 인플루엔자, 풍진, 홍역
• 절지동물매개 감염병 : 발진티푸스, 말라리아, 일본뇌염, 페스트
• 동물매개 감염병 : 공수병, 탄저병, 브루셀라증

29 네일 팁 접착 시 주의사항으로 옳지 않은 것은?

　✔ **① 팁은 웰 부분이 두껍고 손톱보다 큰 사이즈를 선택한다.**

　② 45° 각도로 팁을 부착한다.

　③ 공기가 들어가지 않게 밀착하여 붙인다.

　④ 팁 커터기로 길이를 조절한 후 모양을 만든다.

해설
팁은 웰 부분이 너무 두껍지 않고 손톱에 잘 맞는 사이즈를 선택한다.

---

30 소독 관련 용어의 설명이 잘못된 것은?

　① 멸균 – 병원균이나 포자까지 완전히 사멸시켜 제거한다.

　✔ **② 살균 – 미생물을 물리적, 화학적으로 급속히 죽이는 것이고 내열성 포자까지 제거한다.**

　③ 소독 – 유해한 병원균 증식과 감염의 위험성을 제거한다.

　④ 방부 – 병원성 미생물의 발육을 정지시켜 음식의 부패나 발효를 방지한다.

해설
살균 : 미생물을 물리적, 화학적으로 급속히 죽이는 것이다(내열성 포자 존재).
※ 소독력 크기 : 멸균 > 살균 > 소독 > 방부

---

31 돼지고기가 매개가 되는 기생충은?

　① 무구조충

　✔ **② 유구조충**

　③ 간흡충

　④ 폐흡충

해설
육류 매개 기생충 질환
• 무구조충 : 소고기
• 유구조충 : 돼지고기
• 선모충 : 개, 돼지

---

32 세균과 바이러스의 중간에 속하는 미생물로서 발진티푸스, 발진열의 원인이 되는 것은?

　✔ **① 리케차**　　② 효모

　③ 곰팡이　　④ 바이러스

해설
② 효모 : 단세포의 미생물로서 대형의 구형 또는 타원형으로 출아·증식하는 것으로 제빵, 양조, 메주 등의 발효식품에 이용되며 25~30℃가 최적온도이다.
③ 곰팡이 : 발효식품이나 항생물질에 이용되며 포자가 발아 후 균사체를 형성하여 발육하는 사상균으로 식품에서 증식한다. → 누룩곰팡이, 털곰팡이, 푸른곰팡이
④ 바이러스 : 크기가 가장 작은 미생물로서 살아 있는 세포 내에만 존재하고 동식물이나 세균에 기생하며 살아간다. → 수두, 인플루엔자, 천연두, 폴리오, 후천성 면역결핍증(AIDS)

33 유리제품, 금속류, 사기그릇 등의 멸균에 이용되며 미생물과 포자를 사멸하는 소독 방법은?

① 화염멸균법

☑ **건열멸균법**

③ 소각소독법

④ 자비소독법

해설
① 화염멸균법 : 물체에 직접 열을 가해 미생물을 태워 사멸한다.
③ 소각소독법 : 오염된 대상을 불에 태워 멸균한다. 예 환자의 의류, 객담, 휴지 등
④ 자비소독법 : 100℃의 끓는 물에 15~20분 가열한다 (포자는 죽이지 못함). 예 의류, 식기, 도자기 등

34 다음 중 혐기성 세균인 것은?

① 결핵균

☑ **파상풍균**

③ 디프테리아균

④ 살모넬라균

해설
세균의 분류
• 호기성균 : 산소가 필요한 세균으로 결핵균, 디프테리아균 등이 있다.
• 혐기성균 : 산소가 필요없는 세균으로 파상풍균, 보툴리누스균 등이 있다.
• 통성혐기성균 : 산소의 유무와 관계없는 균으로 살모넬라균, 포도상구균 등이 있다.

35 다음에서 설명하는 화학적 소독법은?

• 고온일수록 효과가 높으며 살균력과 냄새가 강하고 독성이 있음(승홍수 1,000배 살균력)
• 3% 수용액을 사용
• 금속을 부식시킴
• 포자나 바이러스에는 효과 없음
• 소독제의 살균력 평가 기준으로 사용

① 과산화수소

☑ **석탄산**

③ 역성비누

④ 생석회

해설
① 과산화수소 : 3% 수용액 사용 → 피부상처 소독
③ 역성비누 : 양이온 계면활성제이며 무색 액체로 물에 잘 녹고 세정력은 거의 없으며 살균작용이 강함 → 기구, 식기, 손 등의 소독에 적당
④ 생석회 : 산화칼슘을 98% 이상 함유한 백색 분말로 가격이 저렴 → 오물, 분변, 화장실, 하수도 소독에 사용

36 소독작용에 영향을 미치는 요인에 대한 설명으로 틀린 것은?

① 온도가 높을수록 소독효과가 크다.

☑ **유기물질이 많을수록 소독효과가 크다.**

③ 접촉시간이 길수록 소독효과가 크다.

④ 농도가 높을수록 소독효과가 크다.

해설
② 유기물질이 많을수록 소독효과는 작다.
온도와 농도가 높고, 접촉시간이 길수록 소독효과는 크다.

37 소독 기준에 대한 설명으로 잘못된 것은?

① 자외선 소독 – 1cm^{2}당 85μW 이상의 자외선을 20분 이상 쬐어 준다.

② 증기소독 – 100℃ 이상 습한 열에 20분 이상 쬐어 준다.

☑ **열탕소독 – 85℃ 이상의 물속에 20분 이상 끓여 준다.**

④ 건열멸균 소독 – 100℃ 이상의 건조한 열에 20분 이상 쬐어 준다.

해설
③ 열탕소독 : 100℃ 이상의 물속에 10분 이상 끓여 준다.

38 공중위생관리법에서 공중위생영업에 해당되지 않는 업종은 무엇인가?

① 건물위생관리업

☑ **임대업**

③ 이용업

④ 미용업

해설
공중위생영업이라 함은 다수인을 대상으로 위생관리서비스를 제공하는 영업으로서 숙박업, 목욕장업, 이용업, 미용업, 세탁업, 건물위생관리업을 말한다(공중위생관리법 제2조제1항).

39 영업자의 지위승계 신고 시 상속의 경우 필요한 서류는?

① 영업신고증 원본

② 건축물대장

☑ **상속인임을 증명할 수 있는 서류**

④ 영업시설 및 설비개요서

해설
영업자의 지위승계 신고(공중위생관리법 시행규칙 제3조의5)
• 영업양도의 경우 : 양도, 양수를 증명할 수 있는 서류 사본
• 상속의 경우 : 상속인임을 증명할 수 있는 서류(가족관계등록전산정보만으로 상속인임을 확인할 수 있는 경우는 제외)
• 이외의 경우 : 해당 사유별로 영업자의 지위를 승계하였음을 증명할 수 있는 서류

40 미용업자가 준수해야 할 위생관리기준에 대한 설명으로 틀린 것은?

① 점 빼기・귓불 뚫기・쌍꺼풀수술・문신・박피술 그 밖에 이와 유사한 의료행위를 하여서는 아니 된다.

② 영업소 내부에 최종지급요금표를 게시 또는 부착하여야 한다.

③ 영업장 안의 조명도는 75lx 이상이 되도록 유지하여야 한다.

☑ **피부미용을 위하여 「약사법」에 따른 의약품을 사용할 수 있다.**

해설
피부미용을 위하여 「약사법」에 따른 의약품 또는 「의료기기법」에 따른 의료기기를 사용하여서는 아니 된다(공중위생관리법 시행규칙 별표 4).

41 이·미용업소 내 게시해야 할 사항이 아닌 것은?

① 이·미용업 신고증

✅ **영업시설 및 설비개요서**

③ 개설자의 면허증 원본

④ 최종지급요금표

> **해설**
> 이·미용업소 내 게시해야 할 사항 : 이·미용업 신고증, 개설자의 면허증 원본, 최종지급요금표
> ※ 공중위생관리법 시행규칙 별표 4 참고

42 미용업(손톱·발톱) 시설 및 위생관리기준으로 옳지 않은 것은?

① 미용기구는 소독을 한 기구와 소독을 하지 아니한 기구를 구분하여 보관할 수 있는 용기를 비치하여야 한다.

② 소독기·자외선 살균기 등 미용기구를 소독하는 장비를 갖추어야 한다.

✅ **영업소 안에 별실 그 밖에 이와 유사한 시설을 설치할 수 있다.**

④ 3가지 이상의 미용서비스를 제공하는 경우에는 개별 미용서비스의 최종 지급 가격 및 전체 미용서비스의 총액에 관한 내역서를 이용자에게 미리 제공하여야 한다.

> **해설**
> 이용업 영업소 안에는 별실 그 밖에 이와 유사한 시설을 설치하여서는 아니 된다(공중위생관리법 시행규칙 별표 1).

43 이·미용기구의 소독기준 및 방법을 정한 것은?

① 대통령령

② 환경부령

✅ **보건복지부령**

④ 보건소령

> **해설**
> 이용기구 및 미용기구의 종류·재질 및 용도에 따른 구체적인 소독기준 및 방법은 보건복지부장관이 정하여 고시한다(공중위생관리법 시행규칙 별표 3).

44 페디큐어 시술방법으로 잘못된 것은?

① 발톱은 일자로 잘라 스퀘어 형태로 파일링한다.

② 발톱 표면을 샌딩으로 부드럽게 정리한다.

③ 토 세퍼레이터를 발가락 사이에 끼워 폴리시가 뭉개지지 않도록 방지한다.

✅ **베이스코트는 생략하고 컬러링한다.**

> **해설**
> 베이스코트, 폴리시, 탑코트 순으로 컬러링한다.

45 공중위생관리법 시행령상 보고를 하지 않거나 관계공무원의 출입·검사 기타 조치를 거부·방해 또는 기피한 경우 과태료의 부과기준은?

① 20만원   ② 50만원
③ 100만원   **④ 150만원**

> **해설**
> 과태료의 부과기준(공중위생관리법 시행령 별표 2)
> 법 제9조에 따른 보고를 하지 않거나 관계공무원의 출입·검사 기타 조치를 거부·방해 또는 기피한 경우 :
> 150만원

46 호호바 캐리어 오일의 효능에 대한 설명으로 가장 거리가 먼 것은?

① 피부와의 친화성과 침투력이 우수하여 모든 피부에 적합하다.
② 항균작용이 있어 여드름 피부에 좋다.
③ 카로티노이드, 리놀레산, 비타민 C를 함유한다.
④ 인체 피지와 유사하여 침투력과 보습력이 우수하다.

> **해설**
> **로즈힙 오일**
> • 카로티노이드, 리놀레산, 비타민 C를 함유한다.
> • 세포재생, 색소침착에 효과적이다.

47 화장품의 요건 중 제품 사용 목적에 따른 효과와 기능을 말하는 것은?

① 안전성   ② 안정성
③ 사용성   **④ 유효성**

> **해설**
> 화장품의 4대 요건
> • 안전성 : 피부에 바를 때 자극과 알레르기, 독성이 없어야 한다.
> • 안정성 : 보관에 따른 화장품의 변질이 없어야 한다.
> • 사용성 : 피부에 대한 사용감과 제품의 편리성을 말한다.
> • 유효성 : 사용 목적에 따른 효과와 기능을 말한다.

48 단백질 분해효소(파파인, 브로멜린, 트립신, 펩신)가 각질을 제거하는 것은?

① 페이셜 스크럽
② 고마쥐
③ 효소(엔자임)
④ AHA

> **해설**
> **각질 제거 화장품**
>
> | 분류 | 종류 | 기능 |
> |---|---|---|
> | 물리적 방법 | 페이셜 스크럽 | 미세한 알갱이를 함유한 스크럽제가 피부의 노폐물과 각질을 제거한다. |
> | | 고마쥐 | 도포 후 건조되면 근육결 방향으로 밀어서 각질을 제거한다. |
> | 생물학적 방법 | 효소 (엔자임) | 단백질 분해효소(파파인, 브로멜린, 트립신, 펩신)가 각질을 제거한다. |
> | 화학적 방법 | AHA (알파하이드록시산) | 단백질산으로 각질을 녹여서 제거하며, 보습과 피부의 턴오버 기능을 향상시킨다. |

49 기능성 화장품의 성분으로 잘못된 것은?

① 미백 – 알부틴, 코직산, 감초 추출물, 닥나무 추출물

☑ **주름 개선 – 하이드로퀴논, 비타민 C, AHA**

③ 자외선 산란제(물리적 차단제) – 산화아연(징크옥사이드), 이산화타이타늄 (타이타늄다이옥사이드)

④ 자외선 흡수제(화학적 차단제) – 옥틸다이메틸파바, 옥틸메톡시신나메이트, 벤조페논유도체, 캠퍼유도체

> **해설**
> ② 주름 개선에 도움을 주는 성분으로 레티놀, 아데노신, 베타카로틴 등이 있다.

50 하드 젤에 대한 설명으로 틀린 것은?

☑ **아세톤으로 제거 가능**

② 약한 자연손톱에 사용

③ 자연손톱 두께 유지

④ 파일을 사용해 제거 가능

> **해설**
> 소프트 젤은 아세톤으로 제거 가능하나, 하드 젤은 파일을 사용해 제거해야 한다.

51 네일 폴리시의 요구 조건으로 잘못된 것은?

① 적당한 점도와 안료가 균일하게 분산되어 있을 것

② 제거할 때 쉽게 깨끗이 지워져야 하며 착색이나 변색현상이 없을 것

③ 도포 후 색상이나 광택의 지속성이 좋을 것

☑ **손톱에 밀착된 피막이 쉽게 지워질 수 있는 것**

> **해설**
> 네일 폴리시의 요구 조건
> • 적당한 점도와 안료가 균일하게 분산되어 있을 것
> • 제거할 때 쉽게 깨끗이 지워져야 하며 착색이나 변색 현상이 없을 것
> • 도포 후 색상이나 광택의 지속성이 좋을 것
> • 적당한 속도로 건조하여 균일한 피막을 형성할 것
> • 손톱에 밀착된 피막이 쉽게 손상되거나 잘 벗겨지지 않을 것

52 끈적거리는 폴리시를 묽게 하는 용해제로 사용 시 한두 방울 정도 섞어 사용하는 것은?

① 큐티클 리무버

☑ **티너(thinner, 시너)**

③ 큐티클 오일

④ 베이스코트

> **해설**
> ① 큐티클 리무버 : 큐티클을 연화시켜 주어 큐티클 제거 시 도움을 준다.
> ③ 큐티클 오일 : 큐티클과 손톱에 수분과 유분을 공급하고 큐티클을 부드럽게 한다.
> ④ 베이스코트 : 네일 폴리시를 바르기 전에 손톱에 바르는 제품으로 폴리시가 착색되는 것을 방지하고 밀착성에 도움을 준다.

53 프렌치 매니큐어 시술에 대한 설명으로 옳지 않은 것은?

☑ ① 베이스코트를 프리에지 부분은 빼고 바른다.

② 누드핑크색 폴리시를 1회, 흰색 폴리시를 프리에지 스마일라인에 2회 바른 후 건조시킨다.

③ 폴리시가 건조된 후 탑코트를 1회 바른다.

④ 시술 시 사용한 도구는 모두 소독하여 정리한다.

> **해설**
> ① 베이스코트는 프리에지까지 손톱에 풀코트로 바른다.

54 네일 랩에 대한 설명으로 옳지 않은 것은?

① 손톱 모양은 라운드로 잡고 프리에지는 0.5mm 정도 길이로 정리한다.

☑ ② 실크 랩을 재단하여 손톱의 크기보다 작게 붙여 준다.

③ 네일 랩을 사용하여 손톱 길이를 연장하는 것을 네일 랩 익스텐션이라고 한다.

④ 손톱이 약하거나 찢어진 경우 천이나 종이를 손톱 크기로 오려 접착제로 붙이는 방법이다.

> **해설**
> ② 실크 랩을 재단하여 손톱의 크기보다 여유 있게 붙여 준다.

55 아크릴릭 네일의 시술과정에 대한 내용 중 잘못된 것은?

① 손톱 사이즈에 맞게 폼을 재단한 후 프리에지 밑에 끼울 때 공간이 생기지 않도록 주의한다.

② 브러시를 리퀴드에 적셔 아크릴 볼을 만든 후 프리에지 → 하이포인트 → 큐티클 순서로 볼을 얹은 후 얇게 골고루 잘 펴서 연결한다.

③ 아크릴이 완전히 건조되기 전에 C커브 형성을 위해 핀칭을 준다.

☑ ④ 두드렸을 때 소리가 나지 않으면 완전히 굳은 것이므로 네일 폼을 제거한다.

> **해설**
> ④ 네일 폼 제거하기 : 두드렸을 때 맑은 소리가 나면 완전히 굳은 것이므로 네일 폼을 제거한다.

56 인조네일 방법 중 네일 폼을 손톱 받침대로 사용하지 않는 것은?

① 아크릴 스컬프처

② 프렌치 스컬프처

③ 젤 스컬프처

☑ ④ 네일 팁

> **해설**
> 네일 팁은 인조손톱 모양을 자연손톱에 붙이는 방법이다.

57 네일 랩에 사용되는 재료와 도구를 모두 짝지은 것은?

> ㉠ 네일 팁　　　　㉡ 실크 랩
> ㉢ 글루　　　　　 ㉣ 필러 파우더

① ㉡, ㉢
✓② ㉡, ㉢, ㉣
③ ㉠, ㉡, ㉢
④ ㉠, ㉢, ㉣

해설
네일 랩의 재료 : 습식 매니큐어 재료, 실크 랩, 실크 가위, 글루, 젤 글루, 필러 파우더, 글루 드라이 등

58 C커브에 대한 설명으로 옳지 않은 것은?

✓① 좁은 손톱의 경우 C커브를 강하게 주어 수정할 수 있다.
② 프리에지 밑선을 정면으로 봤을 때의 형태를 말한다.
③ 고객의 취향에 따라 조절이 가능하다.
④ 실크 익스텐션이나 스컬프처 등 인조 팁을 사용하지 않는 경우에도 C커브를 만든다.

해설
넓은 손톱의 경우 C커브를 강하게 주어 수정한다.

59 다음은 아크릴 보수에 대한 내용이다. (　)에 들어갈 말로 알맞은 것은?

> 소독 – 컬러 제거 – 인조네일 상태 체크 – 큐티클 제거 – 턱 파일링 – 1차 프라이머 도포 – (　) – 파일링 – 샌딩 – 마무리

✓① 아크릴 볼 올리기
② 글루 바르기
③ 랩 부착
④ 클리어 젤 올리기

해설
아크릴 보수 순서 : 소독 – 컬러 제거 – 인조네일 상태 체크 – 큐티클 제거 – 턱 파일링 – 1차 프라이머 도포 – 아크릴 볼 올리기 – 파일링 – 샌딩 – 마무리

60 페디큐어의 재료에 대한 설명으로 옳지 않은 것은?

✓① 토 세퍼레이터 – 시술이 용이하게 고객의 발을 받쳐 준다.
② 각탕기 – 발의 큐티클과 굳은살을 불려 주는 기구이다.
③ 콘커터 – 발바닥의 굳은살을 제거하는 도구이다.
④ 페디파일 – 발바닥의 굳은살을 제거한 후 매끄럽게 정리한다.

해설
• 토 세퍼레이터 : 발가락 사이에 끼워 폴리시가 뭉개지지 않도록 방지한다.
• 발 받침대 : 시술이 용이하게 고객의 발을 받쳐 준다.

01 공중보건사업 수행의 3대 요소로 옳지 않은 것은?

① 보건행정
② 인구와 보건 ✓
③ 보건교육
④ 보건관계법규

해설
공중보건사업 수행의 3대 요소는 보건교육, 보건행정, 보건관계법규이다.

03 O-157균에 의한 감염력이 강하고, 발병 후 단기간에 사망에 이를 만큼 치명적인 특징을 가진 식중독은 무엇인가?

① 장염비브리오
② 노로바이러스
③ 보툴리누스균
④ 장출혈성대장균감염증 ✓

해설
O-157균에 의한 장출혈성대장균감염증은 제2급 법정 감염병(2020.01.01)으로 분류되었으며, 감염력이 강하고 발병 후 단기간에 사망에 이를 만큼 치명적인 특징을 가진 식중독이다.

02 다음 고객 서비스를 위한 자세로 옳지 않은 것은?

① 고객을 응대할 때 청결하고 단정한 용모와 복장으로 대한다.
② 고객의 손톱에 이상 질환이 있을 때 완벽히 컬러로 가려준다. ✓
③ 고객이 선호하는 컬러, 손 피부 컬러 등을 고려하여 폴리시를 선택한다.
④ 자기개발을 통해 트렌드를 파악하고 테크닉을 향상시키려 노력한다.

해설
고객의 손톱에 이상 증상이 있을 때 시술 가능한 손톱인지, 네일 병변이 아닌지 판단한 후 적용한다.

04 다음 스컬프처 시술에 대한 설명으로 옳지 않은 것은?

① 스컬프처 시술 전 손톱의 유·수분을 제거해 준다.
② 손톱과 아크릴의 접착력을 높여주기 위해 프라이머를 바른다.
③ 스컬프처 시술 전 손톱과 큐티클 보호를 위해 큐티클 오일을 소량 사용한다. ✓
④ 손톱 모양에 따라 폼을 재단한 후 시술한다.

해설
스컬프처 시술 전 손톱의 유·수분을 제거해야 아크릴의 접착력을 높여준다.

05 다음 중 황산과 함께 산성비의 원인이 되는 물질은?

① Sox(황산화물)

② Hg(수은)

☑ HNO_3(질산)

④ CO(일산화탄소)

해설
질산은 황산과 함께 산성비의 원인이 된다.

---

06 손가락을 붙이거나 모을 때 사용하는 근육은 무엇인가?

☑ 내전근 　　② 외전근

③ 신근 　　　④ 굴근

해설
② 외전근 : 손·발가락을 벌어지게 하는 역할
③ 신근 : 관절을 펴는 역할
④ 굴근 : 관절을 구부리는 역할

---

07 자연독 식중독을 일으키는 식품과 독을 잘못 연결한 것은?

① 버섯 – 무스카린

② 복어독 – 테트로도톡신

③ 감자 – 솔라닌

☑ 모시조개 – 삭시톡신

해설
• 모시조개 – 베네루핀
• 섭조개, 검은 조개 – 삭시톡신

---

08 손톱 밑의 피부가 붉어지고 고름이 생기는 네일 증상은 무엇인가?

① 행 네일

② 루코니키아

☑ 오니키아

④ 테리지움

해설
오니키아는 네일 도구의 위생 상태에 따라 감염되는 경우가 있다.

---

09 다음 중 아크릴 네일의 1차 보수 기간으로 적합한 것은?

① 보통 1주 후

☑ 보통 2주 후

③ 보통 3주 후

④ 보통 4주 후

해설
인조네일 시술 후 1차 보수는 보통 2주 후에 진행하고, 2차 보수는 4주 후 진행한다.

---

10 손톱의 구성 성분인 케라틴의 화학적 구성 요소로 옳지 않은 것은?

① 황

☑ 인

③ 탄소

④ 질소

해설
손톱의 구성 성분인 케라틴의 화학적 구성 요소는 탄소, 산소, 질소, 황, 수소이다.

11 다음 질병 발생에 관한 모형 중 병인적, 숙주적, 환경적 요소의 상호 관계에 의해 질병이 발생한다고 보는 것으로 감염병 설명에 적합한 모형설은?

① 삼각형 모형설
② 수레바퀴 모형설
③ 거미줄 모형설
④ 원인망 모형설

해설
병인적, 숙주적, 환경적 인자의 상호 관계에 의해서 질병이 발생된다고 보는 것은 삼각형 모형설로, 감염병 설명에 적합하다.

12 네일 팁 오버레이 시술 중 실크 재단 및 접착에 대한 설명으로 옳지 않은 것은?

① 실크 재단은 큐티클에서 1~2mm 떨어지게 한다.
② 실크는 손톱보다 1~1.5mm 작게 재단한다.
③ 실크는 손톱보다 1~2mm 넓게 재단한다.
④ 실크 접착 후 큐티클 부분의 실크 턱선을 파일링하고 버퍼로 샌딩한다.

해설
실크는 자연네일보다 1~1.5mm 작게 재단하는 것이 좋다.

13 영양소가 결핍되었을 때 발생하는 이상 증상이 아닌 것은?

① 칼슘 – 뼈와 치아의 쇠퇴
② 철분 – 건망증
③ 인 – 신경장애
④ 아이오딘(요오드) – 불임증

해설
④ 아이오딘(요오드) : 갑상선 기능 장애

14 다음 식중독의 원인 중 분류가 다른 것은 무엇인가?

① 감염형 세균성
② 곰팡이
③ 바이러스성
④ 독소형 세균성

해설
식중독 분류
• 미생물 식중독 : 감염형 세균성, 독소형 세균성, 바이러스성, 원충성
• 자연독 식중독 : 동물성, 식물성, 곰팡이

15 다음 생활폐기물의 처리방법으로 알맞은 것은?

⑪ 매립법은 지대가 낮은 곳에 쓰레기를 버린 뒤 복토하는 방법이며 불연성 폐기물에 적당하다.

② 퇴비법은 처리방법이 용이하고 비용이 적게 든다.

③ 하수도 투입법은 건설비와 시설비, 운영비 등이 많이 든다.

④ 투기법은 유기물질을 희석하면 호기성 생물의 활동에 의한 발효가 시작되는데 이때 60~70℃의 열이 생기므로 기생충이나 병원미생물을 사멸시킬 수 있다.

해설
② 매립법은 처리방법이 용이하고 비용이 적게 든다.
③ 소각법은 건설비, 시설비, 운영비 등이 많이 든다.
④ 퇴비법은 유기물질을 희석하면 호기성 생물의 활동에 의한 발효가 시작되는데 이때 60~70℃의 열이 생기므로 기생충이나 병원미생물을 사멸시킬 수 있다.

16 우리나라 보건행정조직의 중앙조직은 어디서 관장하는가?

⑪ 보건복지부
② 질병관리청
③ 감염병관리센터
④ 국립보건연구원

해설
우리나라 보건행정조직의 중앙조직은 보건복지부에서 관장하고 있다.

17 손톱이 빠지고 자라나는 재생 기간으로 가장 적합한 것은?

① 3개월
⑫ 6개월
③ 9개월
④ 12개월

해설
손톱이 빠지고 자라나는 재생 기간은 평균적으로 6개월 정도 소요된다.

18 다음 말초신경계에 대한 설명으로 옳지 않은 것은?

⑪ 말초신경계는 뇌와 척수로 나뉜다.
② 말초신경계는 척수신경, 뇌신경, 자율신경으로 구성된다.
③ 중추신경과는 달리 뼈나 뇌혈관장벽으로 보호받지 않는다.
④ 자율신경계는 내장 등의 불수의적 운동을 주관한다.

해설
중추신경계는 뇌와 척수로 나뉜다.

19 아크릴릭 시술 시 들뜸의 원인으로 옳은 것은?

✔ **자연네일의 유·수분을 충분히 제거하지 않았을 때**
② 적절한 온도 이하로 시술했을 때
③ 아크릴을 너무 얇게 올렸을 때
④ 아크릴을 제거하지 않고 지속적으로 길이 연장을 할 때

해설
① 자연네일의 유·수분을 충분히 제거하지 않았을 때 들뜬다.

20 신경계를 이루는 기능적인 기본 단위로 알맞은 것은?

✔ **뉴런**
② 시냅스
③ 신경조직
④ 미토콘드리아

해설
신경계를 이루는 기능적인 기본 단위는 뉴런이다.

21 다음 중 상지 신경이 아닌 것은?

① 요골신경
② 정중신경
✔ **좌골신경**
④ 척골신경

해설
③ 좌골신경은 하지 신경이다.

22 다음 역학의 역할로 알맞지 않은 것은?

① 질병 발생과 유행상태의 감시
② 질병 발생의 원인 규명
✔ **질병 이환율 조절**
④ 보건의료 기획과 평가자료 제공

해설
역학의 역할로 질병 발생의 원인 규명, 질병 발생과 유행상태의 감시, 보건의료 기획과 평가자료 제공, 임상 연구에 활용 등이 있다.

23 네일 프라이머의 설명으로 적합하지 않은 것은?

① 메타크릴산으로 단백질을 녹이는 작용
② 손톱 표면의 pH 균형을 맞추는 작용
✔ **강알칼리 제품으로 소량 사용**
④ 손톱 표면의 유·수분을 제거해 주고 아크릴과 UV 젤 시술 시 밀착력을 높이는 작용

해설
프라이머는 강산성 제품으로 최소량 사용한다.

24 다음 중 UV 젤 재료로 옳지 않은 것은?

① **카탈리스트**

② UV 램프

③ 콜린스키 브러시

④ 하드 젤

해설
카탈리스트는 아크릴을 빨리 굳게 하는 촉매제이다.

25 다음 중 DPT 접종과 관련이 없는 것은?

① 백일해

② 디프테리아

③ **홍역**

④ 파상풍

해설
예방접종 DPT는 디프테리아(Diphtheria), 백일해(Pertussis), 파상풍(Tetanus)을 동시에 예방하기 위해 실시하는 것이다.

26 다음 미생물 중 산소가 있을 때만 생장할 수 있는 균으로 옳은 것은?

① 보툴리누스균

② 파상풍균

③ **결핵균**

④ 대장균

해설
호기성균 : 산소가 있을 때만 생장할 수 있는 균이며, 결핵균, 백일해균, 디프테리아균, 진균 등이 있다.

27 손바닥의 엄지손가락 밑부분을 이루며 엄지손가락의 운동에 관여하는 근육은?

① 충양근

② 중수근

③ **무지근**

④ 지신근

해설
무지근은 손바닥의 엄지손가락 밑부분을 이루며 엄지손가락의 운동에 관여한다.

28 인조네일을 제거하는 방법으로 적합하지 않은 것은?

① 자연네일은 제외하고 인조네일을 자른다.

② **큐티클 부분에 오일을 도포하면 인조네일이 아세톤으로 잘 제거되지 않는다.**

③ 아세톤으로 적신 솜을 손톱 위에 올린 후 포일로 감싸준다.

④ 인조네일이 모두 제거되면 부드러운 버퍼로 자연네일을 정리한다.

해설
큐티클 부분에 오일을 도포하여 아세톤으로 인한 건조함을 막아주는 것이 좋다.

29 다음 법정 감염병의 분류 중 생물테러감염병 또는 치명률이 높거나 집단 발생의 우려가 커서 발생 또는 유행 즉시 신고하여야 하고, 음압격리와 같은 높은 수준의 격리가 필요한 감염병은?

✔ ① 제1급 감염병
② 제2급 감염병
③ 제3급 감염병
④ 생물테러감염병

해설

제1급 감염병은 생물테러감염병 또는 치명률이 높거나 집단 발생의 우려가 커서 발생 또는 유행 즉시 신고하여야 하고, 음압격리와 같은 높은 수준의 격리가 필요한 감염병이다(감염병의 예방 및 관리에 관한 법률 제2조).

30 1945년 해방을 계기로 다양한 제품들이 소개되기 시작하였는데 화장을 지우거나 마사지할 때 혹은 기초 화장품 대용 등의 광범위한 용도로 사용되었던 크림은?

① 영양크림
✔ ② 콜드크림
③ 바니싱크림
④ 마사지크림

해설

콜드크림(Cold Cream)은 화장을 지우거나 마사지할 때 혹은 기초 화장품 대용 등의 광범위한 용도로 사용되었던 크림이다.

31 다음 네일 병변 중 시술할 수 있는 증상은 무엇인가?

✔ ① 오니코파지
② 오니코리시스
③ 오니콥토시스
④ 오니코마이코시스

해설

오니코파지는 손톱을 물어뜯는 증상으로 인조네일로 관리하여 습관을 교정하기도 한다.

32 1866년 이것의 개발로 그동안 사용됐던 독성이 있는 납을 원료로 한 가루분을 대신해 안전하고 새로운 성분의 화장품을 제조하여 공급하게 되었다. 이것은 무엇인가?

① 백연
② 산화티타늄
✔ ③ 산화아연
④ 쌀가루분

해설

1866년 산화아연의 개발로 그동안 사용됐던 독성이 있는 납을 원료로 한 가루분을 대신해 안전하고 새로운 성분의 화장품을 제조하여 공급하였고, 1916년 산화티타늄 발견으로 파우더 품질이 개선되었다.

33 클렌징 워터, 클렌징 오일, 클렌징 로션, 클렌징 크림 등 메이크업 리무버가 해당되는 유형은?

✔ **기초 화장용 제품류**
② 인체 세정용 제품류
③ 눈 화장용 제품류
④ 체모 제거용 제품류

해설
클렌징 워터, 클렌징 오일, 클렌징 로션, 클렌징 크림 등 메이크업 리무버는 기초 화장용 제품류에 해당된다.

34 인체의 피지와 유사한 화학구조의 물질을 함유하고 있어서 퍼짐성과 친화성, 피부 침투성이 우수한 식물성 왁스는?

① 올리브 오일
✔ **호호바 오일**
③ 스쿠알란
④ 아보카도 오일

해설
호호바 오일(Jojoba Oil)은 호호바의 열매에서 얻은 액상의 왁스로서 일반적으로 오일이라고 불린다. 인체의 피지와 유사한 화학구조의 물질을 함유하고 있어서 퍼짐성과 친화성이 우수하고 피부 침투성이 좋다.

35 네일 숍의 안전관리에 대한 설명으로 적합하지 않은 것은?

① 환기구 설치 및 실내 환기시설이 잘 갖춰져야 한다.
② 사용하는 화학물질에 대한 유해성 정보를 정확히 숙지하고 파악한다.
✔ **살균, 소독제 등 화학물질은 밀폐시켜 통풍이 잘되고 햇볕이 잘 드는 곳에 보관한다.**
④ 감염 위험이 있는 기구 및 도구들을 철저히 소독한다.

해설
살균, 소독제 등 화학물질은 밀폐시켜 통풍이 잘되고 건조하고 냉한 곳에 보관한다.

36 관찰적 연구의 조사방법으로 기술역학적 방법과 분석역학적 방법이 있다. 이 중 분석역학적 방법에 해당되지 않는 것은?

① 환자-대조군 연구
② 단면조사 연구
✔ **실험적 연구**
④ 코호트 연구

해설
관찰적 연구의 조사방법으로 기술역학적 방법과 분석역학적 방법이 있으며, 분석역학적 방법은 단면조사 연구와 환자-대조군 연구, 코호트 연구로 구분할 수 있다.

37 다음 중 물리적 소독방법이 아닌 것은?

① 소각법
② 화염멸균법
③ 자비소독법
④ **염소소독법**

해설
염소소독법은 화학적 소독법이다.

38 건강한 손톱의 조건이 아닌 것은?

① 매끈하고 핑크빛을 띠어야 한다.
② 네일 베드에 잘 부착되어야 한다.
③ **10% 정도의 수분을 함유하여야 한다.**
④ 탄력 있고 표면이 균일하여야 한다.

해설
네일의 수분함량은 12~18% 정도가 좋다.

39 기생충에 대한 설명으로 옳지 않은 것은?

① 간흡충증은 제1중간숙주가 쇠우렁, 왜우렁이다.
② 폐흡충증은 제2중간숙주가 가재, 게 등 갑각류이다.
③ 유구조충은 돼지고기 생식으로 발병한다.
④ **무구조충은 양고기 생식으로 발병한다.**

해설
무구조충은 소고기 생식으로 발병한다.

40 네일 랩을 시술하기 가장 적합한 손톱은?

① 두꺼운 손톱
② 요철이 있는 손톱
③ 변색된 손톱
④ **찢어진 손톱**

해설
네일 랩은 찢어진 손톱, 얇은 손톱에 적합하다.

41 다음 중 고객 카드 작성사항이 아닌 것은?

① 고객의 네일 상태
② **고객의 직업과 연봉 수준**
③ 고객의 네일관리 내용
④ 고객이 선호하는 컬러와 네일 종류

해설
네일관리상 필요하면 고객이 손을 많이 사용하는 직업인지 파악할 수 있으나 고객의 연봉 수준은 작성하지 않아도 된다.

42 도구의 위생적인 관리법이 아닌 것은?

① 모든 도구는 사용 전과 후 항상 소독해서 사용한다.
② 네일 또는 페디 작업할 때 시술자와 고객의 손과 발은 철저히 소독한다.
③ 1회용 도구는 재사용하지 않는다.
④ **타월은 1회용으로 사용하고 소각한다.**

해설
타월은 한 손님에게 1회용으로 사용하되, 깨끗하게 세탁 및 소독하여 재사용 가능하다.

43 다음 중 감염병 관리상 그 관리가 가장 어려운 대상은?

✔️ **① 건강보균자**
② 만성 감염병 환자
③ 현증환자
④ 급성 감염병 환자

해설

보균자와 무증상 감염자는 환자보다 역학적으로 중요한 병원소가 되는 경우가 많기 때문에 감염병 관리상 중요한 대상이다.

44 석탄산계수 5가 의미하는 것은 무엇인가?

✔️ **① 살균력이 석탄산의 5배 높다는 의미**
② 석탄산의 살균력이 5배 높다는 의미
③ 특정 소독약을 석탄산의 5배를 희석하라는 의미
④ 석탄산을 특정 소독약의 5배를 희석하라는 의미

해설

석탄산계수 5는 특정 소독약의 살균력이 석탄산의 5배 높다는 의미이다.

45 다음 유통화장품의 안전관리 기준에서 미생물 한도로 알맞은 것은?

✔️ **① 총호기성생균수는 영유아용 제품류 및 눈화장용 제품류의 경우 500개/g(mL) 이하이다.**
② 대장균, 녹농균, 황색포도상구균은 100개/g(mL) 이하이다.
③ 물휴지의 경우 세균 및 진균수는 각각 1,000개/g(mL) 이하이다.
④ 기타 화장품의 경우 100개/g(mL) 이하이다.

해설

미생물의 검출 허용 한도(화장품 안전기준 등에 관한 규정 제6조제4항)
• 물휴지의 경우 세균 및 진균수는 각각 100개/g(mL) 이하
• 기타 화장품의 경우 1,000개/g(mL) 이하
• 대장균(*Escherichia coli*), 녹농균(*Pseudomonas aeruginosa*), 황색포도상구균(*Staphylococcus aureus*)은 불검출

46 다음 표피의 구성 세포 중 케라틴이라는 단백질을 생성하는 세포는 무엇인가?

✔️ **① 각질형성세포**
② 섬유아세포
③ 랑게르한스세포
④ 비만세포

해설

표피의 구성 세포에는 케라틴이라는 단백질을 생성하는 각질형성세포(Keratinocyte), 자외선으로부터 인체를 보호하는 색소형성세포(Melanocyte), 피부면역을 담당하는 랑게르한스세포(Langerhans Cell), 촉각세포로도 불리는 메르켈(머켈)세포(Merkel Cell)가 있다.

47 면역에 대한 설명으로 옳지 않은 것은?

① 자연능동면역은 감염병에 이환된 후에 성립되는 면역이다.

✔ **자연수동면역은 감염병에 이환된 후에 성립되는 면역이다.**

③ 인공능동면역은 생균백신과 사균백신 및 순화독소(toxoid)를 사용해서 인위적으로 얻은 면역이다.

④ 인공수동면역은 회복기 혈청 등 주사를 통해 얻은 면역이다.

해설
자연수동면역은 모체로부터 태반이나 수유를 통해 받은 면역이다.

48 여드름 피부는 피지선의 영향을 많이 받는다. 피지선에 영향을 주는 호르몬이 아닌 것은?

✔ **티록신**

② 안드로겐

③ 테스토스테론

④ 프로게스테론

해설
여드름 피부는 피지선의 영향을 많이 받는다. 피지선에 영향을 주는 호르몬은 안드로겐, 프로게스테론, 테스토스테론이다.

49 손톱 뿌리 부분에서 손톱 주위를 덮고 있는 신경이 없는 피부로 미생물 등 병균의 침입으로부터 보호해 주는 부분은?

① 루눌라　　　　✔ **큐티클**

③ 하이포니시움　④ 네일 루트

해설
큐티클(조소피)은 손톱 뿌리 부분에서 손톱 주위를 덮고 있는 신경이 없는 피부로, 미생물 등 병균의 침입으로부터 보호해 주는 역할을 한다.

50 살균작용의 기전 중 산화작용에 의한 소독법이 아닌 것은?

① 과산화수소　　② 염소

③ 오존　　　　　✔ **석탄산**

해설
④ 석탄산은 균체의 단백질 응고작용이다.
산화작용 : 과산화수소, 염소, 오존

51 다음 피부암의 종류 중 표피의 각질형성세포에서 유래한 악성 종양은 무엇인가?

① 기저세포암

② 카포시육종

③ 악성흑색종

✔ **편평상피세포암**

해설
편평상피세포암은 표피의 각질형성세포에서 유래한 악성 종양이다.

52 미용업소에서 미용업 신고증을 게시하지 아니한 때의 3차 위반 시 행정처분기준은?

✓ ① 영업정지 10일

② 영업정지 1월

③ 영업정지 3월

④ 영업장 폐쇄명령

해설

행정처분기준(공중위생관리법 시행규칙 별표 7)
미용업 신고증 및 면허증 원본을 게시하지 않거나 업소 내 조명도를 준수하지 않은 경우
• 1차 위반 : 경고 또는 개선명령
• 2차 위반 : 영업정지 5일
• 3차 위반 : 영업정지 10일
• 4차 이상 위반 : 영업장 폐쇄명령

53 아크릴 스컬프처 시 설명으로 적합한 것은?

① 화이트 파우더는 프리에지가 선명해 보이므로 핀칭을 원의 10% 이상 주지 않는 것이 좋다.

② 스트레스 포인트에 화이트 파우더가 두껍게 시술되면 떨어지기 쉬우므로 주의한다.

✓ ③ 광택을 제거하고 프라이머 등이 자연네일에 잘 부착되도록 에칭을 준다.

④ 에칭은 네일이 들뜨는 현상이 생길 수 있다.

해설

① 핀칭은 원의 20~40%의 C커브를 주는 것이 적당하다.
② 스트레스 포인트에 화이트 파우더가 얇게 시술되면 떨어지기 쉬우므로 주의한다.
④ 에칭은 들뜨는 현상도 막아준다.

54 고객관리카드를 작성할 때 가장 적합하지 않은 것은?

① 네일 시술 시 고객의 특이사항이나 알레르기가 있을 때 기록한다.

② 고객 시술관리 내용은 매회 기록한다.

✓ ③ 고객이 원하는 서비스의 종류는 올 때마다 다르므로 기록하지 않아도 된다.

④ 네일 시술과정에서 이상 증상이 있을 시 고객에게 고지하고 기록한다.

해설

고객이 원하는 서비스의 종류를 기록하여 다음 작업할 때 참고하는 것이 좋다.

55 네일미용 작업 시 화학물질의 안전관리 방법으로 적합하지 않은 것은?

① 네일에 사용하는 화학물질에 대해 정확히 파악하고 사용한다.

② 숍 내부 환기를 자주 시켜 실내 공기를 정화한다.

✓ ③ 화학물질 용기는 다 사용한 경우 뚜껑이 없는 쓰레기통에 버리는 것이 안전하다.

④ 화학물질의 명칭을 라벨로 표기하고 한쪽에 잘 보관한다.

해설

화학물질 용기는 다 사용한 경우 뚜껑이 있는 쓰레기통에 버리는 것이 안전하다.

56 다음 계면활성제의 기능을 바르게 연결한 것은?

✔ **양쪽성 계면활성제 – 저자극 샴푸, 어린이용 샴푸**

② 양이온 계면활성제 – 세정력, 거품 형성

③ 음이온 계면활성제 – 살균, 소독작용

④ 비이온 계면활성제 – 피부 자극이 높음

해설
• 양이온 계면활성제 : 살균과 소독작용이 우수
• 음이온 계면활성제 : 세정작용과 기포작용이 우수
• 비이온 계면활성제 : 피부 자극이 적어 피부 안전성이 높음

57 네일 필름 형성제인 나이트로셀룰로스가 개발된 시기는 언제인가?

① 1877년 　　② 1880년

✔ **③ 1885년** 　　④ 1887년

해설
네일 필름 형성제인 나이트로셀룰로스는 1885년에 개발되었다.

58 다음 중 진균에 의한 피부질환은?

✔ **어루러기**

② 사마귀

③ 농가진

④ 한진

해설
진균에 의한 피부질환은 어루러기, 백선, 칸디다증 등이 있다.

59 화장품의 피부를 통한 흡수경로로 알맞지 않은 것은?

① 각질층을 통한 흡수

✔ **진피층을 통한 흡수**

③ 에크린한선을 통한 흡수

④ 모공을 통한 흡수

해설
피부를 통한 흡수경로는 각질층을 통한 흡수, 모공을 통한 흡수, 에크린한선을 통한 흡수의 3가지로 추정된다.

60 각질층에 존재하는 이것은 아미노산, 피롤리돈카르복시산, 젖산염, 무기염 등으로 구성되어 표피의 적절한 보습을 유지시킨다. 이것은 무엇인가?

✔ **천연보습인자**

② 수분저지막

③ 지질

④ 피부장벽

해설
각질층에 존재하는 천연보습인자(NMF ; Natural Moisturizing Factor)는 아미노산, 피롤리돈카르복시산, 젖산염, 무기염 등으로 구성되어 표피의 적절한 보습을 유지시킨다.

01 다음 중 네일의 특성에 대한 설명으로 옳지 않은 것은?

① 손톱은 조상(네일 베드)의 모세혈관으로부터 산소를 공급받는다.

② 손톱의 경도는 손톱에 함유된 수분의 양이나 케라틴 조성에 따라 다르다.

③ 손톱은 피부의 부속물로서 신경이나 혈관, 털이 없다.

☑ 태아는 8주 이후에 손톱판이 생기고 12주쯤 만들어지면서 18주가 되면 완성된다.

해설
• 태아는 10주 이후에 손톱판이 생기고 14주쯤 만들어지면서 21주가 되면 완성된다.
• 손톱의 수분 함유량은 12~18%이며, 아미노산과 시스테인이 포함되어 있다.

02 네일미용 기기 소독 시 사용하는 소독제로 알맞은 것은 무엇인가?

① 30% 알코올

② 50% 알코올

☑ **70% 알코올**

④ 80% 알코올

해설
시술 전 70% 알코올이나 소독제로 깨끗이 닦은 후 물품을 준비하고, 제품 용기의 외부도 깨끗이 닦아 준비한다.

03 한국의 네일미용 역사에 대한 설명으로 바르게 연결되지 않은 것은?

① 고려시대 – 여성들이 풍습으로 봉선화과(지갑화)의 한해살이풀로 손톱을 물들이기 시작

② 1997년 – 미국 크리에이티브 네일사의 제품이 국내에 출시되면서 네일제품의 대중화가 이루어짐

☑ **1998년 – 미용사(네일) 국가자격증 제도화 시작**

④ 2002년 – 네일산업의 호황기, 활성화 시기

해설
• 1998년 : 최초의 네일 민간자격 시험제도가 도입
• 2014년 : 미용사(네일) 국가자격증 제도화 시작

04 피부 표피세포의 교체주기는 몇 주 간격인가?

① 2주 ☑ **4주**

③ 5주 ④ 6주

해설
표피세포는 약 4주의 교체주기를 가지고 있다.

05 다음 외국의 네일미용 역사에서 설명하는 시대는 언제인가?

> • 네일 팁 사용자 증가
> • 페디큐어 등장
> • 포일을 이용한 아크릴릭 네일이 최초로 등장

① 1925년 ② 1932년
③ **1957년** ④ 1976년

【해설】
① 1925년 : 일반 상점에서 에나멜을 판매, 네일 에나멜 사업의 본격화
② 1932년 : 다양한 색상의 네일 에나멜 제조, 레브론 사에서 립스틱과 잘 어울리는 네일 에나멜을 최초로 출시
④ 1976년 : 스퀘어 모양의 네일 유행, 파이버 랩(Fiber Wrap) 등장, 네일아트가 미국에 정착

06 네일 숍 안전관리에 대한 설명으로 잘못된 것은?

① 바이러스성 질환 또는 전염성 질환을 앓고 있는 네일미용사는 시술을 해서는 안 된다.
② 소독 및 세제용 화학물은 서늘하고 건조한 곳에서 보관한다.
③ 응급사태를 대비해 상비 구급용품을 네일 숍 내에 준비하고, 가까운 종합병원의 응급실 전화번호 등을 비치해 둔다.
④ **화재 예방수칙과 전기 안전수칙에 따라 안전 상태를 분기별로 점검한다.**

【해설】
④ 화재 예방수칙과 전기 안전수칙에 따라 안전 상태를 수시로 점검한다.

07 다음은 네일 숍 시설 및 물품 청결에 대한 설명이다. ㉠, ㉡에 알맞은 단어는 무엇인가?

> • 모든 도구는 매번 사용 후 (㉠) 처리를 하며 필요에 따라 멸균 처리를 한다.
> • 정리 요령에 따라 집기류를 정리한다.
> • 전기제품류는 내외부 (㉡) 상태를 유지하며 미사용 시 덮개를 덮어 둔다.
> • 온장고나 자외선 소독기는 미사용 시 전기 코드를 뺀 후 내부와 자외선등을 닦고 문을 열어 둔다.
> • 청소 점검표에 따라 네일 숍 시설 및 물품의 (㉡) 상태를 점검한다.

① ㉠ 멸균, ㉡ 소독
② **㉠ 소독, ㉡ 청결**
③ ㉠ 방부, ㉡ 멸균
④ ㉠ 청결, ㉡ 소독

【해설】
네일 숍 시설 및 물품 청결
• 모든 도구는 매번 사용 후 소독 처리를 하며 필요에 따라 멸균 처리를 한다.
• 정리 요령에 따라 집기류를 정리한다.
• 전기제품류는 내외부 청결 상태를 유지하며 미사용 시 덮개를 덮어 둔다.
• 온장고나 자외선 소독기는 미사용 시 전기 코드를 뺀 후 내부와 자외선등을 닦고 문을 열어 둔다.
• 청소 점검표에 따라 네일 숍 시설 및 물품의 청결 상태를 점검한다.

08 네일미용 도구 소독에 대한 설명으로 옳지 않은 것은?

① 네일에 사용되는 모든 도구는 매번 사용 후 소독 처리를 한다.

✔ **니퍼, 메탈 푸셔, 랩 가위 등은 사용 후 포르말린이나 50% 알코올에 적정 시간 담갔다가 흐르는 물에 헹구고 마른 수건으로 닦은 후 자외선 소독기에 넣었다가 사용한다.**

③ 네일파일과 같은 일회용품은 1인 1회 사용이 원칙으로, 재사용하지 않도록 한다.

④ 핑거볼은 가능한 일회용을 사용하고 그렇지 않을 경우 반드시 소독 처리하여 사용한다.

> **해설**
> 메탈 푸셔(Metal Pusher), 랩 가위(Wrap Scissors), 니퍼(Nipper) 등은 사용 후 제4기 암모늄 혼합물 소독제(Quaternary Ammonium Compounds)나 70% 알코올에 적정 시간 담갔다가 흐르는 물에 헹구고 마른 수건으로 닦은 후 자외선 소독기에 넣었다가 사용한다.

09 손톱 중에 성장하는 속도가 가장 빠른 손가락은 무엇인가?

① 소지손가락

✔ **중지손가락**

③ 검지손가락

④ 엄지손가락

> **해설**
> 일반적으로 손톱은 중지, 검지, 약지, 엄지, 소지 순으로 빨리 자란다. 손가락을 쓰는 습관에 따라 차이가 있지만 혈관 분포가 가장 많은 중지가 빨리 자란다.

10 다음 중 새로운 세포가 만들어지면서 손톱 성장이 시작되는 부분은?

① 네일 보디(조체, Nail Body)

✔ **네일 루트(조근, Nail Root)**

③ 프리에지(자유연, Free Edge)

④ 네일 베드(조상, Nail Bed)

> **해설**
> 네일 루트(조근)는 새로운 세포가 만들어지면서 손톱 성장이 시작되는 부분이다.

11 다음에서 설명하는 소독제로 알맞은 것은?

> • 일반 표백제로 대부분 가정에서 사용
> • 바이러스를 파괴하는 효과
> • 도구 소독 시 10% 농도에 10분 동안 담가서 사용

✔ **차아염소산나트륨**

② 알코올

③ 포르말린

④ 페놀릭스

> **해설**
> ② 알코올 : 대중적으로 가장 많이 사용하며, 휘발성이 강한 단점이 있음. 손, 피부, 경미한 찰과상(60~90%), 도구 살균(70%)
> ③ 포르말린 : 독성이 강하여 눈, 코, 기도를 손상시키고 장기간 노출 시 천식이나 만성 기관지염 등을 유발시킴. 실내 소독(40%), 기구 소독(10~25%)
> ④ 페놀릭스 : 안전하고 효과적이나, 플라스틱 종류는 마모되며 피부나 눈, 코와 식도 등에 해를 줄 수 있음. 대부분 바닥, 화장실 소독

12 네일미용 작업자 위생관리에 대한 설명으로 잘못된 것은 무엇인가?

① 고객은 네일미용사의 단정하고 위생적인 모습을 기대하므로 네일미용사는 전문인으로서 단정하고 깨끗한 유니폼을 착용해야 한다.

☑ **자주 사용하는 용기에는 내용물에 대한 표기를 하여야 한다.**

③ 로션이나 수액제는 별도의 용기에 덜어 스패튤러 또는 면봉을 이용하여 사용한다.

④ 전문 네일미용사는 자신과 고객을 감염으로부터 보호할 책임이 있으므로 감염이 된 상태나 개방 창상이 있는 경우는 시술하지 않아야 한다.

해설
모든 용기에는 내용물에 대한 표기를 하여 잘못 사용하지 않도록 한다.

13 다음 중 손톱 밑의 구조가 아닌 것은?

☑ **네일 보디(조체, Nail Body)**

② 매트릭스(조모, Matrix)

③ 루눌라(반월, Lunula)

④ 네일 베드(조상, Nail Bed)

해설
네일 보디(조체, Nail Body)
• 눈으로 볼 수 있는 네일의 총칭(손톱의 몸체)
• 네일 베드(조상)를 보호
• 여러 층의 각질로 구성

14 네일미용 고객 위생관리에 대한 설명으로 옳은 것은?

① 시술 전후에 60% 알코올이나 손 소독 용액으로 시술자와 고객의 손을 소독한다.

② 사용한 네일 도구는 반드시 소독하여 적외선 소독기에 보관한다.

③ 굳은살 제거용 면도날 등 일회용품은 사용 후 반드시 소독하여 감염을 방지한다.

☑ **화학제품이나 네일 도구로 인해 알레르기(Allergy)가 발생하는 경우 시술을 즉시 중단하고 전문의에게 의뢰하도록 한다.**

해설
네일미용 고객 위생관리
• 시술 전후에 70% 알코올이나 손 소독 용액으로 시술자와 고객의 손을 소독한다.
• 큐티클 정리 도중 출혈이 일어나지 않도록 하며, 출혈이 있는 경우에는 일회용 장갑을 착용하여 소독 솜으로 지혈시킨 후 감염되지 않도록 한다. 이때 체액이나 피가 묻은 세탁물은 반드시 멸균 처리한다.
• 사용한 네일 도구는 반드시 소독하여 자외선 소독기에 보관한다.
• 굳은살 제거용 면도날 등 일회용품은 1인 1회 사용 후 반드시 폐기하여 감염을 방지한다.
• 화학제품이나 네일 도구로 인해 알레르기(Allergy)가 발생하는 경우 시술을 즉시 중단하고 전문의에게 의뢰하도록 한다.
• 모든 타월은 뜨거운 물로 세탁하고 햇볕에 완전히 말려 사용하거나 건조기를 이용한다.

15 다음에서 설명하는 네일의 형태는 무엇인가?

> • 파일을 45° 각도로 모서리에서 중앙으로 둥글게 파일링한 형태
> • 남성, 여성 누구나 잘 어울리는 형태
> • 약하거나 짧은 손톱에 적당

① 스퀘어형
② **라운드형**
③ 오벌형
④ 포인트형

해설
라운드형은 모서리에서 중앙으로 둥글게 파일링한 형태이다.

16 고객응대 서비스에 대한 설명으로 잘못된 것은?

① 방문한 고객을 친절하게 응대하고, 대기 고객의 불편함을 줄이기 위해 배려한다.
② 서비스 메뉴 등을 숙지하고, 고객의 요구사항을 파악하여 신속하게 응대한다.
③ **고객의 불만족 사항을 파악하고 고객 주관적 요구에 맞춰 대처할 수 있어야 한다.**
④ 고객응대 서비스의 내용은 고객관리대장에 기록하며, 고객관리대장을 정확하게 작성한다.

해설
고객의 불만족 사항을 파악하고 네일 숍 규정에 따라 고객 요구에 대처할 수 있어야 한다.

17 표피의 구성세포 중 면역기능에 관여하는 세포는 무엇인가?

① 각질형성세포
② 멜라닌세포
③ **랑게르한스세포**
④ 메르켈세포

해설
표피의 구성세포
• 각질형성세포 : 새로운 각질세포 형성
• 멜라닌세포 : 피부색 결정, 색소 형성
• 랑게르한스세포 : 면역기능
• 메르켈세포 : 촉각을 감지

18 표피층을 순서대로 나열한 것으로 옳은 것은?

① **각질층 – 투명층 – 과립층 – 유극층 – 기저층**
② 각질층 – 과립층 – 투명층 – 유극층 – 기저층
③ 각질층 – 투명층 – 기저층 – 과립층 – 유극층
④ 각질층 – 유극층 – 기저층 – 투명층 – 과립층

해설
표피층은 각질층 – 투명층 – 과립층 – 유극층 – 기저층으로 구성되어 있다.

19 교원섬유와 탄력섬유 사이를 채우고 있는 간충물질과 섬유아세포로 구성되며 피부의 탄력과 긴장을 유지시키는 피부층은?

① 유두층
☑ **망상층**
③ 과립층
④ 유극층

해설

망상층
• 유두층의 아래에 위치하며 피하조직과 연결되는 층
• 진피층에서 가장 두꺼운 층으로 그물 형태로 구성
• 교원섬유와 탄력섬유 사이를 채우고 있는 간충물질과 섬유아세포로 구성
• 피부의 탄력과 긴장을 유지

20 진피층에 포함되어 있으며 피부의 탄력과 수분유지, 보습능력이 있어서 피부관리 제품에도 다량 함유되어 있는 성분은 무엇인가?

① 엘라스틴
② 글리세린
☑ **콜라겐**
④ 알부민

해설

진피는 콜라겐과 탄력섬유인 엘라스틴 및 뮤코다당류로 이루어져 있으며, 콜라겐은 진피의 약 70%를 차지하며 피부의 탄력과 수분을 유지시킨다.

21 피부의 기능으로 옳지 않은 것은?

① 열, 통증, 촉각, 한기 등을 지각한다.
② 땀과 피지를 분비하고 노폐물을 배설한다.
③ 세균, 물리·화학적 자극, 자외선으로부터 피부를 보호한다.
☑ **이산화탄소를 피부 안으로 흡수하면서 산소와 교환한다.**

해설

피부의 기능
• 체온을 조절하고 재생 및 면역작용 기능을 한다.
• 열, 통증, 촉각, 한기 등을 지각한다.
• 땀과 피지를 분비하고 노폐물을 배설한다.
• 세균, 물리·화학적 자극, 자외선으로부터 피부를 보호한다.
• 자외선을 받으면 비타민 D를 형성한다.
• 이산화탄소를 피부 밖으로 배출하면서 산소와 교환한다.

22 다음 중 과색소 침착이 아닌 것은?

① 기미
② 오타모반
③ 악성 흑색종
☑ **백색증**

해설

백색증 : 멜라닌 합성의 결핍으로 인해 눈, 피부, 털 등에 색소 감소를 나타내는 선천성 유전질환(저색소 침착)

23 다음 기초 화장품 중 피부정돈 시 사용되는 것은?

① 화장수 ☑
② 로션
③ 에센스
④ 딥클렌징 제품

해설
기초 화장품
• 세안 · 청결 : 클렌징 제품, 딥클렌징(각질제거와 모공 청소용) 제품
• 피부정돈 : 화장수, 팩(마스크)
• 피부보호 · 영양 공급 : 로션, 에센스, 크림류

24 계면활성제 중 세정력이 가장 강한 것은?

① 음이온성 ☑
② 양쪽성
③ 양이온성
④ 비이온성

해설
• 계면활성제의 피부자극성 : 양이온성 > 음이온성 > 양쪽성 > 비이온성
• 계면활성제의 세정력 : 음이온성 > 양쪽성 > 양이온성 > 비이온성

25 유화제(Emulsion)의 종류 중 오일 베이스에 물이 분산되어 있는 상태는 무엇인가?

① O/W형
② W/O형 ☑
③ O/W/O형
④ W/O/W형

해설
• O/W형(수중유형) : 물 베이스에 오일 성분이 분산되어 있는 상태(로션, 에센스, 크림)
• W/O형(유중수형) : 오일 베이스에 물이 분산되어 있는 상태(영양크림, 클렌징크림, 자외선 차단제)
• O/W/O형, W/O/W형 : 분산되어 있는 입자가 영양물질과 활성물질의 안정된 상태

26 모발 화장품 중 양모제로 분류되는 것은 무엇인가?

① 샴푸
② 헤어트리트먼트
③ 헤어블리치
④ 헤어 토닉 ☑

해설
모발 화장품
• 세정용 : 샴푸, 헤어린스
• 트리트먼트 : 헤어트리트먼트, 헤어로션, 헤어팩
• 염모제, 탈색제 : 염색약, 헤어블리치
• 양모제 : 헤어 토닉, 모발촉진제, 육모제

27 다음 중 주름 개선에 도움을 주는 성분은 무엇인가?

① 알부틴
② 비타민 C
③ 하이드로퀴논
④ 아데노신 ☑

해설
주름 개선에 도움을 주는 성분 : 레티놀, 아데노신, 베타카로틴

28 골격계(뼈)의 기능으로 옳은 것을 모두 고른 것은?

> ㉠ 보호기능 ㉡ 신체지지 기능
> ㉢ 운동기능 ㉣ 저장기능
> ㉤ 조혈기능

① ㉠, ㉡
② ㉠, ㉡, ㉢
③ ㉠, ㉡, ㉢, ㉣
④ ㉠, ㉡, ㉢, ㉣, ㉤

해설
골격계(뼈)의 기능 : 보호기능, 신체지지 기능, 운동기능, 저장기능, 조혈기능

29 다음에서 설명하는 뼈의 형태는 무엇인가?

> • 넓이와 길이가 비슷하며, 골수강이 없는 짧은 뼈
> • 수근골, 족근골

① 장골   ② 단골
③ 편평골   ④ 불규칙골

해설
뼈의 형태별 분류
• 장골 : 길이가 길며 골간과 두 개의 골단으로 이루어져 있고, 내면에 골수강을 형성(대퇴골, 상완골, 요골, 척골, 경골, 비골)
• 단골 : 넓이와 길이가 비슷하며, 골수강이 없는 짧은 뼈(수근골, 족근골)
• 편평골 : 얇고 편평하며 대부분 휘어져 있는 형태(견갑골, 늑골, 두개골)
• 불규칙골 : 모양이 다양하고 복잡한 뼈(척추골, 관골)
• 종자골 : 씨앗 모양의 뼈(슬개골)
• 함기골 : 전두골, 상악골, 사골, 측두골, 접형골

30 다음 중 엄지손가락을 굴곡시키는 짧은 근육은 무엇인가?

① 단무지굴근   ② 단무지외전근
③ 무지내전근   ④ 무지대립근

해설
② 단무지외전근 : 짧은엄지벌림근, 엄지손가락 아래의 두툼한 부위
③ 무지내전근 : 엄지모음근
④ 무지대립근 : 엄지맞섬근

31 손가락 사이를 벌어지게 하는 근육은 무엇인가?

① 외전근   ② 내전근
③ 굴근   ④ 대립근

해설
② 내전근 : 손가락을 붙이고 구부리는 작용
③ 굴근 : 손목을 굽히게 하고 손가락을 구부리게 하는 작용
④ 대립근 : 물체를 잡는 작용

32 발의 신경 중 대퇴와 무릎근육으로 수직으로 내려와 발과 발가락, 발바닥 등에 분포하는 신경은 무엇인가?

① 대퇴신경   ② 복재신경
③ 경골신경   ④ 총비골신경

해설
① 대퇴신경 : 대퇴 부위 피부에 분포하는 신경
② 복재신경 : 허벅지에서 종아리 아래까지 이어진 신경
④ 총비골신경 : 다리에서 무릎 관절 윗부분 뒤쪽에서 갈라진 것으로 종아리 근육과 피부에 분포하는 신경

33 네일 화장물을 제거하는 제거제가 아닌 것은?

① 네일 폴리시 리무버
② 젤 네일 폴리시 리무버
③ 아세톤
✔ **알코올**

> 해설
> 네일 화장물을 제거하는 제품을 통칭하여 제거제라고 하며, 제거제에는 네일 폴리시 리무버, 젤 네일 폴리시 리무버, 아세톤 등이 있다.

34 젤 네일 폴리시 성분은 무엇인가?

① 나일론 ✔ **올리고머**
③ 아세테이트 ④ 실크

> 해설
> 젤 네일 폴리시 성분
> • 젤 네일이란 올리고머(Oligomer)라는 저분자, 중분자 구조를 가지고 있는 인조네일을 말한다.
> • 베이스 젤, 화이트 젤, 핑크 또는 클리어 젤, 탑 젤, 젤 클렌저 등이 있다.

35 다음 중 하드 젤 제거에 대한 설명으로 옳은 것은?

① 아세톤으로 제거
② 젤 전용 제거제로 제거
✔ **파일로 제거**
④ 네일 폴리시 리무버로 제거

> 해설
> 소프트 젤은 아세톤이나 젤 전용 제거제로 제거하고, 하드 젤은 파일로 제거한다.

36 매니큐어 컬러링의 종류 중 프리에지 부분만 빼고 컬러링하는 것은 무엇인가?

① 딥프렌치
✔ **프리에지**
③ 슬림라인
④ 그러데이션

> 해설
> ① 딥프렌치(Deep French) : 손톱의 1/2 이상을 스마일 라인으로 형성한다.
> ③ 슬림라인(Slim Line, Free Wall) : 손톱의 양옆을 1.5mm 정도 빼고 컬러링한다.
> ④ 그러데이션(Gradation) : 프리에지 부분이 진하고 큐티클로 올라갈수록 연하게 하는 방법이다.

37 큐티클 과잉 성장으로 네일판을 덮는 테리지움(표피조막증)에 가장 큰 효과를 볼 수 있는 매니큐어는 무엇인가?

① 습식 매니큐어
② 파라핀 매니큐어
③ 프렌치 매니큐어
✔ **핫오일 매니큐어**

> 해설
> 핫오일 매니큐어 : 손이 건조하거나 큐티클이 심하게 건조한 경우 큐티클을 부드럽고 유연하게 하는 데 도움을 준다.

38 네일 팁 시술 시 주의사항으로 옳지 않은 것은?

✔ **① 손톱에 맞는 팁이 없을 시 작은 것을 선택한다.**

② 팁을 45°로 밀착시켜 붙인 후 5~10초 정도 눌러 주고 양쪽 측면에 핀칭을 준다.

③ 손톱이 크고 납작한 경우는 끝이 좁은 내로 팁을 사용한다.

④ 손톱 끝이 위로 솟은 경우는 커브 팁을 사용한다.

해설
손톱에 맞는 팁이 없을 시 작은 것보다 큰 것을 선택하여 손톱에 맞게 갈아 준다.

39 네일 랩의 종류 중 가느다란 인조섬유로 짜여져서 글루가 잘 스며들어 자연스러워 보이는 것은?

① 실크

② 린넨

✔ **③ 파이버글라스**

④ 페이퍼 랩

해설
① 실크 : 명주 소재의 천으로, 얇고 가볍고 투명해서 가장 많이 사용
② 린넨 : 굵은 소재의 천으로, 강하고 오래 유지되지만 두껍고 천 조직이 그대로 보여서 잘 사용하지 않음
④ 페이퍼 랩 : 얇은 종이 소재의 랩으로, 아세톤 및 논아세톤에 쉽게 용해되어 임시 랩으로 사용

40 팁을 연장할 때 네일을 불리면 안 되는 이유는 무엇인가?

✔ **① 자연네일에 습기가 있는 상태에서는 곰팡이나 균들이 잘 번식한다.**

② 접착제가 잘 붙지 않는다.

③ 지속성이 떨어진다.

④ 파일링이 쉽다.

해설
팁을 연장할 때 네일을 불리면 습기를 먹은 자연네일에 곰팡이나 균들이 잘 번식할 수 있다.

41 아크릴릭 네일 시술에 대한 설명으로 잘못된 것은?

① 아크릴릭 네일은 스컬프처 네일이라고도 하며 아크릴릭 파우더와 아크릴릭 리퀴드를 혼합하여 인조네일의 모양을 만들어 연장하는 방법이다.

② 인조 팁보다 내수성과 지속성이 좋고 물어뜯는 손톱에도 시술이 가능하다.

③ 아크릴릭 네일의 종류는 아크릴릭 팁 오버레이, 아크릴릭 스컬프처 등이 있다.

✔ **④ 아크릴릭 리퀴드는 따뜻하게 하여 사용해야 하는데, 온도가 높을수록 잘 굳지 않는다.**

해설
아크릴릭 네일은 온도가 낮으면 잘 깨지거나 들뜬다. 리퀴드와 혼합한 파우더는 온도가 높을수록 빨리 굳는다(적정 온도 21~26℃).

42 실크 익스텐션 시술 시 젤을 도포하는 이유는 무엇인가?

① 손톱의 변색을 방지하기 위해서
② 표면을 매끄럽게 하기 위해서
③ 손톱 길이를 연장하기 위해서
✔ **단단하고 투명하게 하기 위해서**

> **해설**
> 실크 익스텐션 시술 시 젤을 바르면 단단하고 투명해진다.

43 인조네일(손·발톱)의 보수기간에 대한 설명으로 옳은 것은?

① 시술 1주 후 보수, 3주 후에는 패브릭과 접착제 보수
✔ **시술 2주 후 보수, 4주 후에는 패브릭과 접착제 보수**
③ 시술 2주 후 보수, 6주 후에는 패브릭과 접착제 보수
④ 시술 3주 후 보수, 6주 후에는 패브릭과 접착제 보수

> **해설**
> 인조네일(손·발톱) 시술 후 2주 정도 경과하면 자연손톱이 자라므로 정기적인 보수를 받아 인조네일의 들뜸이나 깨짐, 곰팡이가 생기는 것을 방지해야 한다. 4주후에는 패브릭과 접착제 보수를 받는다.

44 아크릴릭 네일 시술 시 프라이머의 역할이 아닌 것은?

① 손톱 표면의 유·수분 제거
② 단백질을 화학작용으로 녹여줌
✔ **손톱의 변색 방지**
④ 손톱 표면의 pH 밸런스 유지

> **해설**
> 아크릴릭 네일 시술 시 프라이머의 역할
> • 손톱 표면의 유·수분 제거
> • 단백질을 화학작용으로 녹여줌
> • 아크릴의 접착력을 강하게 함
> • 손톱 표면의 pH 밸런스 유지

45 인조네일 제거 시 ㉠에 들어갈 시술과정으로 알맞은 것은?

> ① 시술자 손 및 고객 손 소독하기
> ② 폴리시 제거하기
> ③ 자연손톱을 제외하고 인조네일을 클리퍼로 자르기
> ④ (㉠   )
> ⑤ 오렌지 우드스틱으로 제거하거나 파일로 갈아 주기
> ⑥ 모두 제거되면 버퍼로 자연손톱을 정돈하기

① 랩의 들뜬 정도 파악하기
② 베이스 젤 후 큐어링하기
✔ **아세톤을 적신 솜을 손톱 위에 올린 후 포일로 감싸 주기**
④ 표면 샌딩하기

> **해설**
> 아세톤을 적신 솜을 손톱 위에 올린 후 포일로 감싼다.

46 감염병의 발생단계 중 가장 마지막 단계는 무엇인가?

① 병원소로부터 병원체의 탈출
② 감수성 있는 숙주의 감염
③ 새로운 숙주로 침입
④ 병원체의 전파

해설
감염병의 발생단계
병원체 → 병원소 → 병원소로부터 병원체의 탈출 → 병원체의 전파 → 새로운 숙주로의 침입 → 감수성 있는 숙주의 감염

47 절지동물에 의한 매개 감염병 중 쥐에 의한 감염병이 아닌 것은?

① 페스트
② 서교열
③ 살모넬라증
④ 세균성 이질

해설
절지동물에 의한 매개 감염병
• 모기 : 말라리아, 일본뇌염, 황열, 뎅기열
• 파리 : 장티푸스, 파라티푸스, 콜레라, 식중독, 이질, 결핵, 디프테리아
• 쥐 : 페스트, 서교열, 살모넬라증, 쯔쯔가무시증
• 바퀴벌레 : 세균성 이질, 콜레라, 결핵, 살모넬라, 디프테리아, 회충
• 이 : 발진티푸스

48 법정 감염병에 대한 설명으로 옳지 않은 것은?

① 제1급 감염병은 치명률이 높거나 집단 발생의 우려가 커서 발생 또는 유행 즉시 신고하여야 하고, 음압격리와 같은 높은 수준의 격리가 필요한 감염병이다.
② 제2급 감염병은 발생 또는 유행 시 48시간 이내에 신고하여야 하고, 격리가 필요 없는 감염병이다.
③ 제3급 감염병은 그 발생을 계속 감시할 필요가 있어 발생 또는 유행 시 24시간 이내에 신고하여야 하는 감염병이다.
④ 기생충 감염병은 기생충에 감염되어 발생하는 감염병이다.

해설
제2급 감염병은 전파 가능성을 고려하여 발생 또는 유행 시 24시간 이내에 신고하여야 하고, 격리가 필요한 감염병이다(감염병의 예방 및 관리에 관한 법률 제2조제3호).

49 우리나라의 4대 사회보험이 아닌 것은?

① 국민건강보험
② 민간보험
③ 산업재해보상보험(산재보험)
④ 고용보험

해설
사회보험은 사회적 위험에 대비하여 보험방식을 이용하여 미리 갹출하고 사고를 당했을 때 급여를 해 주는 제도이다.
※ 우리나라의 4대 사회보험 : 국민건강보험, 국민연금, 산업재해보상보험(산재보험), 고용보험

50 간흡충(간디스토마)의 제2중간숙주는 무엇인가?

① 우렁이
② **민물고기**
③ 다슬기
④ 바닷물고기

해설
기생충 질환
• 간흡충(간디스토마) : 제1중간숙주 – 우렁이, 제2중간숙주 – 민물고기
• 폐흡충(폐디스토마) : 제1중간숙주 – 다슬기, 제2중간숙주 – 게, 가재
• 횡천흡충(요코가와흡충) : 제1중간숙주 – 다슬기, 제2중간숙주 – 은어
• 긴촌충(광절열두조충) : 제1중간숙주 – 물벼룩, 제2중간숙주 – 송어, 연어

51 고온일수록 효과가 높고 살균력과 냄새가 강하고 독성이 있으며, 금속을 부식시키는 소독제는 무엇인가?

① 오존   ② 생석회
③ **석탄산**   ④ 염소

해설
화학적 소독법
• 승홍수 : 살균력과 독성이 매우 강하며 0.1% 수용액 사용. 화장실, 쓰레기통, 도자기류 소독
• 석탄산 : 고온일수록 효과가 높으며 살균력과 냄새가 강하고 독성이 있음. 3% 수용액을 사용하며, 금속을 부식시킴
• 생석회 : 화장실 · 하수도 소독 시 사용하며, 가격이 저렴함
• 염소 : 살균력이 강하고 경제적이며 잔류효과가 크나, 냄새가 강함

52 공중위생관리법에 따른 소독기준 및 방법에 대한 설명으로 잘못된 것은?

① 크레졸 소독 – 크레졸 3%, 물 97%의 수용액에 10분 이상 담가 둔다.
② 석탄산 소독 – 석탄산 3%, 물 97%의 수용액에 10분 이상 담가 둔다.
③ 에탄올 소독 – 에탄올이 70%인 수용액에 10분 이상 담가 두거나 에탄올 수용액을 머금은 면 또는 거즈로 기구의 표면을 닦아 준다.
④ **건열멸균 소독 – 100℃ 이상의 습한 열에 20분 이상 쐬어 준다.**

해설
④ 건열멸균 소독 : 100℃ 이상의 건조한 열에 20분 이상 쐬어 준다.
※ 공중위생관리법 시행규칙 별표 3 참고

53 자비소독 시에 첨가하면 살균력을 상승시키고 철이 녹슬고 부식되는 것을 예방하는 것은 무엇인가?

① **탄산나트륨**   ② 생석회
③ 승홍수   ④ 염소

해설
자비소독법
• 100℃의 끓는 물에 15~20분 가열한다(포자는 죽이지 못함).
• 의류, 식기, 도자기 등 소독에 이용된다.
• 2% 탄산나트륨을 사용하면 보다 효과적이며 방청작용(철 부식 방지)도 있다.

54 살균의 의미로 가장 알맞은 것은?

① 병원균이나 포자까지 완전히 사멸시켜 제거

② 미생물을 물리적, 화학적으로 급속히 죽이는 것

③ 유해한 병원균 증식과 감염의 위험성을 제거

④ 병원성 미생물의 발육을 정지시켜 음식의 부패나 발효를 방지

해설
소독 관련 용어
• 멸균 : 병원균이나 포자까지 완전히 사멸시켜 제거한다.
• 살균 : 미생물을 물리적, 화학적으로 급속히 죽이는 것이다(내열성 포자 존재).
• 소독 : 유해한 병원균 증식과 감염의 위험성을 제거한다(포자는 제거되지 않음).
• 방부 : 병원성 미생물의 발육을 정지시켜 음식의 부패나 발효를 방지한다.

56 다음 중 화학적 소독법에 해당하는 것은 무엇인가?

① 자비소독법

② 과산화수소 소독

③ 고압증기멸균법

④ 소각법

해설
①, ③, ④는 물리적 소독법에 해당한다.
화학적 소독법 : 알코올, 과산화수소, 승홍수, 석탄산, 생석회, 크레졸, 염소 소독 등

55 균체(미생물 세포)의 단백질 응고작용에 대한 소독기전이 아닌 것은?

① 크레졸   ② 알코올

③ 염소   ④ 석탄산

해설
살균(소독)기전
• 산화작용 : 과산화수소, 염소, 오존
• 탈수작용 : 설탕, 식염, 알코올
• 가수분해 작용 : 강알칼리, 강산
• 균체 단백질 응고작용 : 크레졸, 알코올, 석탄산
• 균체 효소의 불활성화 작용 : 석탄산, 알코올, 중금속

57 공중위생영업자는 공중위생영업을 폐업한 날부터 며칠 이내에 시장·군수·구청장에게 신고해야 하는가?

① 7일   ② 10일

③ 20일   ④ 30일

해설
공중위생영업의 신고 및 폐업신고(공중위생관리법 제3조제2항)
공중위생영업의 신고를 한 자(공중위생영업자)는 공중위생영업을 폐업한 날부터 20일 이내에 시장·군수·구청장에게 신고하여야 한다. 다만, 영업정지 등의 기간 중에는 폐업신고를 할 수 없다.

58 다음 중 영업신고사항이 변경되었을 때 변경신고 대상이 아닌 것은?

① 영업소의 명칭 또는 상호

✔ **영업소의 건물주 변경**

③ 신고한 영업장 면적의 1/3 이상의 증감

④ 대표자의 성명 또는 생년월일

해설

변경신고 대상(공중위생관리법 시행규칙 제3조의2)
영업소의 명칭 또는 상호, 영업소의 주소, 신고한 영업장 면적의 1/3 이상의 증감, 대표자의 성명 또는 생년월일, 미용업 업종 간 변경 또는 업종의 추가

59 영업소 폐쇄명령을 받고도 계속하여 영업을 한 자에 대한 벌칙은 무엇인가?

✔ **1년 이하의 징역 또는 1천만원 이하의 벌금**

② 6월 이하의 징역 또는 500만원 이하의 벌금

③ 300만원 이하의 벌금

④ 100만원 이하의 벌금

해설

벌칙(공중위생관리법 제20조제2항)
다음에 해당하는 자는 1년 이하의 징역 또는 1천만원 이하의 벌금에 처한다.
• 공중위생영업의 신고를 하지 아니하고 공중위생영업(숙박업은 제외)을 한 자
• 영업정지명령 또는 일부 시설의 사용중지명령을 받고도 그 기간 중에 영업을 하거나 그 시설을 사용한 자 또는 영업소 폐쇄명령을 받고도 계속하여 영업을 한 자

60 다음 중 면허취소 사유가 아닌 것은?

① 이중으로 면허를 취득한 때(나중에 발급받은 면허를 말함)

② 피성년후견인일 때

✔ **최종지급요금표를 게시하지 않을 때**

④ 면허정지처분을 받고도 그 정지기간 중에 업무를 한 때

해설

이용사 및 미용사의 면허취소 등(공중위생관리법 제7조)
시장·군수·구청장은 이용사 또는 미용사가 다음의 하나에 해당하는 때에는 그 면허를 취소하거나 6월 이내의 기간을 정하여 그 면허의 정지를 명할 수 있다. 다만, ㉠, ㉡, ㉣, ㉺ 또는 ㉼에 해당하는 경우에는 그 면허를 취소하여야 한다.
㉠ 피성년후견인
㉡ 정신질환자(전문의가 이용사 또는 미용사로서 적합하다고 인정하는 사람은 그러하지 아니함), 공중의 위생에 영향을 미칠 수 있는 감염병환자로서 보건복지부령이 정하는 자, 마약 기타 대통령령으로 정하는 약물 중독자에 해당하게 된 때
㉢ 면허증을 다른 사람에게 대여한 때
㉣ 「국가기술자격법」에 따라 자격이 취소된 때
㉤ 「국가기술자격법」에 따라 자격정지처분을 받은 때(자격정지처분 기간에 한정)
㉥ 이중으로 면허를 취득한 때(나중에 발급받은 면허를 말함)
㉺ 면허정지처분을 받고도 그 정지기간 중에 업무를 한 때
㉻ 「성매매알선 등 행위의 처벌에 관한 법률」이나 「풍속영업의 규제에 관한 법률」을 위반하여 관계 행정기관의 장으로부터 그 사실을 통보받은 때

01 투톤 아크릴 스컬프처의 시술에 대한 설명으로 옳은 것은?

① 스트레스 포인트에 화이트 파우더가 얇게 시술되도록 한다.

② 화이트 파우더 특성상 프리에지가 위축되어 보일 수 있어 핀칭은 삼가한다.

☑ 프렌치 스컬프처(French Sculpture)라고도 한다.

④ 스퀘어 모양을 잡기 위해 파일은 30° 정도 살짝 기울여 파일링 한다.

해설
투톤 아크릴 스컬프처는 프렌치 스컬프처라고도 한다. 스퀘어 모양을 잡기 위해 파일은 90° 정도 기울여 파일링 한다.

02 다한증에 대한 설명으로 알맞은 것은?

☑ 땀이 과다하게 분비되는 증상이다.

② 대한선 분비물이 세균에 의해 부패되어 악취가 나는 증상이다.

③ 갑상선 기능의 저하, 신경계 질환의 원인으로 땀의 분비가 감소하는 증상이다.

④ 땀이 분비되지 않는 증상이다.

해설
• 다한증 : 땀이 과다하게 분비되는 증상이다.
• 소한증 : 갑상선 기능의 저하, 신경계 질환의 원인으로 땀의 분비가 감소하는 증상이다.
• 무한증 : 땀이 분비되지 않는 증상이다.

03 네일미용 고객 위생관리에 대한 설명으로 알맞은 것은?

① 시술 전후에 100% 알코올로 시술자와 고객의 손을 소독한다.

② 큐티클 정리 도중 출혈이 있는 경우에는 시술자의 손으로 바로 지혈시킨 후 출혈이 멈추게 한다.

☑ 일회용품을 제외하고 사용한 네일 도구는 반드시 소독하여 자외선 소독기에 보관한다.

④ 굳은살 제거용 면도날 등은 반드시 소독하여 자외선 소독기에 보관한다.

해설
굳은살 제거용 면도날 등 일회용품은 1인 1회 사용 후 반드시 폐기하여 감염을 방지한다.

04 갑상선과 부신의 기능을 활성화시켜 피부를 건강하게 하고, 모세혈관의 기능을 정상화시켜 주는 영양소는?

① 마그네슘

☑ 아이오딘(요오드)

③ 비타민

④ 단백질

해설
아이오딘(요오드)은 갑상선과 부신의 기능을 활성화시켜 피부를 건강하게 하고, 모세혈관의 기능을 정상화시켜 주는 영양소이다.

05 네일 브러시 관리 시 세필 브러시가 휘었을 때 취할 수 있는 적절한 방법은 무엇인가?

① 브러시의 휘어진 부분을 가위로 잘라 낸다.
② 브러시의 휘어진 부분을 테이프로 감아서 보관한다.
③ 차가운 물에 담갔다가 뺀 후 다듬어 주면 세필 브러시가 완만해진다.
④ 뜨거운 물에 담갔다가 뺀 후 다듬어 주면 세필 브러시가 완만해진다.

해설
세필 브러시가 휘었을 때 뜨거운 물에 담갔다가 뺀 후 다듬어 주면 세필 브러시가 완만해진다.

06 고객과 네일 컬러를 상담할 때의 자세로 옳지 않은 것은?

① 네일 컬러 선택 시 고객이 원하는 컬러와 퍼스널 컬러를 파악하여 충분히 상담한 후 적용한다.
② 고객에게 어울리는 최신 유행 컬러를 추천한다.
③ 고객의 요구사항을 경청한 후 네일 상태에 따라 시술을 적용한다.
④ 고객이 선호하는 컬러를 입고 있는 옷으로 판단한다.

해설
고객의 네일과 피부 상태를 확인하고 고객의 요구사항을 경청한 후 어울리는 디자인과 컬러를 적용한다.

07 다음 질병 예방단계와 관련한 설명으로 옳지 않은 것은?

① 1차적 예방단계는 예방접종 단계이다.
② 2차적 예방단계는 질병의 조기발견 단계이다.
③ 3차적 예방단계는 생활환경 개선 단계이다.
④ 3차적 예방단계는 재활활동 단계이다.

해설
질병 예방단계에서 1차적 예방단계는 예방접종 단계, 2차적 예방단계는 질병의 조기발견 단계, 3차적 예방단계는 재활활동 단계이다.

08 아크릴 네일 재료인 프라이머에 대한 설명으로 틀린 것은?

① 손톱 표면의 pH 밸런스를 맞춰 준다.
② 손톱 표면의 유·수분을 제거하고 건조시켜 아크릴의 접착력을 강하게 한다.
③ 산성제품으로 피부에 화상을 입힐 수 있으므로 최소량만을 사용한다.
④ 인조네일 전체에 사용하며 방부제 역할을 해 준다.

해설
프라이머는 자연손톱에 바르며, 유·수분을 제거해 주고, 아크릴의 접착력을 강하게 한다.

09 파고드는 발톱을 예방하기 위한 발톱 모양으로 적합한 것은?

① 포인트형

② 라운드형

✓ **스퀘어형**

④ 오벌형

해설
파고드는 발톱을 예방하기 위해서는 직선형의 스퀘어 형태가 좋다.

10 병원체 중 대체로 살아 있는 세포에서만 증식하고 크기가 가장 작아 전자현미경으로만 관찰할 수 있는 것은?

① 구균   ② 간균

✓ **바이러스**   ④ 세균

해설
바이러스는 대체로 살아 있는 세포에서만 증식하고 크기가 가장 작아 전자현미경으로만 관찰할 수 있다.

11 예방접종에 있어서 DPT와 무관한 질병은?

① 디프테리아   ② 파상풍

✓ **결핵**   ④ 백일해

해설
DPT : 디프테리아(Diphtheria), 백일해(Pertussis), 파상풍(Tetanus)

12 다음 신경에 대한 설명으로 옳은 것은?

① 정중신경 – 삼각근과 소원근에 분포한다.

✓ **비복신경 – 종아리 뒤쪽으로 연결되는 장만지에 분포한다.**

③ 요골신경 – 팔을 관통하여 아래팔 앞쪽, 손바닥에 분포한다.

④ 수지신경 – 손등의 외측과 요골에 분포한다.

해설
① 정중신경 : 팔을 관통하여 아래팔 앞쪽, 손바닥에 분포한다.
③ 요골신경 : 손등의 외측과 요골에 분포한다.
④ 수지신경 : 손가락에 분포한다.

13 인구 구성형태 중 출생률과 사망률이 낮은 선진국 형태로, 0~14세 인구가 65세 이상 인구의 2배와 같아지는 유형은?

① 별형

② 항아리형

③ 피라미드형

✓ **종형**

해설
종형은 출생률과 사망률이 낮은 선진국 형태로, 0~14세 인구가 65세 이상 인구의 2배와 같아지는 인구구조 유형이다.

14 다음 중 글루나 젤 글루를 건조시킬 때 사용하는 활성제는 무엇인가?

① 나이트로셀룰로스
✔ **② 액티베이터**
③ 아크릴
④ 톨루엔

해설
액티베이터는 글루나 젤 글루를 건조시킬 때 사용하는 활성제이다.

15 골격계에 대한 설명으로 옳지 않은 것은?

✔ **① 인체의 골격은 약 216개의 뼈로 구성되어 있다.**
② 인체의 골격 중 적골수에서 조혈작용을 하여 혈액세포를 생성한다.
③ 인체 골은 형태에 따라 장골, 단골, 편평골, 불규칙골, 함기골, 종자골로 나뉜다.
④ 인체 골의 구조는 골막과 골조직, 골수강, 골수로 되어 있다.

해설
인체의 골격은 약 206개의 뼈로 구성되어 있다.

16 다음 법정 감염병의 분류에서 동일 급별이 아닌 것은?

① 결핵　　　　② 수두
③ 홍역　　　✔ **④ 디프테리아**

해설
디프테리아는 제1급 감염병, 결핵, 수두, 홍역은 제2급 감염병에 속한다.

17 컬러 통 젤 네일 폴리시에 대한 설명으로 옳은 것은?

① 젤은 물감처럼 혼합할 수 없으므로 다양한 색상을 만들 수 없다.
② 점성이 매우 약해 흐를 수 있어 통에 담겨져 있으므로 보관 시 주의한다.
✔ **③ 네일에 도포하거나 네일 디자인 표현 시 별도의 네일 브러시가 필요하다.**
④ 컬러 통 젤 네일 폴리시는 점성이 약하므로 용기째 사용해야 한다.

해설
① 젤은 제품에 따라 물감처럼 혼합할 수 있어 다양한 색상을 만들 수 있다.
②·④ 컬러 통 젤 네일 폴리시는 젤 네일 폴리시에 비해 점성이 강해 흐르지 않는다.

18 비타민이 결핍되었을 때 발생하는 질병의 연결로 틀린 것은?

① 비타민 B_1 – 각기병
② 비타민 D – 구루병
③ 비타민 A – 야맹증
✔ **④ 비타민 B_{12} – 불임증**

해설
비타민 B_{12} 결핍 시 빈혈, 피로감, 비타민 D 결핍 시 구루병, 불임증이 발생할 수 있다.

19 기후와 대기환경에 대한 설명으로 가장 거리가 먼 것은?

① 기후의 3대 요소는 기온, 기습, 기압이다.
② 불쾌지수란 기온과 기습의 영향에 의해 인체가 느끼는 불쾌감이다.
③ 불쾌지수가 75 이상이면 50% 정도가 불쾌감을 느낀다.
④ 기온역전으로 인한 대기오염이 심화되고 있다.

해설
기후의 3대 요소는 기온, 기습, 기류이다.

20 소독을 한 기구와 소독을 하지 아니한 기구를 각각 다른 용기에 넣어 보관하지 아니한 때 2차 위반 시 행정처분기준은?

① 경고
② 영업정지 5일
③ 영업정지 10일
④ 영업장 폐쇄명령

해설
행정처분기준(공중위생관리법 시행규칙 별표 7)
소독을 한 기구와 소독을 하지 않은 기구를 각각 다른 용기에 넣어 보관하지 않거나 1회용 면도날을 2인 이상의 손님에게 사용한 경우
• 1차 위반 : 경고
• 2차 위반 : 영업정지 5일
• 3차 위반 : 영업정지 10일
• 4차 이상 위반 : 영업장 폐쇄명령

21 다음 골격계의 형태에 따른 분류로 알맞은 것은?

① 장골 – 상완골, 요골, 척골, 대퇴골, 경골, 비골 등
② 단골 – 수근골, 수지골, 족근골, 족지골, 대퇴골 등
③ 불규칙골 – 전두골, 후두골, 두정골, 견갑골, 늑골 등
④ 종자골 – 족근골, 족지골 등

해설
② 단골 : 수근골, 족근골
③ 불규칙골 : 척추골, 관골
④ 종자골 : 슬개골

22 다음 신경조직에 대한 설명으로 옳지 않은 것은?

① 자율신경은 교감신경과 부교감신경으로 구분된다.
② 자율신경은 우리 몸의 감각기관에서 받아들인 신경정보들을 통합하고 조정한다.
③ 중추신경계는 뇌와 척수로 구성된다.
④ 체성신경계는 12쌍의 뇌신경과 31쌍의 척수신경으로 이루어져 있다.

해설
중추신경은 우리 몸의 감각기관에서 받아들인 신경정보들을 통합하고 조정한다.

23 다음 페디큐어 시술 순서 중 ( ) 안에 알맞은 내용은?

> 소독 → 폴리시 제거 → ( ) → 족욕기에 발 담그기 → 큐티클 정리 → 각질 제거

① 오일 바르기
② 먼지 제거
③ **길이 및 모양 만들기**
④ 마사지

24 다음 중 가장 거친 네일 파일의 그릿 수는?

① **150그릿** ② 180그릿
③ 240그릿 ④ 400그릿

25 뼈의 길이 성장에 관여하며, 골단연골의 성장이 멈추면서 완전한 뼈가 형성되는 장골의 양쪽 둥근 끝부분은?

① 골화 ② 연화
③ **골단** ④ 연단

26 박쥐에서 낙타를 매개로 사람에게 전파되는 것으로 추정되며, 발병 시 38℃ 이상의 고열과 기침, 호흡곤란 등을 동반하는 치사율 약 30~40%의 치명적인 질병은?

① 지카바이러스 감염증
② 사스
③ **메르스**
④ 신종인플루엔자

27 UV 젤 스컬프처 보수방법으로 가장 적합하지 않은 것은?

① 파일링 시 너무 부드럽지 않은 파일을 사용한다.
② UV 젤과 자연네일의 경계 부분을 파일링한다.
③ **투웨이 젤을 이용하여 두께를 만들고 큐어링한다.**
④ 거친 네일 표면 위에 UV 젤 탑코트를 바른다.

28 보습제가 갖추어야 할 조건으로 바르지 않은 것은?

① 다른 성분과 혼용성이 좋을 것
☑ **모공 수축을 위해 휘발성이 있을 것**
③ 적절한 보습능력이 있을 것
④ 응고점이 낮을 것

> 해설
> ② 휘발성이 있을 시 건조할 수 있다.

29 공수병(광견병)의 병원체로 알맞은 것은?

① 세균　　　　② 리케차
☑ **바이러스**　　④ 스피로헤타

> 해설
> 공수병(광견병)의 병원체는 바이러스이다.

30 손등이 뒤쪽으로 향하게 작용하는 팔의 근육은?

① 내전근　　　② 외전근
☑ **회의근**　　④ 대립근

> 해설
> ③ 회의근 : 손등이 뒤쪽으로 향하게 작용하는 근육
> ① 내전근 : 관절을 모으는 내전작용을 하는 근육
> ② 외전근 : 관절을 벌어지게 하는 근육
> ④ 대립근 : 물건을 잡는 작용을 하는 근육

31 다음 중 젤 램프기기와 관련한 설명으로 옳은 것은?

① LED 램프는 240~400nm 정도의 파장을 사용한다.
☑ **UV 램프는 UV-A 파장 정도를 사용한다.**
③ 젤 네일의 광택이 떨어지거나 경화속도가 떨어지면 젤 네일을 교체한다.
④ 젤 네일에 사용되는 광선은 자외선과 적외선이다.

> 해설
> ① LED 램프는 400~700nm 정도의 파장을 사용한다.
> ③ 젤 네일의 광택이 떨어지거나 경화속도가 떨어지면 램프를 교체함이 바람직하다.
> ④ 젤 램프기기는 자외선을 사용한다.

32 어느 해의 영아사망률이 2라고 하는 것은 무엇을 의미하는가?

① 연간 출생아 수 1,000명당 생후 1개월 미만에 2명이 사망한 경우
② 연간 출생아 수 1,000명당 생후 6개월 미만에 2명이 사망한 경우
☑ **연간 출생아 수 1,000명당 생후 1년 미만에 2명이 사망한 경우**
④ 연간 출생아 수 1,000명당 생후 2년 미만에 2명이 사망한 경우

> 해설
> 영아사망률이란 생후 1년 안에 사망한 영아의 사망률로, 한 국가의 보건 수준을 나타내는 지표이다.

33 홍역을 앓고 난 후 형성된 면역을 무슨 면역이라 하는가?

　☑ **자연능동면역**
② 인공능동면역
③ 자연수동면역
④ 인공수동면역

해설
자연능동면역은 질병을 앓고 난 후 형성된 면역이다.

34 사회보험은 국민의 건강과 소득을 보장하는 제도이다. 우리나라 4대 보험으로 올바른 것은?

① 건강보험, 사회보험, 국민연금, 손해보험
② 생명보험, 산재보험, 건강보험, 손해보험
☑ **건강보험, 산재보험, 국민연금, 고용보험**
④ 산재보험, 사회보험, 국민연금, 손해보험

해설
우리나라 4대 보험은 건강보험, 산재보험, 국민연금, 고용보험이다.

35 네일 랩 시술 과정 시 손톱 모양은 라운드로 잡고 프리에지는 몇 mm 정도 길이로 정리하는 것이 좋은가?

☑ **0.5mm** 　② 0.6mm
③ 0.7mm 　④ 0.8mm

해설
손톱 모양은 라운드로 잡고 프리에지는 0.5mm 정도 길이로 정리한다.

36 다음 중 속발진에 해당하는 피부질환은?

① 종양 　② 면포
☑ **태선화** 　④ 비립종

해설
원발진과 속발진
• 원발진은 1차적 피부장애로서 직접적인 초기 손상을 일컫는다. 반점, 수포, 홍반, 구진, 결절, 낭종, 팽진, 종양, 면포, 비립종 등이 있다.
• 속발진은 원발진으로 인해 부차적 손상, 즉 2차적 피부장애를 갖는 것이다. 가피, 미란, 찰상, 균열, 반흔, 위축, 궤양, 태선화 등이 있다.

37 다량의 유성 성분을 물에 일정 기간 동안 안정한 상태로 균일하게 혼합시키는 화장품 제조기술은 무엇인가?

☑ **유화** 　② 경화
③ 분산 　④ 가용화

해설
유화는 다량의 유성 성분을 물에 일정 기간 동안 안정한 상태로 균일하게 혼합시키는 화장품 제조기술이다.

38 다음 수용성 비타민의 명칭으로 옳지 않은 것은 무엇인가?

① 비타민 B_1 – 티아민

② **비타민 B_2 – 토코페롤**

③ 비타민 B_6 – 피리독신

④ 비타민 B_{12} – 코발라민

해설
② 비타민 B_2는 리보플라빈(Riboflavin)이다.

39 다음 중 세균 증식에 가장 적합한 최적 수소이온농도는?

① pH 3.5~5.5

② **pH 6.0~8.0**

③ pH 8.5~10.0

④ pH 10.5~11.5

해설
세균 증식은 pH 6.0~8.0에서 가장 활발하다.

40 다음 직업병과 관련 직업이 바르게 연결된 것은?

① 규폐증 – 용접공

② 열사병 – 채석공

③ **잠함병 – 잠수부**

④ 고산병 – 방사선 기사

해설
① 규폐증 – 채석공 등
② 열사병 – 제철소 작업자 등
④ 고산병, 난청 – 항공정비사 등

41 네일 숍 고객관리 방법으로 옳은 것은?

① **고객의 직무와 취향 등을 파악하여 관리 방법을 제시한다.**

② 고객의 요구사항을 무조건적으로 들어준다.

③ 고객의 잘못된 관리방법을 제품 판매로 연결한다.

④ 고객의 곤란한 질문에는 대답을 회피한다.

해설
모든 관리가 끝나면 고객이 할 수 있는 홈 케어방법이나 주의방법을 설명하여 고객이 다시 숍을 방문할 때까지 건강한 네일을 유지할 수 있도록 한다.

42 손톱의 구조에 대한 설명으로 옳은 것은?

① **매트릭스 – 손톱의 성장이 진행되는 곳으로 이상이 생기면 손톱의 변형을 가져온다.**

② 루눌라 – 매트릭스와 네일 베드가 만나는 부분으로 미생물 침입을 막는다.

③ 네일 베드 – 손톱의 끝부분에 해당되며 손톱의 모양을 만들 수 있다.

④ 네일 바디 – 손톱 표면의 하얀 반원 모양이다.

해설
• 큐티클 : 네일 주위를 덮고 있는 피부로 미생물 침입을 막는다.
• 프리에지 : 손톱의 끝부분에 해당되며 손톱의 모양을 만들 수 있다.
• 루눌라 : 손톱 표면의 하얀 반달 모양이다.

43 다음 통 젤 네일 폴리시 중 점성이 가장 강하고 젤을 도포하는 대로 형태가 유지되는 젤은?

① 글리터 통 젤 네일 폴리시
② 반투명 통 젤 네일 폴리시
③ 컬러 통 젤 네일 폴리시
✔ **스컬프처 통 젤 네일 폴리시**

해설
스컬프처 통 젤 네일 폴리시는 점성이 가장 강하여 젤의 퍼짐이 매우 적은 젤로, 젤을 도포하는 대로 형태가 유지되어 표현된다. 제품에 따라 점성의 범위가 다양하며 혼합되는 안료에 따라 표현 범위가 달라진다.

44 다음 중 고객관리에 대한 응대로 지켜야 할 사항이 아닌 것은?

① 고객이 도착하기 전에 필요한 물건과 도구를 준비하는 것이 좋다.
② 시술의 우선순위는 예약 고객을 우선으로 시술한다.
③ 고객에게 보관함을 제공하여 소지품 등이 분실되거나 바뀌는 일이 없도록 한다.
✔ **관리 중에는 고객이 조용히 시술을 받을 수 있도록 대화는 나누지 않아야 한다.**

해설
네일관리 중 고객과 정치 등 민감한 화제를 제외하고 가벼운 대화는 나누어도 된다.

45 다음 중 올바른 도구 사용법이 아닌 것은?

① 더러워진 빗과 브러시는 소독해서 사용한다.
② 에머리 보드는 한 고객에게만 사용한다.
③ 시술 도중 바닥에 떨어진 빗은 바로 재사용하지 않고 소독한다.
✔ **일회용 소모품은 깨끗한 경우 재사용한다.**

해설
일회용 소모품은 깨끗한 경우라도 사용 후에는 반드시 폐기해야 한다.

46 다음 중 위생서비스 평가계획에 따라 관할지역별 세부평가계획을 수립한 후 공중위생영업소의 위생서비스 수준을 평가하여야 하는 자는?

① 시 · 도지사
✔ **시장 · 군수 · 구청장**
③ 보건복지부장관
④ 관련 전문기관 및 단체장

해설
위생서비스수준의 평가(공중위생관리법 제13조제2항)
시장 · 군수 · 구청장은 위생서비스 평가계획에 따라 관할지역별 세부평가계획을 수립한 후 공중위생영업소의 위생서비스수준을 평가하여야 한다.

47 세균의 단백질 변성과 응고작용에 의한 기전을 이용하여 살균하고자 할 때 주로 이용하는 방법은?

① 희석   ✔️ **가열**

③ 여과   ④ 냉각

해설
가열은 세균의 단백질 변성과 응고작용에 의한 기전을 이용하여 살균하는 방법이다.

48 다음 중 립스틱 성분으로 가장 거리가 먼 것은?

① 색소   ② 알란토인

✔️ **알코올**   ④ 라놀린

해설
립스틱 성분으로 색소, 라놀린, 알란토인 등이 있다.

49 피부관리가 가능한 여드름 단계로 가장 적절한 것은?

✔️ **흰면포**   ② 결절

③ 구진   ④ 농포

해설
② 결절 : 통증이 수반되고 치유 후 흉터가 남는다. 경계가 명확하며 단단한 유기물로, 기저층 아래에 형성되는 구진보다 크고 종양보다 작은 형태이다.
③ 구진 : 만지면 통증이 느껴지고, 염증으로 인해 붉은색을 띤다. 여드름의 초기 증상이다.
④ 농포 : 염증성 여드름 병변으로 고름이 차 있는 융기된 주머니를 말한다.

50 피부의 색소인 멜라닌(Melanin)은 어떤 아미노산으로부터 합성되는가?

✔️ **티로신(Tyrosine)**

② 글리신(Glycine)

③ 알라닌(Alanine)

④ 글루탐산(Glutamic Acid)

해설
피부의 색소인 멜라닌(Melanin)은 티로신(Tyrosine)이라는 아미노산으로부터 합성한다.

51 손톱이 성장하는 장소로서 손상되면 손톱이 빠지는 곳은?

① 조체   ✔️ **조근**

③ 조상   ④ 반월

해설
조근은 네일 루트로 손톱이 성장하는 장소이다.

52 석탄산 90배 희석액과 어느 소독제 135배 희석액이 같은 살균력을 나타낸다면 이 소독제의 석탄산계수는?

① 0.5   ✔️ **1.5**

③ 1.0   ④ 2.0

해설
석탄산계수 = 소독약의 희석배수 / 석탄산의 희석배수

53 고객관리카드를 작성할 때 가장 바람직한 방법은?

❶ 네일 시술 시 손발의 질병 및 이상 증상은 매회 확인하여 기록한다.

② 네일 시술과정에서 이상 증상이 있을 시 고객에게 고지하고 기록하지 않는다.

③ 고객이 원하는 서비스 및 시술 내용은 매회 다르므로 기록하지 않아도 된다.

④ 고객관리 시 필요한 개인 민감정보는 자세히 작성한다.

해설
네일 시술 시 손발의 질병 및 이상 증상은 매회 확인하여 기록하는 것이 좋다.
※ 개인 민감정보는 개인정보보호법에 엄격히 제한하고 있으므로 반드시 필요한 고객의 정보만 동의하에 기록한다.

54 다음 중 보건행정을 설명한 것으로 가장 적절한 것은?

① 개인보건의 목적을 달성하기 위해 공공의 책임하에 수행하는 행정활동

❷ 공중보건의 목적을 달성하기 위해 공공의 책임하에 수행하는 행정활동

③ 국가 간의 질병 교류를 막기 위해 공공의 책임하에 수행하는 행정활동

④ 공중보건의 목적을 달성하기 위해 개인의 책임하에 수행하는 행정활동

해설
보건행정은 공중보건의 목적을 달성하기 위해 공공의 책임하에 수행하는 행정활동이다.

55 외국의 네일미용 변천과 관련하여 그 시기와 내용의 연결이 옳은 것은?

❶ 1885년 – 폴리시의 필름 형성제인 나이트로셀룰로스가 개발되었다.

② 1900년 – 손톱 끝이 뾰족한 아몬드형 네일이 유행하였다.

③ 1927년 – 도구를 이용한 케어가 시작되었으며 유럽에서 네일관리가 본격적으로 시작되었다.

④ 1960년 – 인조손톱 시술이 본격적으로 시작되었으며 네일관리와 아트가 유행하기 시작하였다.

해설
• 1970년 : 인조손톱 시술이 본격적으로 시작되었다.
• 1800년대 : 아몬드형 네일이 유행하였다.
• 1885년 : 네일 에나멜(폴리시)의 필름 형성제인 나이트로셀룰로스가 개발되었다.

56 다음에서 설명하는 피부병변은?

신진대사의 저조가 원인으로 중년 여성 피부의 유핵층에 자리하며, 안면의 상반부에 위치한 기름샘과 땀구멍에서 주로 생성된다. 모래알 크기의 각질세포로서 특히 눈 아래 부분에 생긴다.

① 섬유종　　　　② 매상 혈관종
③ 섬망성 혈관종　❹ 비립종

해설
비립종이란 신진대사의 저조가 원인으로 안면의 상반부에 위치한 기름샘과 땀구멍에서 주로 생성하며, 모래알 크기의 각질세포이다.

57 네일미용 작업 시 실내 공기 환기방법으로 틀린 것은?

① 자연 환기와 신선한 공기의 유입을 고려하여 창문을 설치한다.

② 겨울과 여름에는 냉·난방을 고려하여 공기청정기를 준비한다.

③ 작업장 내에 설치된 커튼은 주기적으로 관리한다.

☑ **공기보다 무거운 성분이 있으므로 환기구는 아래쪽에만 설치한다.**

> **해설**
> 공기보다 무거운 성분도 있으므로 환기구를 천장뿐만 아니라 아래쪽에도 설치한다.

58 네일 미용관리 후 고객이 불만족할 경우 네일 미용인이 우선적으로 해야 할 대처방법으로 가장 적합한 것은?

① 숍(Shop) 입장에서의 변명을 통해 불만족 해소

② 고객을 생각하여 만족할 수 있는 주변의 네일 숍 소개

☑ **불만족 부분을 파악하고 해결방안 모색**

④ 불만족 해소를 위해 할인이나 서비스 티켓으로 상황 마무리

> **해설**
> 고객의 입장에서 불만족 부분을 파악하고 해결방안을 모색해야 한다.

59 부드럽고 가늘며 하얗게 되어 네일 끝이 굴곡진 상태의 증상으로 질병, 다이어트, 신경성 등에서 기인되는 네일 병변은?

☑ **조갑연화증(Onychomalacia)**

② 조갑위축증(Onychatrophia)

③ 거스러미 네일(Hang Nail)

④ 조갑청맥증(Onychocyanosis)

> **해설**
> ② 조갑위축증, 위축된 네일(Onychatrophia ; 오니카트로피아) : 독성이 강한 비누나 화학제품으로 인해 네일에 윤기가 없고, 위축된다.
> ③ 거스러미 네일(Hang Nail ; 행 네일) : 큐티클 또는 살이 너무 건조해서 거스러미가 일어난 상태이다.
> ④ 조갑청맥증, 파란 네일(Onychocyanosis ; 오니코사이아노시스) : 혈행이 원활하지 않아 네일 색이 푸르게 변한다.

60 향수의 부향률이 높은 순에서 낮은 순으로 바르게 정렬된 것은?

☑ **퍼퓸 > 오드 퍼퓸 > 오드 토일렛 >오드 코롱**

② 오드 퍼퓸 > 퍼퓸 > 오드 토일렛 > 오드 코롱

③ 오드 토일렛 > 오드 코롱 > 오드 퍼퓸 > 퍼퓸

④ 오드 코롱 > 오드 토일렛 > 오드 퍼퓸 > 퍼퓸

> **해설**
> 향수의 부향률 순서
> 퍼퓸(Perfume) > 오드 퍼퓸(Eau de Perfume) > 오드 토일렛(Eau de Toilet) > 오드 코롱(Eau de Cologne)

제**7**회 | 기출복원문제

01 다음 중 하수에서 용존산소(DO)가 아주 높다는 의미에 가장 적합한 것은?

① 물이 오염됐다는 의미이다.
② 수생식물이 잘 자랄 수 없는 환경이다.
✓ **물의 오염도가 낮다는 의미이다.**
④ 하수의 BOD가 높은 것과 같은 의미이다.

해설
• DO가 낮을 경우 오염도는 높다(오염된 물).
• DO가 높을 경우 오염도는 낮다(깨끗한 물).

02 다음 중 소독방법과 소독대상이 바르게 연결된 것은?

✓ **건열멸균법 – 유리제품, 바셀린거즈, 파우더**
② 자비소독법 – 수술복, 거즈
③ 고압증기멸균법 – 예리한 칼날
④ 화염멸균법 – 의류, 타월

해설
② 자비소독법 : 의류, 타월
③ 고압증기멸균법 : 수술복, 거즈, 고무제품, 기구 등
④ 화염멸균법 : 휴지, 소각 가능한 의류

03 병원성 미생물이 일반적으로 증식이 가장 잘되는 pH의 범위는?

① 3.5~4.5　　② 4.5~5.5
③ 5.5~6.5　　✓ **6.5~7.5**

해설
세균은 중성이나 약알칼리성인 pH 6.5~7.5에서 증식이 잘된다.

04 다음 중 제1급 감염병에 속하는 것은?

① 간흡충증　　✓ **페스트**
③ A형간염　　④ 파라티푸스

해설
①은 제4급 감염병, ③·④는 제2급 감염병이다.

05 한 국가나 지역사회 간의 보건수준을 비교하는 데 사용되는 세계보건기구의 3대 지표는?

① 유아사망률, 사인별 사망률, 영아사망률
② 영아사망률, 사인별 사망률, 평균수명
③ 유아사망률, 모성사망률, 비례사망지수
✓ **영아사망률, 비례사망지수, 평균수명**

해설
세계보건기구(WHO)의 보건수준 3대 지표는 평균수명, 영아사망률, 비례사망지수이다.

06 다음 중 상호 관계가 잘못 연결된 것은?

① 상수오염의 생물학적 지표 – 대장균
② 실내 공기오염의 지표 – CO_2
③ 대기오염의 지표 – SO_2
☑ **하수오염의 지표 – 탁도**

해설
수질오염지표 : 생물학적 산소요구량(BOD), 용존산소량(DO), 부유물질의 양, 대장균수 등으로 측정한다.

07 다음 중 신생아가 모체로부터 태반, 수유를 통해 어머니로부터 얻는 면역은?

① 인공능동면역   ② 인공수동면역
③ 자연능동면역   ☑ **자연수동면역**

해설
① 인공능동면역 : 생균백신, 사균백신 등 예방접종으로 감염을 일으켜 인위적으로 얻어지는 면역이다.
② 인공수동면역 : 인공제제를 주사하여 항체를 얻는 방법이다.
③ 자연능동면역 : 감염병에 감염된 후 형성되는 면역이다.

08 다음 중 예방접종에 있어 사균백신을 사용하는 것은?

① 광견병   ② 결핵
☑ **장티푸스**   ④ 황열

해설
• 생균백신 : 두창, 탄저, 광견병, 결핵, 황열, 폴리오(Sabin)
• 사균백신 : 장티푸스, 파라티푸스, 콜레라, 일본뇌염, 폴리오(Salk)

09 고압증기멸균법에 해당하는 것은?

① 멸균 물품에 잔류 독성이 많다.
☑ **포자를 사멸시키는 데 멸균시간이 짧다.**
③ 비경제적이다.
④ 많은 물품을 한꺼번에 처리할 수 없다.

해설
고압증기멸균법 : 100~135℃의 고온 수증기를 20분 이상 가열(포자까지 사멸) → 고무제품, 기구, 약액 등

10 비교적 가격이 저렴하고 살균력이 있으며 쉽게 증발되어 잔여량이 없는 살균제는?

☑ **알코올**
② 아이오딘
③ 크레졸
④ 페놀

해설
알코올 : 70%의 에탄올을 사용하며, 미용도구·손 소독에 사용된다. 가격이 저렴하고 살균력이 있으며 쉽게 증발되어 잔여량이 없는 살균제다.

11 다음 중 산화에 의하지 않는 소독제는?

☑ **석탄산**
② 과산화수소
③ 차아염소산나트륨
④ 염소유기화합물

해설
산화에 의한 소독제 : 오존, 과산화수소, 표백제, 염소, 차아염소산나트륨 등

12 유리제품의 소독으로 가장 알맞은 것은?

① 고압증기멸균법으로 소독한다.

✔ **건열멸균기에 넣고 소독한다.**

③ 끓는 물에 넣고 5분간 가열한다.

④ 찬물에 넣고 75℃까지만 가열한다.

해설

건열멸균법은 100℃ 이상의 건조한 열에 20분 이상 쬐어 주는 것으로 유리제품이나 금속류, 도자기 등을 소독할 때 적합하다.

13 일광소독은 주로 무엇을 이용한 것인가?

① 열선

② 적외선

③ 가시광선

✔ **자외선**

해설

자외선 : 파장이 200~400nm 범위이며 260nm 파장에서는 강한 살균작용을 한다.

14 소독약을 사용하여 균 자체에 화학반응을 일으켜 세균의 생활력을 빼앗아 살균하는 것은?

① 물리적 소독법

② 건열멸균법

③ 여과멸균법

✔ **화학적 소독법**

해설

화학적 소독법 : 화학반응을 일으켜 세균의 생활력을 빼앗아 살균하는 것으로 역성비누, 염소, 과산화수소, 계면활성제 등을 들 수 있다.

15 화학적 필링제의 성분으로 사용되는 것은?

① 아이오딘

✔ **AHA**

③ 티트리 오일

④ 올리브 오일

해설

화학적 필링제인 AHA는 각질 제거 및 재생효과가 있고 종류로 글리콜산, 젖산, 구연산 등이 있다.

16 Vitamin C 부족 시 일어나는 현상으로 알맞은 것은?

① 피부가 생기 있어 진다.

② 피부가 지성이 된다.

③ 여드름의 발생 원인이 된다.

✔ **기미가 생긴다.**

해설

비타민 C는 미백작용, 조직세포 성장과 재생에 중요한 성분이다.

17 다음 중 내인성 노화가 아닌 것은?

① 나이가 들면서 자연스럽게 발생하는 노화

② 에스트로겐 분비 감소로 인한 주름 발생

✔ **흡연과 음주로 인해 표피 두께가 두꺼워짐**

④ 방어벽 역할을 하는 면역기능 이상

해설

내인성 노화(자연노화)

• 나이가 들면서 자연스럽게 발생하는 노화

• 에스트로겐 분비 감소로 인한 주름 발생

• 진피층의 콜라겐과 엘라스틴이 감소

• 표피와 진피 두께가 얇아짐

• 유전이나 혈액순환 저하

• 방어벽 역할을 하는 면역기능 이상

18 피부의 구조 중 진피에 속하는 것은?

① 기저층　　　　② 각질층
③ 망상층　　　　④ 과립층

> **해설**
> • 진피층 : 유두층, 망상층
> • 표피층 : 각질층, 투명층, 과립층, 유극층, 기저층

19 사춘기 이후에 주로 분비되며, 세균에 의해 부패되어 불쾌한 냄새를 발생시키는 것은?

① 소한선　　　　② 대한선
③ 피지선　　　　④ 바이러스

> **해설**
> 아포크린선(대한선)
> • 겨드랑이, 유두 주위, 배꼽 주위, 성기 주위, 항문 주위 등 특정한 부위에 분포
> • 단백질 함유량이 많은 땀을 생산
> • 세균에 의해 부패되어 불쾌한 냄새

20 면허증을 다른 사람에게 대여했을 때 3차 위반 시 행정처분기준은?

① 경고　　　　　② 면허취소
③ 면허정지 3월　④ 면허정지 6월

> **해설**
> 행정처분기준(공중위생관리법 시행규칙 별표 7)
> 면허증을 다른 사람에게 대여한 경우
> • 1차 위반 : 면허정지 3월
> • 2차 위반 : 면허정지 6월
> • 3차 위반 : 면허취소

21 다음 중 원발진에 해당하는 것은?

① 홍반　　　　　② 미란
③ 가피　　　　　④ 반흔

> **해설**
> • 원발진 : 반점, 홍반, 팽진, 구진, 농포, 결절, 낭종, 종양, 소수포, 대수포 등
> • 속발진 : 인설, 찰상, 가피, 미란, 균열, 궤양, 반흔, 위축, 태선화 등

22 공중위생관리법에서 규정하고 있는 공중위생영업의 종류에 해당되지 않는 것은?

① 이·미용업　　② 건물위생관리업
③ 학원영업　　　④ 세탁업

> **해설**
> 공중위생영업이란 다수인을 대상으로 위생관리서비스를 제공하는 영업으로 숙박업, 목욕장업, 이용업, 미용업, 세탁업, 건물위생관리업을 말한다(공중위생관리법 제2조).

23 표피 중에서 피부로부터 수분이 증발하는 것을 막는 층은?

① 망상층　　　　② 투명층
③ 과립층　　　　④ 유극층

> **해설**
> 과립층에 레인방어막이 이물질의 침투와 수분의 증발을 막는다.

24 공중위생관리법상 300만원 이하의 과태료가 부과되지 않는 경우는?

① 위생교육을 받지 않은 자
② 개선명령을 위반한 자
③ 이용업 신고를 하지 아니하고 이용업소 표시등을 설치한 자
④ 보고를 하지 아니하거나 관계공무원의 출입, 검사 기타 조치를 거부하거나 방해 또는 기피한 자

해설
위생교육을 받지 않으면 200만원 이하의 과태료가 부과된다(공중위생관리법 제22조제2항).

25 다음 중 이·미용사의 면허증을 재발급 받을 수 있는 자는?

① 면허증의 기재사항에 변경이 있는 자
② 공중위생관리법의 규정에 의한 명령을 위반한 자
③ 피성년후견인
④ 면허증을 다른 사람에게 대여한 자

해설
면허증의 재발급 등(공중위생관리법 시행규칙 제10조 제1항)
이용사 또는 미용사는 면허증의 기재사항에 변경이 있는 때, 면허증을 잃어버린 때 또는 면허증이 헐어 못쓰게 된 때에는 면허증의 재발급을 신청할 수 있다.

26 공중위생관리법의 목적으로 규정되어 있지 않은 것은?

① 위생수준 향상
② 국민서비스 질 향상
③ 국민의 건강증진
④ 영업의 위생관리

해설
공중위생관리법은 공중이 이용하는 영업의 위생관리 등에 관한 사항을 규정함으로써 위생수준을 향상시켜 국민의 건강증진에 기여함을 목적으로 한다(공중위생관리법 제1조).

27 라틴어로 '씻다(Wash)'라는 뜻에서 유래된 아로마 오일은?

① 올리브 오일
② 밍크 오일
③ 라벤더 오일
④ 메도폼 오일

해설
라벤더(Lavender)의 속명 *Lavendula*는 라틴어로 '씻다'라는 뜻인 lavare에서 유래되었다.

28 기초 화장품의 사용 목적이 아닌 것은?

① 세안
② 피부정돈
③ 피부보호
④ 피부채색

해설
피부채색은 색조 화장품의 사용 목적이다.

29 일반 네일 폴리시 제거작업 시 주의할 점이 아닌 것은?

① 네일 화장물을 제거하는 제품을 통칭하여 제거제라고 한다.
② 네일 화장물 제거 시 자연네일과 네일 주변이 손상되지 않도록 주의해야 한다.
✔ 손톱의 자극을 최소화하기 위해 에나멜 리무버를 솜에 충분히 적셔 준 다음에, 표면에 30초 정도 포일로 싸서 눌러 주고 제거한다.
④ 일반 네일 폴리시의 완전 제거 상태를 확인한다.

해설
손톱의 자극을 최소화하기 위해 에나멜 리무버를 솜에 충분히 적셔 준 다음에, 표면에 5~6초 정도 눌러 주고 제거한다.

30 물과 오일처럼 서로 녹지 않는 2개의 액체를 미세하게 분산시켜 놓은 상태는?

✔ 에멀션　　② 레이크
③ 마이카　　④ 탤크

해설
에멀션 : 서로 섞이지 않는 두 액체가 일정한 비를 갖고 작은 액적의 형태로 다른 액체에 분산되어 있는 상태를 말한다.

31 보습제가 갖추어야 할 조건이 아닌 것은?

① 적절한 보습력이 있을 것
② 환경 변화에 흡습력이 영향을 받지 않을 것
✔ 응고점이 높고 휘발성이 있을 것
④ 다른 성분과 잘 섞일 것

해설
③ 응고점이 낮고 휘발성이 없어야 한다.

32 천연보습인자(NMF)의 구성 성분이 아닌 것은?

① 요소　　② 젖산염
✔ 콜라겐　　④ 아미노산

해설
천연보습인자(NMF)의 구성 성분 : 아미노산 40%, 피롤리돈 카복실산 12%, 요소 7%, 암모니아 1.5%, 나트륨 5%, 칼슘 1.5%, 칼륨 4%, 마그네슘 1%, 젖산염 12% 등

33 네일을 최초로 시작한 나라는?

① 로마　　② 인도
✔ 이집트　　④ 중국

해설
BC 3000년 이집트에서 헤나의 붉은색, 오렌지색 염료로 미라의 손톱에 색상을 입혔다(주술적 의미).

34 다음 중 향수의 구비조건이 아닌 것은?

① 향에 특징이 있을 것

☑ **향이 지속성과 확산성이 없을 것**

③ 향이 조화로울 것

④ 시대성에 부합되는 향일 것

[해설]
향수의 구비조건
• 향에 특징이 있을 것
• 향이 지속성과 확산성이 있을 것
• 향이 조화로울 것
• 시대성에 부합되는 향일 것

35 다음 캐리어 오일(베이스 오일) 중 건성피부, 민감성 피부, 튼살에 효과적인 것은?

① 호호바 오일

② 포도씨 오일

③ 아보카도 오일

☑ **올리브 오일**

[해설]
① 호호바 오일 : 침투력과 보습력이 우수하고 항균작용이 있어 여드름성 피부에 좋다.
② 포도씨 오일 : 여드름성 피부와 지성피부의 피지를 조절하고 항산화 작용을 한다.
③ 아보카도 오일 : 흡수력이 우수하여 노화피부, 건성피부에 효과적이다.

36 세안용 화장품의 구비조건으로 적절하지 않은 것은?

① 안정성 - 제품이 변색, 변질, 변취, 미생물 오염이 되지 않아야 한다.

☑ **용해성 - 온수에만 잘 풀려야 한다.**

③ 기포성 - 거품이 잘 나고 세정력이 있어야 한다.

④ 자극성 - 피부를 자극시키지 않고 쾌적한 방향이 있어야 한다.

[해설]
② 용해성 : 냉수나 온수에 잘 풀려야 한다.

37 조모에 상류층 여성들이 문신바늘을 이용해 색소를 넣어서 신분을 표시한 나라는?

☑ **인도**　　② 로마

③ 그리스　　④ 이집트

[해설]
중세에 17세기 인도 상류층 여성들은 문신바늘을 이용해 조모에 색소를 넣어서 신분을 표시하였다.

38 일반 상점에서 에나멜을 판매하며 네일 에나멜 사업이 본격화된 시기는?

☑ **1925년**　　② 1940년

③ 1956년　　④ 1960년

[해설]
② 1940년 : 이발소에서 남성 습식네일 관리의 시작
③ 1956년 : 헬렌 걸리가 미용학교에서 네일케어를 가르치기 시작
④ 1960년 : 실크와 린넨을 이용한 래핑(손톱보강)

39 고대의 매니큐어에 대한 설명 중 잘못된 것은?

① 중국은 입술에 바르는 홍화로 손톱을 염색하였다.

② BC 600년 중국 귀족들은 손톱 색으로 금색과 은색을 즐겨 사용하였다.

③ BC 3000년 이집트에서 헤나의 붉은색, 오렌지색 염료로 미라의 손톱에 색상을 입혔다.

✔ **④ 이집트에서 상류층과 하류층의 손톱 색은 같았다.**

해설
이집트에서 상류층은 붉은색, 하류층은 옅은 색 손톱으로 사회적 신분을 표시하였다.

40 인조네일(손・발톱)의 제거에 대한 설명 중 잘못된 것은?

✔ **① 자연손톱과 같이 인조네일을 클리퍼로 자른다.**

② 아세톤을 적신 솜을 손톱 위에 올린 후 포일로 감싸 준다.

③ 오렌지 우드스틱으로 제거하거나 파일로 갈아 준다.

④ 모두 제거되면 버퍼로 자연손톱을 정돈한다.

해설
① 자연손톱을 제외하고 인조네일을 클리퍼로 자른다.

41 네일 작업 시 안전관리 방법이 아닌 것은?

① 알코올로 손을 소독하여 청결하게 유지한다.

② 손에 상처가 나지 않도록 도구 사용 시 주의하여 시술한다.

✔ **③ 접촉이나 호흡으로 감염될 수 있으니 소독을 철저히 하고 마스크는 절대 착용하지 않는다.**

④ 사용하는 도구를 철저히 소독한다.

해설
접촉이나 호흡으로 감염될 수 있으니 소독을 철저히 하고 필요시 마스크를 착용한다.

42 네일 전문가로서의 자세로 잘못된 것은?

① 전문적인 기술로 최상의 서비스를 제공한다.

② 철저한 위생관리를 한다.

③ 새로운 기술을 습득하여 트렌드에 맞는 서비스를 한다.

✔ **④ 고객과 정치적이고 종교적인 대화를 심도 있게 나눈다.**

해설
논쟁거리가 될 수 있으므로 정치적이거나 종교적인 대화는 삼가야 한다.

43 새로운 세포가 만들어지면서 손톱 성장이 시작되는 부분은?

① 프리에지   ② 네일 그루브

③ **네일 루트**   ④ 에포니키움

해설
① 프리에지 : 손톱 끝부분으로 네일 베드와 접착되어 있지 않은 부분
② 네일 그루브 : 네일 베드 양 측면에 좁게 패인 곳
④ 에포니키움 : 손톱 베이스에 있는 가는 선의 피부

44 손톱 주위의 피부가 아닌 것은?

① 큐티클(조소피)

② 하이포니키움(하조피)

③ 네일 월(조벽)

④ **네일 베드(조상)**

해설
네일 베드(조상) : 네일 밑부분이며 네일 보디를 받치고 있는 부분

45 매트릭스에 대한 설명으로 옳은 것은?

① 네일에서 반달 모양 부분

② **네일 루트 아래에 위치하며 모세혈관과 신경세포가 분포**

③ 네일 밑부분이며 네일 보디를 받치고 있는 부분

④ 네일 주위를 덮고 있는 피부

해설
①은 루눌라, ③은 네일 베드, ④는 큐티클에 대한 설명이다.

46 네일의 특성이 아닌 것은?

① 손톱은 표피의 각질층과 투명층의 반투명 각질판으로 이루어졌다.

② 손톱의 수분 함유량은 12~18%이며, 아미노산과 시스테인이 포함되어 있다.

③ **손톱은 골격의 부속물로서 신경이나 혈관, 털이 있다.**

④ 손톱의 경도는 손톱에 함유된 수분의 양이나 케라틴 조성에 따라 다르다.

해설
손톱은 피부의 부속물로서 신경이나 혈관, 털이 없다.

47 네일 큐티클에 대한 설명으로 옳은 것은?

① 손상을 입으면 성장을 저해시키거나 기형을 유발한다.

② 네일 루트 아래에 위치한다.

③ 모세혈관, 림프, 신경조직이 있다.

④ **네일 주위를 덮고 있는 피부로서 각질세포의 생산과 성장조절에 관여한다.**

해설
매트릭스(조모, Matrix)
• 네일 루트 아래에 위치
• 모세혈관과 신경세포가 분포
• 손상을 입으면 성장을 저해시키거나 기형 유발

48 네일 끝을 많이 쓰는 사람에게 적절하며 손톱이 약한 경우 잘 부러지지 않아 가장 적합한 손톱 형태는?

❶ 스퀘어형

② 라운드 스퀘어형

③ 라운드형

④ 오벌형

> **해설**
> ② 라운드 스퀘어형 : 스퀘어 모양에서 양쪽 모서리를 둥글게 다듬은 형태(가장 선호하는 형태)
> ③ 라운드형 : 남성, 여성 누구나 잘 어울리는 형태로 약하거나 짧은 손톱에 적당
> ④ 오벌형 : 타원형으로 여성적이며 손가락이 길고 가늘어 보이는 형태

49 아크릴릭 네일에 대한 설명이 아닌 것은?

① 스컬프처 네일이라고도 한다.

❷ 자연손톱과 인조네일 위에 젤을 바르고 LED 또는 UV 램프로 큐어링을 한다.

③ 아크릴릭 파우더와 아크릴릭 리퀴드를 혼합하여 인조네일의 모양을 만들어 연장하는 방법이다.

④ 인조 팁보다 내수성과 지속성이 좋다.

> **해설**
> 자연손톱과 인조네일 위에 젤을 바르고 LED 또는 UV 램프로 큐어링을 하는 것은 젤 네일이다.

50 손톱이 처음 황록색으로 시작하여 점차 검은색으로 변하는 증상은?

① 오니코그라이포시스(조갑구만증)

❷ 몰드(사상균증)

③ 오니키아(조갑염)

④ 오니코리시스(조갑박리증)

> **해설**
> ① 오니코그라이포시스(조갑구만증) : 손·발톱이 두꺼워지고 구부러지는 현상
> ③ 오니키아(조갑염) : 손톱 밑의 살이 붉어지고 고름이 형성
> ④ 오니코리시스(조갑박리증) : 손톱과 조체 사이에 틈이 생기는 현상

51 손의 근육 작용으로 틀린 것은?

① 외전근 – 손가락을 벌리는 작용

② 내전근 – 손가락을 붙이고 구부리는 작용

③ 대립근 – 물체를 잡는 작용

❹ 굴근 – 손과 손가락을 펴 주는 작용

> **해설**
> 근육의 작용
> • 회내근 : 손을 안쪽으로 돌려주며 손등이 위로 보이게 하는 작용
> • 회외근 : 손을 바깥쪽으로 돌려주며 손바닥을 위로 향하게 하는 작용
> • 내전근 : 손가락을 붙이고 구부리는 작용
> • 대립근 : 물체를 잡는 작용
> • 외전근 : 손가락을 벌리는 작용
> • 굴근 : 손목을 굽히게 하고 손가락을 구부리게 하는 작용
> • 신근 : 손과 손가락을 펴 주는 작용

52 골격계(뼈)의 기능이 아닌 것은?

① 보호기능   ② 저장기능

✓ **면역기능**   ④ 운동기능

해설
뼈의 기능
- 보호기능 : 주요 장기 보호
- 신체지지 기능 : 신체 각 부위를 지지
- 운동기능 : 관절과 근육이 부착되어 신체 움직임 형성
- 저장기능 : 인과 칼슘을 저장하면서 필요시 공급
- 조혈기능 : 골수는 혈구를 생성해서 신체의 혈액을 보충

53 네일 기본 관리 작업과정으로 옳은 것은?

① 손 소독 → 프리에지 모양 만들기 → 네일 폴리시 제거 → 큐티클 정리하기 → 컬러 도포하기 → 마무리하기

✓ **손 소독 → 네일 폴리시 제거 → 프리에지 모양 만들기 → 큐티클 정리하기 → 컬러 도포하기 → 마무리하기**

③ 손 소독 → 프리에지 모양 만들기 → 큐티클 정리하기 → 네일 폴리시 제거 → 컬러 도포하기 → 마무리하기

④ 프리에지 모양 만들기 → 네일 폴리시 제거 → 큐티클 정리하기 → 컬러 도포하기 → 마무리하기 → 손 소독

해설
네일 기본 작업과정 : 손 소독 → 네일 폴리시 제거 → 프리에지 모양 만들기 → 큐티클 정리하기 → 컬러 도포하기 → 마무리하기

54 큐티클 정리 시 유의사항으로 틀린 것은?

✓ **큐티클 푸셔는 90°의 각도를 유지한다.**

② 큐티클 정리 시 푸셔로 밀고 니퍼를 사용한다.

③ 외관상 지저분한 부분만 정리한다.

④ 큐티클을 2~3회 반복하여 정리한다.

해설
큐티클 푸셔는 45°의 각도를 유지해 주고, 큐티클은 외관상 지저분한 부분만을 정리한다.

55 네일 프리에지 밑부분의 돌출된 피부를 말하며, 박테리아의 침입으로부터 네일을 보호하는 역할을 하는 부분은?

✓ **하이포니키움**   ② 네일 루트

③ 에포니키움   ④ 네일 폴드

해설
하이포니키움은 네일 프리에지 밑부분의 돌출된 피부로, 박테리아의 침입으로부터 네일을 보호한다.

56 다음 파일 중에 표면이 가장 거친 것은?

✓ **100그릿**   ② 150그릿

③ 180그릿   ④ 240그릿

해설
파일의 그릿 수가 클수록 표면이 곱고, 그릿 수가 작을수록 표면이 거칠고 두껍다.

57 매니큐어 컬러링의 종류 중 프리에지 부분을 진하게 하고, 큐티클로 올라갈수록 연하게 하는 방법은?

① 풀코트(Full Coat)
② 프렌치(French)
③ 딥프렌치(Deep French)
④ **그러데이션(Gradation)**

해설
① 풀코트(Full Coat) : 손톱 전체에 컬러링한다.
② 프렌치(French) : 프리에지 부분에 컬러링한다.
③ 딥프렌치(Deep French) : 손톱의 1/2 이상을 스마일라인으로 형성한다.

58 네일 팁 시술 시 주의사항으로 틀린 것은?

① **손톱에 맞는 팁이 없을 시 큰 것보다 작은 것을 선택한다.**
② 팁을 45° 각도로 밀착시킨 후 5~10초 정도 눌러 주고 양쪽 측면에 핀칭을 준다.
③ 손톱이 크고 납작한 경우는 끝이 좁은 내로 팁을 사용한다.
④ 손톱 끝이 위로 솟은 경우는 커브 팁을 사용한다.

해설
손톱에 맞는 팁이 없을 시 작은 것보다 큰 것을 선택하여 손톱에 맞게 갈아 준다.

59 아크릴릭 네일의 문제점 중 깨짐의 원인으로 알맞은 것은?

① 손톱에 유·수분이 남았거나 프라이머, 아크릴 파우더, 리퀴드가 오염되었을 때
② **아크릴이 너무 얇게 오려지거나 낮은 온도에서 시술하였을 때**
③ 손톱과 인조네일에 들뜸 현상으로 습기가 생겼을 때
④ 아크릴을 제거하지 않고 계속 보수만 하였을 때

해설
아크릴릭 네일의 문제점
• 들뜸(Lifting) : 손톱에 유·수분이 남았거나 프라이머, 아크릴 파우더, 리퀴드가 오염되었을 때
• 깨짐(Crack) : 아크릴이 너무 얇게 오려지거나 낮은 온도에서 시술하였을 때
• 곰팡이(Fungus) : 손톱과 인조네일에 들뜸 현상으로 습기가 생기거나, 그것을 장시간 방치했을 때, 아크릴을 제거하지 않고 계속 보수만 하였을 때

60 젤 네일의 특징이 아닌 것은?

① 젤 네일은 하드 젤(Hard Gel)과 소프트 젤(Soft Gel)로 구분된다.
② 큐어링을 하기 전에는 수정이 가능하여 시술이 용이하다.
③ 다양한 컬러와 광택이 있고 지속력이 좋다.
④ **리프팅(들뜸)이 잘 일어나고 냄새가 심하다.**

해설
젤 네일은 리프팅(들뜸)이 잘 일어나지 않고 냄새가 거의 없다.

PART

02

모의고사

제1회~제7회   모의고사
정답 및 해설

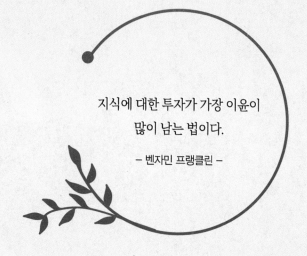

지식에 대한 투자가 가장 이윤이
많이 남는 법이다.

– 벤자민 프랭클린 –

↻ 정답 및 해설 p.175

01 수인성 감염병이 아닌 것은?

① 콜레라
② 이질
③ 디프테리아
④ 장티푸스

04 역학에 대한 내용으로 옳은 것은?

① 원인과 경과보다 결과 중심으로 해석하여 질병 발생을 예방한다.
② 인간 개인을 대상으로 질병 발생 현상을 설명하는 학문 분야이다.
③ 질병 발생 현상을 생물학과 환경적으로 이분하여 설명한다.
④ 인간 집단을 대상으로 질병 발생과 그 원인을 탐구하는 학문이다.

02 지구의 온난화 현상의 주원인은?

① CO ② CO_2
③ NO ④ NO_2

05 페디큐어의 도구 중 발의 큐티클과 굳은살을 불려주는 기구는?

① 토 세퍼레이터
② 콘커터
③ 페디파일
④ 각탕기

03 다음 랩의 소재 중 가장 내구성이 강한 것은?

① 실크
② 린넨
③ 파이버글라스
④ 페이퍼 랩

06 병원성 미생물의 생활력을 파괴 또는 멸살시켜 감염되는 증식물을 없애는 것은?

① 방부   ② 소독
③ 살균   ④ 멸균

07 상수에서 대장균 검출을 하는 주된 의의는?

① 소독상태가 불량하다.
② 환경위생 상태가 위험하다.
③ 오염의 지표가 된다.
④ 감염병 발생의 우려가 있다.

08 성장기 어린이의 대사성 질환으로 비타민 D 결핍 시 뼈 발육에 변형을 일으키는 것은?

① 구루병　　② 석회결석
③ 각기병　　④ 괴혈병

09 어떤 소독약의 석탄산계수가 3.0이라는 것은 무엇을 의미하는가?

① 살균력이 석탄산의 3배이다.
② 살균력이 석탄산의 3%이다.
③ 살균력이 석탄산의 30배이다.
④ 살균력이 석탄산의 30%이다.

10 진균에 대한 바른 설명은?

① 엽록소가 없는 식물 타입의 미생물이다.
② 대부분이 인체에 질환을 유발한다.
③ 살아 있는 세포 내에서 번식하는 매우 작은 생물이다.
④ 기생동물이다.

11 계면활성제 중 가장 세정력이 약한 것은?

① 양이온성
② 음이온성
③ 비이온성
④ 양쪽이온성

12 고압증기멸균법의 온도와 시간이 적절한 것은?

① 105.5℃, 10분
② 115.5℃, 15분
③ 121.5℃, 20분
④ 126.5℃, 30분

13 다음 중 산소가 있어야만 살 수 있는 균은?

① 혐기성 세균
② 단모균
③ 양모균
④ 호기성 세균

14 고온, 동결, 건조, 약품 등 물리적·화학적 조건에 대해서도 저항력이 매우 강하여 불리한 환경 속에서 생존하기 위하여 세균이 생성하는 것은?

① 세포벽　　　② 협막
③ 아포　　　　④ 점질층

15 피부에 계속적인 압박으로 생기는 각질층의 증식현상이며, 원추형의 국한성 비후증으로 경성과 연성이 있는 것은?

① 사마귀
② 무좀
③ 굳은살
④ 티눈

16 멜라닌세포에 관한 설명으로 틀린 것은?

① 색소제조세포이다.
② 자외선으로부터 피부를 보호한다.
③ 대부분 표피의 과립층에 존재한다.
④ 피부색을 결정하는 중요한 역할을 한다.

17 사춘기 때 피지 분비를 촉진하는 호르몬은?

① 에스트로겐
② 세로토닌
③ 안드로겐
④ 부신호르몬

18 세포 내 소화기관으로 노폐물과 이물질을 처리하는 역할을 하는 기관은?

① 리보솜　　　② 골지체
③ 리소좀　　　④ 미토콘드리아

19 체내에서 근육 및 신경의 자극 전도, 삼투압 조절 등의 작용을 하며, 식욕에 관계가 깊기 때문에 부족하면 피로감, 노동력의 저하 등을 일으키는 것은?

① 구리(Cu)
② 식염(NaCl)
③ 아이오딘(I)
④ 인(P)

20 손바닥을 위로 향하게 하는 근육은?

① 외전근
② 대립근
③ 회외근
④ 회내근

21 에크린한선에 대한 설명으로 틀린 것은?

① 실뭉치 모양으로 진피 내에 존재한다.
② 특유의 냄새가 난다.
③ 특수한 부위를 제외한 거의 전신에 분포한다.
④ 손바닥, 발바닥, 이마, 겨드랑이에 가장 많이 분포한다.

22 여드름 관리에 효과적인 화장품 성분이 아닌 것은?

① 알부틴　　② 캠퍼
③ 유황　　④ 클레이

23 팩에 사용되는 주성분 중 피막제 및 점도 증가제로 사용되는 것은?

① 카올린(Kaolin), 탈크(Talc)
② 폴리비닐알코올(PVA), 잔탄검(Xanthan Gum)
③ 구연산나트륨(Sodium Citrate), 아미노산류(Amino Acids)
④ 유동파라핀(Liquid Paraffin), 스쿠알렌(Squalene)

24 AHA에 대한 설명으로 옳은 것은?

① 물리적으로 각질을 제거한다.
② 글리콜산은 하이알루론산이 함유된 것으로 침투력이 좋다.
③ pH 3.5 이상에서 15% 농도가 각질 제거에 가장 효과적이다.
④ AHA는 과일산으로 수용성을 띠며, 각질관리, 피부재생 효과가 있다.

25 표피 중에서 피부로부터 수분이 증발하는 것을 막는 층은?

① 각질층　　② 유극층
③ 기저층　　④ 과립층

26 물속에서 오일이 작은 입자가 되어 분산하는 유화액은?

① O/W 에멀션
② W/O 에멀션
③ W/O/W 에멀션
④ O/W/O 에멀션

27 아로마테라피(Aromatherapy)에 사용되는 에센셜 오일에 대한 설명 중 가장 거리가 먼 것은?

① 아로마테라피에 사용되는 에센셜 오일은 주로 수증기증류법에 의해 추출된 것이다.
② 에센셜 오일은 산소, 빛 등에 의해 변질될 수 있으므로 갈색 병에 보관하여 사용한다.
③ 에센셜 오일은 70% 정도로 희석하여 피부에 사용해야 한다.
④ 안전성 확보를 위하여 사전에 패치테스트(Patch Test)를 실시하여야 한다.

28 다음 중 기미의 유형으로 짝지어진 것은?

① 표피형, 진피형, 피하조직형
② 진피형, 피하조직형, 혼합형
③ 표피형, 피하조직형, 혼합형
④ 표피형, 진피형, 혼합형

29 신고를 하지 않고 영업소의 소재지를 변경한 경우 2차 위반 시 행정처분기준은?

① 영업정지 1월
② 영업정지 2월
③ 영업장 폐쇄명령
④ 경고 또는 개선명령

30 이·미용업 영업자가 지켜야 하는 사항으로 옳은 것은?

① 부작용이 없는 의약품을 사용하여 순수한 화장과 피부미용을 하여야 한다.
② 이·미용기구는 소독하여야 하며 소독하지 않은 기구와 함께 보관하는 때에는 반드시 소독한 기구라고 표시하여야 한다.
③ 1회용 면도날은 사용 후 정해진 소독기준과 방법에 따라 소독하여 재사용하여야 한다.
④ 이·미용업 개설자의 면허증 원본을 영업소 안에 게시하여야 한다.

31 인조네일이 개발된 시기는?

① 1925년   ② 1927년

③ 1935년   ④ 1940년

32 공중위생영업자가 매년 받아야 하는 위생 교육 시간은?

① 5시간   ② 4시간

③ 3시간   ④ 2시간

33 이·미용업 영업자가 시설 및 설비기준을 위반한 경우 1차 위반 시 행정처분기준은?

① 경고   ② 개선명령

③ 영업정지 15일   ④ 영업정지 1월

34 공중위생영업자가 영업소 폐쇄명령을 받고도 계속하여 영업을 하는 때에 조치사항은?

① 해당 영업소의 출입자 통제

② 해당 영업소가 위법한 영업소임을 알리는 게시물 등을 부착

③ 해당 영업소의 강제 폐쇄 집행

④ 해당 영업소의 출입금지구역 설정

35 네일 숍 안전수칙에 대한 설명으로 잘못된 것은?

① 물품 보관 시 뚜껑은 반드시 덮어 둔다.

② 화학성분의 용액을 흘렸을 경우에는 즉시 닦아야 한다.

③ 바이러스성 질환 또는 전염성 질환을 앓고 있는 네일미용사는 의사의 처방을 받으면 시술해도 된다.

④ 매 시술 전후에 손을 항균비누로 깨끗이 닦고, 화장실을 다녀온 후나 식사 후에도 반드시 청결하게 닦아야 한다.

36 젤 네일 폴리시 제거작업으로 잘못된 것은?

① 네일 화장물 제거 시 자연네일과 네일 주변이 손상되지 않도록 주의해야 한다.

② 제거제는 피부에 닿지 않도록 주의하며, 청결하게 마무리한다.

③ 소프트 젤은 파일로 제거하고, 하드 젤은 아세톤이나 젤 전용 제거제로 제거한다.

④ 마무리로 젤 네일 폴리시의 완전 제거 상태를 확인한다.

37 네일 역사의 내용이 잘못 연결된 것은?

① 1830년 – 오렌지 우드스틱 개발
② 1885년 – 나이트로셀룰로스 개발
③ 1957년 – 인조네일 개발
④ 1994년 – 젤 시스템 등장

38 손톱의 구성 성분은?

① 케라틴   ② 엘라스틴
③ 콜라겐   ④ 세라마이드

39 네일 폼의 사용에 관한 설명으로 옳지 않은 것은?

① 하이포니키움이 손상되지 않도록 공간을 살짝 만들어 장착한다.
② 자연네일과 네일 폼 사이가 벌어지지 않도록 장착한다.
③ 측면에서 볼 때 네일 폼은 수평이 되도록 장착한다.
④ 네일 폼이 틀어지지 않도록 균형을 잘 조절하여 장착한다.

40 매니큐어와 관련한 설명으로 맞는 것은?

① 일반 매니큐어와 파라핀 매니큐어는 함께 병행할 수 있다.
② 큐티클 니퍼와 네일 푸셔는 하루에 한 번 오전에 소독해서 사용한다.
③ 손톱의 파일링은 한 방향으로 해야 자연 네일의 손상을 줄일 수 있다.
④ 손톱 길이의 조절은 파일로만 한다.

41 각 나라 네일미용 역사의 설명으로 바르게 연결된 것은?

① 그리스, 로마 – 네일 관리로서 '마누스 큐라'라는 단어가 시작되었다.
② 미국 – 상류층의 여성들만 손톱을 길게 기를 수 있었다.
③ 인도 – 특권층의 신분을 드러내기 위해 '홍화'의 재배가 유행하였고, 손톱에도 바르며 이를 '홍조'라 하였다.
④ 중국 – 모든 여성들은 손톱의 뿌리 부분에 문신바늘로 색소를 주입하여 손톱을 물들였다.

42 네일미용의 위생과 안전관리 사항으로 거리가 먼 것은?

① 감염질환에 주의한다.
② 도구 사용 시 피부상처에 주의한다.
③ 밝은 조명은 피하고 간접조명을 설치한다.
④ 기구는 반드시 소독하여 사용한다.

43 투톤 아크릴 스컬프처의 시술에 대한 설명으로 틀린 것은?

① 스퀘어 모양을 잡기 위해 파일은 45° 정도 살짝 기울여 파일링한다.
② 프렌치 스컬프처(French Sculpture)라고도 한다.
③ 스트레스 포인트에 화이트 파우더가 얇게 시술되면 떨어지기 쉬우므로 주의한다.
④ 화이트 파우더 특성상 프리에지가 퍼져 보일 수 있으므로 핀칭에 유의해야 한다.

44 UV 젤의 특징이 아닌 것은?

① 올리고머 형태의 분자구조이다.
② 탑 젤의 광택은 인조네일 중 가장 좋다.
③ 젤은 농도에 따라 묽기가 약간씩 다르다.
④ UV 젤은 상온에서 경화가 가능하다.

45 실크와 린넨을 이용하여 손톱을 보강한 시기는?

① 1910년 　　② 1940년
③ 1960년 　　④ 1980년

46 프라이머에 대한 설명으로 옳은 것은?

① 프라이머는 약산성 제품이다.
② 주요 성분은 메타크릴산(Methacrylic Acid)이다.
③ 아크릴의 접착을 위해 충분히 발라 준다.
④ 아크릴 볼이 잘 접착되도록 자연네일과 인조네일에 바른다.

47 손톱의 구조에 대한 설명으로 가장 거리가 먼 것은?

① 네일 베드(조상)는 단단한 각질 구조물로 신경과 혈관이 없다.
② 네일 루트(조근)는 손톱이 자라나기 시작하는 곳이다.
③ 프리에지(자유연)는 손톱의 끝부분으로 네일 베드와 분리되어 있다.
④ 루눌라(반월)는 케라틴화가 완전하게 되지 않았다.

48 건강한 손톱에 대한 조건으로 틀린 것은?

① 반투명하며 모양이 아치형을 이루고 있어야 한다.
② 단단하고 탄력이 있어야 하며 끝이 갈라지지 않아야 한다.
③ 표면이 굴곡이 없고 매끈하며 윤기가 나야 한다.
④ 반월이 크고 두께가 두꺼워야 한다.

49 아크릴릭 시스템에서 사용되며 한 개의 분자구조로 이루어진 단량체로, 아크릴 리퀴드라 불리는 것은?

① 폴리머
② 프라이머
③ 글루
④ 모노머

50 조갑변색의 원인이나 증상이 아닌 것은?

① 손톱이 황색, 푸른색, 검푸른색, 자색으로 변한다.
② 심장질환이나 혈액순환이 안 되는 경우 발생한다.
③ 체내의 아연질 부족으로 발생한다.
④ 베이스코트를 바르지 않고 유색 폴리시를 바른 경우 발생한다.

51 다음 중 네일의 병변과 그 원인의 연결이 잘못된 것은?

① 고랑 파진 네일 - 아연 결핍, 과도한 푸셔링, 순환계 이상
② 과잉 성장으로 두꺼운 네일 - 유전, 질병, 감염
③ 모반점(니버스) - 네일의 멜라닌 색소 작용
④ 붉거나 검붉은 네일 - 비타민, 레시틴 부족, 만성질환 등

52 스마일 라인에 대한 설명 중 틀린 것은?

① 좌우대칭의 밸런스보다 자연스러움을 강조한다.
② 깨끗하고 선명한 라인을 만들어야 한다.
③ 손톱의 상태에 따라 라인의 깊이를 조절할 수 있다.
④ 얼룩지지 않도록 빠른 시간에 시술한다.

53 아크릴 네일이 작은 충격에도 금이 가거나 깨지는 현상의 원인이 아닌 것은?

① 아크릴을 너무 얇게 올렸을 때
② 온도가 낮을 때
③ 온도가 높을 때
④ 취급상의 부주의 시

54 프라이머의 기능이 아닌 것은?

① 보강제   ② 접착제
③ 방부제   ④ pH 조절

55 페디큐어 과정에서 필요한 재료로 가장 거리가 먼 것은?

① 니퍼
② 콘커터
③ 커터기
④ 토 세퍼레이터

56 에포니키움에 대한 설명으로 맞는 것은?

① 프리에지를 보호한다.
② 에포니키움의 부상은 행 네일을 초래한다.
③ 에포니키움은 루눌라의 일부를 덮고 있다.
④ 에포니키움 위에는 조판이 존재한다.

57 파일링 시 전기의 동력을 이용하는 것은?

① 전동드릴
② 전동파일
③ 핸드파일
④ 핸드드릴

58 아크릴릭 시술에서 핀칭(Pinching)을 하는 주된 이유는?

① 리프팅(Lifting) 방지에 도움이 된다.
② 하이 포인트 형성에 도움이 된다.
③ C커브에 도움이 된다.
④ 에칭에 도움이 된다.

59 자연손톱에 인조 팁을 붙일 때 유지하는 가장 적합한 각도는?

① 35°
② 45°
③ 90°
④ 95°

60 래핑한 손톱은 얼마 후에 보수 받아야 하는가?

① 5~7일
② 10~15일
③ 20~25일
④ 30일

↻ 정답 및 해설 p.179

01 보균자(Carrier)는 전염병 관리상 어려운 대상이다. 그 이유와 관계가 가장 먼 것은?

① 색출이 어려우므로
② 활동영역이 넓기 때문에
③ 격리가 어려우므로
④ 치료가 되지 않으므로

02 다음 감염병 중 모기가 매개가 되는 감염병이 아닌 것은?

① 말라리아
② 발진티푸스
③ 황열
④ 일본뇌염

03 뉴런과 뉴런의 접속 부위는?

① 신경원   ② 시냅스
③ 신경교세포   ④ 축삭돌기

04 네일 팁이 자연네일과 접착되는 부분으로 네일 접착제를 바르는 곳은?

① 웰   ② 네일 베드
③ 웰턱   ④ 프리에지

05 다음 중 제2급 감염병이 아닌 것은?

① 콜레라   ② 장티푸스
③ 세균성 이질   ④ 디프테리아

06 출생률과 사망률이 모두 낮은 형태(인구정지형)의 인구 구성은?

① 별형(Star Form)
② 항아리형(Pot Form)
③ 농촌형(Guitar Form)
④ 종형(Bell Form)

07 고객과 상담할 때의 자세로 올바른 것은?

① 고객의 네일과 피부 상태를 확인한다.
② 고객이 선호하는 컬러는 입고 있는 옷으로 판단할 수 있다.
③ 고객의 방문 목적과 동기를 고려하지 않고 네일미용사가 알아서 정해 준다.
④ 고객의 요구사항을 어느 정도만 듣고도 파악해야 한다.

08 다음 중 습열멸균법이 아닌 것은?

① 화염멸균법
② 자비소독법
③ 고압증기멸균법
④ 저온살균법

09 방부에 대한 설명으로 옳은 것은?

① 병원균이나 포자까지 완전히 사멸시켜 제거한다.
② 병원성 미생물의 발육을 정지시켜 음식의 부패나 발효를 방지한다.
③ 미생물을 물리적, 화학적으로 급속히 죽이는 것이다(내열성 포자 존재).
④ 유해한 병원균 증식과 감염의 위험성을 제거한다.

10 네일 숍 안전수칙과 가장 거리가 먼 것은?

① 화학성분의 용액을 흘렸을 경우에는 즉시 닦아야 한다.
② 소독 및 세제용 화학물은 서늘하고 건조한 곳에서 보관한다.
③ 안전사고 발생 시 신속하고 정확하게 대처한다.
④ 바이러스성 질환 또는 전염성 질환을 앓고 있는 네일미용사는 라텍스 장갑을 끼고 시술한다.

11 병원성 미생물의 특성이 아닌 것은?

① 동물이나 사람에 감염되어 질병을 일으키는 병원성을 가진 미생물이다.
② 부패, 감염병의 원인이며 발효에도 이용된다.
③ 곰팡이, 효모, 세균, 조류, 바이러스로 분류된다.
④ 병원성 미생물은 식중독이나 각종 질병을 치료하는 미생물이다.

12 대소변, 배설물, 토사물을 소독하는 방법으로 옳지 않은 것은?

① 증기소독　　② 생석회
③ 크레졸수　　④ 석탄산수

13 구내염, 입안 세척 및 상처 소독에 발포작용으로 소독이 가능한 것은?

① 알코올
② 과산화수소
③ 승홍수
④ 크레졸비누액

14 세균이 잘 자라는 수소이온농도는?

① pH 2.5~3.5
② pH 3.5~4.5
③ pH 6.5~7.5
④ pH 7.5~8.5

15 색소성 피부질환 중 과색소 침착이 아닌 것은?

① 기미
② 검버섯
③ 백색증
④ 오타모반

16 온도 및 열에 의한 피부질환 중 화상에 대한 설명으로 옳지 않은 것은?

① 1도 화상은 피부의 가장 겉 부분인 표피만 손상된 상태이다.
② 2도 화상은 진피도 어느 정도 손상된 단계이다.
③ 3도 화상은 피부의 진피층까지 모두 화상으로 손상된 상태이다.
④ 한랭에 의해 혈관의 기능이 침해되어 세포가 질식 상태에 빠진 상태이다.

17 자외선의 종류 중 UV-B(중파장)에 대한 설명으로 옳지 않은 것은?

① 피부암 원인
② 표피 기저층까지 침투
③ 홍반 발생
④ 색소침착(기미)

18 적외선의 효과가 아닌 것은?

① 혈액순환 촉진
② 신진대사 촉진
③ 근육이완 및 수축
④ 색소침착 및 홍반

19 다음 중 피지선의 활성을 높여 주는 호르몬은?

① 안드로겐 ② 에스트로겐
③ 인슐린   ④ 멜라닌

20 외인성 노화(광노화, 환경적 노화)현상이 아닌 것은?

① 스트레스와 과로
② 수면습관 및 생활습관
③ 유전이나 혈액순환 저하
④ 멜라닌세포 증가

21 자외선의 긍정적 영향이 아닌 것은?

① 비타민 D 합성
② 노화
③ 살균 및 소독
④ 강장효과 및 혈액순환 촉진

22 공중위생관리법상의 위생교육에 대한 설명 중 옳은 것은?

① 위생교육 대상자는 이·미용업 영업자이다.
② 위생교육 대상자는 이·미용사이다.
③ 위생교육 시간은 매년 8시간이다.
④ 위생교육은 공중위생관리법 위반자에 한하여 받는다.

23 이·미용업자의 준수사항 중 틀린 것은?

① 소독한 기구와 하지 아니한 기구는 각각 다른 용기에 넣어 보관할 것
② 조명은 75럭스 이상 유지되도록 할 것
③ 신고증과 함께 면허증 사본을 게시할 것
④ 1회용 면도날은 손님 1인에 한하여 사용할 것

24 미용업소에서 1회용 면도날을 2인 이상의 손님에게 사용한 경우 1차 위반 시 행정처분기준은?

① 시정명령 ② 개선명령
③ 경고   ④ 영업정지 5일

25 공중위생관리법상 200만원 이하의 과태
   료에 해당하지 않는 자는?

① 미용업소의 위생관리 의무를 지키지 아
   니한 자
② 세탁업소의 위생관리 의무를 지키지 아
   니한 자
③ 영업소 외의 장소에서 이용 또는 미용업
   무를 행한 자
④ 위생교육을 받은 자

26 공중위생감시원을 둘 수 없는 곳은?

① 특별시
② 시·도
③ 시·군·구
④ 보건소

27 이·미용업소의 시설 및 설비기준으로 적
   합한 것은?

① 소독을 한 기구와 소독을 하지 아니한
   기구를 같이 보관한다.
② 소독기, 자외선 살균기 등 기구를 소독
   하는 장비를 갖추어야 한다.
③ 밀폐된 별실을 24개 이상 둘 수 있다.
④ 작업장소와 응접장소, 상담실, 탈의실
   등을 분리하여 칸막이를 설치하려는 때
   에는 각각 전체 벽 면적의 1/2 이상은
   투명하게 하여야 한다.

28 인조네일의 길이 연장 시 네일 폼으로 늘
   려 주는 방법은?

① 네일 랩 익스텐션
② 스컬프처 네일
③ 팁 오버레이
④ 팁 위드 랩

29 화장품의 정의 중 옳지 않은 것은?

① 화장품의 사용 목적은 질병의 치료 및
   진단이다.
② 인체를 청결·미화하여 매력을 더하고,
   용모를 밝게 변화시킨다.
③ 피부·모발의 건강을 유지 또는 증진하
   기 위해 인체에 바르거나 뿌리는 제품으
   로 인체에 대한 작용이 경미한 것이다.
④ 장기간 사용해도 부작용이 없어야 한다.

30 물과 오일처럼 서로 녹지 않는 2개의 액체
   를 미세하게 분산시켜 놓은 상태는?

① 에멀션
② 레이크
③ 아로마
④ 왁스

31 식물성 오일에 포함되지 않는 것은?

① 동백 오일
② 아보카도 오일
③ 실리콘 오일
④ 호호바 오일

32 일반적으로 많이 사용하고 있는 화장수의 알코올 함유량은?

① 10% 전후
② 20% 전후
③ 30% 전후
④ 50% 전후

33 다음 중 메이크업 화장품의 범위에 해당하지 않는 것은?

① 메이크업 베이스
② 파운데이션
③ 보디 오일
④ 아이브로

34 계면활성제 중 세정력이 가장 약한 것은?

① 음이온성
② 양이온성
③ 양쪽성
④ 비이온성

35 보습제의 조건으로 옳지 않은 것은?

① 적절한 보습력이 있을 것
② 환경 변화에 흡습력이 영향을 받지 않을 것
③ 피부친화성이 높을 것
④ 다른 성분과 잘 섞이지 않을 것

36 한국 네일미용의 역사로 잘못된 것은?

① 고려시대 – 여성들의 풍습으로 봉선화과의 한해살이풀로 손톱을 물들이기 시작
② 1988년 – 서울올림픽에서 미국 육상선수인 그리피스 조이너의 화려한 손톱이 화제
③ 1998년 – 최초의 네일 민간자격 시험제도가 도입
④ 2014년 – 미국 크리에이티브 네일사의 제품이 국내에 출시되면서 네일제품의 대중화가 이루어짐

37 네일도구 소독 시 사용하는 것은?

① 알코올 10%

② 알코올 50%

③ 알코올 70%

④ 알코올 80%

40 자외선 차단지수를 나타내는 약어는?

① FDA　　　② UV-C

③ SPF　　　④ WHO

38 우리나라에서 미용사(네일) 국가자격증 제도화가 시작된 시기는 언제인가?

① 1988년　　② 1997년

③ 2002년　　④ 2014년

41 손톱의 구조 중 네일 루트(Nail Root)에 대한 설명으로 옳은 것은?

① 눈으로 볼 수 있는 네일의 총칭

② 새로운 세포가 만들어지면서 손톱 성장이 시작되는 부분

③ 네일 베드를 보호

④ 여러 층의 각질로 구성

39 이·미용실에서의 객담, 배설물에 가장 효력이 있는 소독제는?

① 0.1% 승홍수

② 1.5% 포르말린수

③ 3% 크레졸수

④ 70% 알코올

42 손톱 밑의 구조 중 루눌라(반월, Lunula)에 대한 설명으로 옳지 않은 것은?

① 네일에서 반달 모양 부분

② 네일 베드와 매트릭스가 만나는 부분

③ 케라틴화가 완전하게 되지 않음

④ 모세혈관과 신경세포가 분포

43 손톱 밑의 구조 중 네일 밑부분이며 네일 보디를 받치고 있는 부분은?

① 네일 베드(조상, Nail Bed)
② 매트릭스(조모, Matrix)
③ 루눌라(반월, Lunula)
④ 큐티클(조소피, Cuticle)

44 손톱 주위의 피부 중 하이포니키움(하조피)에 대한 설명으로 옳은 것은?

① 네일 주위를 덮고 있는 피부
② 세균으로부터 손톱을 보호
③ 각질세포의 생산과 성장조절에 관여
④ 외부의 병원물이나 오염물질로부터 보호

45 네일의 특성으로 옳지 않은 것은?

① 단백질로 구성되어 있으며 비타민과 미네랄이 부족하면 이상현상이 발생한다.
② 손톱은 피부의 부속물로서 신경이나 혈관이 있다.
③ 손톱의 경도는 손톱에 함유된 수분의 양이나 케라틴 조성에 따라 다르다.
④ 손톱은 표피의 각질층과 투명층의 반투명 각질판으로 이루어졌다.

46 다음 중 네일의 구조에 대한 설명으로 연결이 잘못된 것은?

① 네일 베드(조상) - 네일 밑부분이며 네일 보디를 받치고 있는 부분
② 매트릭스(조모) - 손상을 입으면 성장을 저해시키거나 기형 유발
③ 큐티클(조소피) - 외부의 병원물이나 오염물질로부터 보호
④ 네일 폴드(조주름) - 네일 베드 양 측면에 좁게 패인 곳

47 네일의 형태 중 타원형으로 여성적이며 손가락이 길고 가늘어 보이며 약하고 파손되기 쉬운 형태는?

① 오벌형
② 라운드형
③ 라운드 스퀘어형
④ 스퀘어형

48 네일의 형태 중 포인트형의 특징으로 옳지 않은 것은?

① 손끝을 뾰족하게 만든 형태
② 개성 강한 손톱 형태로 대중적이지 않음
③ 이상적인 손톱 모양으로 고객이 가장 선호하는 형태
④ 손톱의 넓이가 좁은 사람에게 적당

49 다음 중 네일 시술이 가능한 손톱이 아닌 것은?

① 몰드(사상균증)
② 멍든 손톱
③ 조갑변색
④ 니버스(검은 반점)

50 골격계(뼈)의 기능에 대한 설명으로 잘못 연결된 것은?

① 보호기능 – 주요 장기 보호
② 신체지지 기능 – 신체 각 부위를 지지
③ 운동기능 – 관절과 근육이 부착되어 신체의 움직임을 형성
④ 저장기능 – 골수는 혈구를 생성해서 신체의 혈액을 보충

51 손의 신경에 대한 설명으로 적절하지 않은 것은?

① 액와신경은 삼각근 상부에 있는 피부감각을 지배하는 신경이다.
② 정중신경은 손바닥 외측 1/2의 피부감각을 지배하는 신경이다.
③ 요골신경은 팔의 외측 피부감각을 지배하는 신경이다.
④ 척골신경은 앞팔 내측피부의 감각을 지배하는 신경이다.

52 네일 재료와 도구의 설명으로 연결이 옳지 않은 것은?

① 알코올 – 70% 알코올을 준비하여 도구를 소독한다.
② 베이스코트 – 폴리시 도포 전에 손톱에 발라 착색을 방지한다.
③ 탑코트 – 손톱에 색을 부여한다.
④ 큐티클 오일 – 큐티클에 유분과 수분을 공급하여 굳은살 제거 시 용이하다.

54 손톱, 발톱관리 시 사전준비에 대한 설명으로 옳지 않은 것은?

① 작업 테이블 및 작업 도구를 소독한다.
② 매니큐어 테이블에 타월과 고객용 팔받침대를 준비한다.
③ 라벨이 부착된 재료 및 도구를 준비하여 정리한다.
④ 시술자는 물티슈로 손을 깨끗이 닦는다.

53 파라핀 매니큐어에 대한 설명으로 옳지 않은 것은?

① 건조한 손에 보습과 영양을 효과적으로 공급해 준다.
② 혈액순환을 촉진시켜 주며 신진대사를 활발히 할 수 있도록 도움을 준다.
③ 상처가 난 피부, 습진이 있는 피부는 시술을 피한다.
④ 프리에지에 다른 색상의 폴리시를 도포하는 것으로 깨끗하고 깔끔한 이미지를 주며, 습식 매니큐어와 과정이 동일하다.

55 중세 중국 네일의 역사에 대한 설명으로 옳은 것은?

① 15세기 명나라 왕조들은 흑색과 적색을 손톱에 발라서 신분을 과시하였다.
② 상류층 여성들은 문신바늘을 이용해 조모(네일 매트릭스)에 색소를 넣어서 신분을 표시하였다.
③ 상류층은 붉은색, 하류층은 옅은 색 손톱으로 사회적 신분을 표시하였다.
④ BC 3000년 헤나의 붉은색, 오렌지색 염료로 미라의 손톱에 색상을 입혔다.

56 다음 습식 매니큐어에 대한 설명으로 옳은 것은?

① 물에 손을 담가 관리하는 방법이다.
② 프리에지에 다른 색상의 폴리시를 디자 인하여 발라 준다.
③ 건조한 손에 보습과 영양을 효과적으로 공급해 준다.
④ 손이 건조하거나 큐티클이 심하게 건조 한 경우 큐티클을 부드럽고 유연하게 하는 데 도움을 준다.

57 아크릴릭 네일의 문제점에 대한 설명으로 옳지 않은 것은?

① 손톱에 유·수분이 남았거나 프라이머, 아크릴 파우더, 리퀴드가 오염되었을 때 들뜬다.
② 인조 팁보다 내수성과 지속성이 나쁘고 물어뜯는 손톱에 시술이 불가능하다.
③ 아크릴이 너무 얇게 오려지거나 낮은 온도에서 시술하였을 때 깨진다.
④ 손톱과 인조네일에 들뜸 현상으로 습기 가 생기거나, 그것을 장시간 방치했을 때, 아크릴을 제거하지 않고 계속 보수 만 하였을 때 곰팡이가 생긴다.

58 컬러링의 종류 중 그러데이션(Gradation) 에 대한 설명으로 가장 옳은 것은?

① 손톱 전체에 컬러링
② 프리에지 부분이 진하고 큐티클로 올라 갈수록 연하게 하는 방법
③ 프리에지 부분에 컬러링
④ 손톱의 1/2 이상 스마일 라인 형성

59 네일도구 중 큐티클을 밀어 올릴 때 사용 하는 것은?

① 네일 클리퍼
② 푸셔
③ 네일 버퍼
④ 니퍼

60 다음은 실크 랩 붙이는 순서이다. ( ) 안에 들어갈 알맞은 것은?

> 손톱보다 길게 재단하기 → 윗부분을 둥글게 오려준 후 손톱 위에 붙이기 → 글루와 글루 드라이 → 실크 턱 제거 → ( ) → 젤 글루 도포와 글루 드라이

① 프리에지 실크 제거
② 프라이머 바르기
③ 페디파일링
④ 탑코트 바르기

🔂 정답 및 해설 p.184

01 결핵 예방접종으로 사용하는 것은?

① DPT
② MMR
③ PPD
④ BCG

02 장티푸스, 결핵, 파상풍 등의 예방접종으로 얻어지는 면역은?

① 인공능동면역
② 인공수동면역
③ 자연능동면역
④ 자연수동면역

03 한 나라의 건강수준을 다른 국가들과 비교할 수 있는 지표로 세계보건기구가 제시한 것은?

① 인구증가율, 평균수명, 비례사망지수
② 비례사망지수, 조사망률, 평균수명
③ 평균수명, 조사망률, 국민소득
④ 의료시설, 평균수명, 주거상태

04 질병 발생의 3대 요소는?

① 숙주, 환경, 병명
② 병인, 숙주, 환경
③ 숙주, 체력, 환경
④ 감정, 체력, 숙주

05 외국 네일미용의 역사로 시대와 내용의 연결이 바른 것은?

① 1990년 – 아몬드형 네일이 유행했다.
② 1948년 – 인조손톱(네일 팁)이 등장했다.
③ 1885년 – 네일 폴리시 필름 형성제인 나이트로셀룰로스가 개발되었다.
④ 1960년 – 아크릴 제품은 치과에서 사용하는 재료에서 발전했다.

06 세계보건기구에서 정의하는 보건행정의 범위에 속하지 않는 것은?

① 산업행정
② 모자보건
③ 환경위생
④ 감염병관리

07 폐흡충 감염이 발생할 수 있는 경우는?

① 가재를 생식했을 때
② 우렁이를 생식했을 때
③ 은어를 생식했을 때
④ 소고기를 생식했을 때

08 미생물의 종류에 해당하지 않는 것은?

① 벼룩　　　② 효모
③ 곰팡이　　④ 세균

09 계면활성제 중 가장 살균력이 강한 것은?

① 음이온성
② 양이온성
③ 비이온성
④ 양쪽이온성

10 재질에 관계없이 빗이나 브러시 등의 소독 방법으로 가장 적합한 것은?

① 70% 알코올 솜으로 닦는다.
② 고압증기 멸균기에 넣어 소독한다.
③ 락스액에 담근 후 씻어낸다.
④ 세제를 풀어 세척한 후 자외선 소독기에 넣는다.

11 물리적 소독법에 속하지 않는 것은?

① 건열멸균법
② 고압증기멸균법
③ 크레졸 소독법
④ 자비소독법

12 소독제인 석탄산의 단점이 아닌 것은?

① 유기물 접촉 시 소독력이 약화된다.
② 피부에 자극성이 있다.
③ 금속에 부식성이 있다.
④ 독성과 취기가 강하다.

13 소독제의 구비조건이 아닌 것은?

① 높은 살균력을 가질 것
② 인체에 해가 없을 것
③ 저렴하고 구입과 사용이 간편할 것
④ 용해성이 낮을 것

14 미생물의 증식을 억제하는 영양의 고갈과 건조 등의 불리한 환경 속에서 생존하기 위하여 세균이 생성하는 것은?

① 아포
② 협막
③ 세포벽
④ 점질층

15 다음 중 기계적 손상에 의한 피부질환이 아닌 것은?

① 굳은살
② 티눈
③ 종양
④ 욕창

16 표피와 진피의 경계선의 형태는?

① 직선
② 사선
③ 물결상
④ 점선

17 사람의 피부 표면은 주로 어떤 형태인가?

① 삼각 또는 마름모꼴의 다각형
② 삼각 또는 사각형
③ 삼각 또는 오각형
④ 사각 또는 오각형

18 다음 중 영양소와 그 최종 분해로 연결이 옳은 것은?

① 탄수화물 – 지방산
② 단백질 – 아미노산
③ 지방 – 포도당
④ 비타민 – 미네랄

19 건강한 피부를 유지하기 위한 방법이 아닌 것은?

① 적당한 수분을 항상 유지해 주어야 한다.
② 두꺼운 각질층은 제거해 주어야 한다.
③ 일광욕을 많이 해야 건강한 피부가 된다.
④ 충분한 수면과 영양을 공급해 주어야 한다.

20 백반증에 관한 내용 중 틀린 것은?

① 멜라닌세포의 과다한 증식으로 일어난다.
② 백색 반점이 피부에 나타난다.
③ 후천적 탈색소 질환이다.
④ 원형, 타원형 또는 부정형의 흰색 반점이 나타난다.

21 자외선 차단지수의 설명 중 틀린 것은?

① SPF라 한다.
② SPF 1이란 대략 1시간을 의미한다.
③ 자외선의 강약에 따라 차단제의 효과시간이 변한다.
④ 색소침착 부위에는 가능하면 1년 내내 차단제를 사용하는 것이 좋다.

22 인조네일 재료와 도구에 대한 설명이 잘못 연결된 것은?

① 네일 젤 글루 – 브러시 타입으로 인조 팁이나 랩을 자연네일에 부착할 때 사용
② 폴리머 – 자연손톱의 유·수분 제거
③ 모노머 – 아크릴 파우더와 믹스해서 사용
④ 아크릴 폼 – 네일 스컬프처 시 조형하는 틀

23 공중위생영업자가 영업소 폐쇄명령을 받고도 계속하여 영업을 하는 때에 대한 조치사항으로 옳은 것은?

① 해당 영업소가 위법한 영업소임을 알리는 게시물 등의 부착
② 해당 영업소의 출입자를 통제
③ 해당 영업소의 출입금지구역 설정
④ 해당 영업소의 강제 폐쇄집행

24 다음 중 이·미용사 면허를 발급할 수 있는 사람만으로 짝지어진 것은?

| ㉠ 특별·광역시장 |
| ㉡ 도지사 |
| ㉢ 시장 |
| ㉣ 구청장 |
| ㉤ 군수 |

① ㉠, ㉡
② ㉠, ㉡, ㉢
③ ㉠, ㉡, ㉢, ㉣
④ ㉢, ㉣, ㉤

25 이·미용업 영업신고를 하지 않고 영업을 한 자에 해당하는 벌칙기준은?

① 6월 이하의 징역 또는 100만원 이하의 벌금

② 6월 이하의 징역 또는 300만원 이하의 벌금

③ 1년 이하의 징역 또는 500만원 이하의 벌금

④ 1년 이하의 징역 또는 1천만원 이하의 벌금

26 공중위생관리법상 위생교육에 관한 설명으로 틀린 것은?

① 위생교육은 교육부장관이 허가한 단체가 실시할 수 있다.

② 공중위생영업의 신고를 하고자 하는 자는 원칙적으로 미리 위생교육을 받아야 한다.

③ 위생교육 시간은 매년 3시간으로 한다.

④ 위생교육을 받아야 하는 자 중 영업에 직접 종사하지 아니하거나 2 이상의 장소에서 영업을 하는 자는 종업원 중 영업장별로 공중위생에 관한 책임자를 지정하고 그 책임자로 하여금 위생교육을 받게 하여야 한다.

27 다음 중 이·미용기구의 소독기준 및 방법을 정하는 법령은?

① 환경부령   ② 보건소령

③ 대통령령   ④ 보건복지부령

28 이·미용업자는 신고한 영업장 면적이 얼마 이상 증감하였을 때 변경신고를 하여야 하는가?

① 5분의 1   ② 4분의 1

③ 3분의 1   ④ 2분의 1

29 라벤더 에센셜 오일의 효능에 대한 설명으로 가장 거리가 먼 것은?

① 재생작용

② 화상 치유작용

③ 이완작용

④ 모유 생성작용

30 SPF에 대한 설명으로 틀린 것은?

① Sun Protection Factor의 약자로 자외선 차단지수라 불린다.
② 엄밀히 말하면 UV-B 방어효과를 나타내는 지수라고 볼 수 있다.
③ 오존층으로부터 자외선이 차단되는 정도를 알아보기 위한 목적으로 이용된다.
④ 자외선 차단제를 바른 피부에 최소한의 홍반이 일어나는 데 필요한 자외선 양을 바르지 않은 피부에 최소한의 홍반이 일어나는 데 필요한 자외선 양으로 나눈 값이다.

31 AHA에 대한 설명으로 옳은 것은?

① 물리적으로 각질을 제거한다.
② 글리콜산은 사탕수수에 함유된 것으로 침투력이 좋다.
③ pH 3.5 이상에서 15% 농도가 각질 제거에 가장 효과적이다.
④ AHA보다 안전성은 떨어지나 효과가 좋은 BHA가 많이 사용된다.

32 화장품의 분류에 관한 설명 중 틀린 것은?

① 샴푸, 헤어린스는 모발용 화장품에 속한다.
② 팩, 마사지 크림은 스페셜 화장품에 속한다.
③ 퍼퓸, 오드 코롱, 샤워 코롱은 방향 화장품에 속한다.
④ 자외선 차단제나 태닝 제품은 기능성 화장품에 속한다.

33 손을 대상으로 하는 제품 중 알코올을 주 베이스로 하며, 청결 및 소독을 주된 목적으로 하는 제품은?

① 핸드워시(Hand Wash)
② 새니타이저(Sanitizer)
③ 비누(Soap)
④ 핸드크림(Hand Cream)

34 알코올에 대한 설명으로 옳은 것은?

① 플라스틱 종류는 마모된다.
② 농도는 60~90%를 사용한다.
③ 피부나 눈, 코와 식도 등에 해를 줄 수 있다.
④ 바이러스를 파괴하는 효과가 있다.

35 피부의 미백을 돕는 데 사용되는 화장품 성분이 아닌 것은?

① 플라센타, 비타민 C
② 레몬 추출물, 감초 추출물
③ 코직산, 구연산
④ 캠퍼, 캐모마일

36 다음 중 네일 팁의 재질이 아닌 것은?

① 아세테이트 　② 플라스틱
③ 아크릴 　④ 나일론

37 건강한 네일의 조건으로 옳지 않은 것은?

① 건강한 네일은 유연하고 탄력성이 좋아서 튼튼하다.
② 건강한 네일은 네일 베드에 단단히 잘 부착되어야 한다.
③ 건강한 네일은 연한 핑크빛을 띠며 내구력이 좋아야 한다.
④ 건강한 네일은 25~30%의 수분과 10% 유분을 함유해야 한다.

38 네일 역사에 대한 설명이 잘못된 것은?

① 1930년대 – 인조네일 개발
② 1950년대 – 페디큐어 등장
③ 1970년대 – 아몬드형 네일 유행
④ 1990년대 – 네일시장의 급성장

39 네일 숍에서 시술이 불가능한 손톱 병변에 해당하는 것은?

① 조갑박리증(오니코리시스)
② 조갑위축증(오니카트로피아)
③ 조갑비대증(오니콕시스)
④ 조갑익상편(테리지움)

40 손과 발의 뼈 구조에 대한 설명으로 틀린 것은?

① 손가락뼈 – 5개의 손가락 마디에 있는 뼈로 엄지에 2개, 나머지 손가락에 3개씩 총 14개의 뼈로 구성되어 있다.
② 발가락뼈 – 발가락 마디에 있는 뼈로 엄지는 2개씩, 나머지 발가락은 3개씩 총 14개의 뼈로 구성되어 있다.
③ 손목뼈 – 8개의 작고 불규칙한 형태의 뼈들이 두 줄로 배열되는 뼈이다.
④ 발목뼈 – 8개의 길고 가는 뼈이며 발가락뼈로 연결되는 뼈이다.

41 네일 큐티클에 대한 설명으로 옳은 것은?

① 살아 있는 각질세포이다.
② 완전히 제거가 가능하다.
③ 네일 베드에서 자라 나온다.
④ 손톱 주위를 덮고 있다.

42 손톱의 구조에 대한 설명으로 거리가 먼 것은?

① 네일 플레이트(조판)는 단단한 각질 구조물로 신경과 혈관이 없다.
② 네일 루트(조근)는 손톱이 자라나기 시작하는 곳이다.
③ 프리에지(자유연)는 손톱의 끝부분으로 네일 베드와 분리되어 있다.
④ 네일 베드(조상)는 네일 플레이트 위에 위치하며 손톱의 신진대사를 돕는다.

43 자율신경에 대한 설명으로 틀린 것은?

① 복재신경 – 종아리 뒤 바깥쪽을 내려와 발뒤꿈치의 바깥쪽 뒤에 분포
② 배측신경 – 발등에 분포
③ 요골신경 – 손등의 외측과 요골에 분포
④ 수지골신경 – 손가락에 분포

44 네일미용 도구 소독방법으로 알맞은 것은?

① 네일에 사용되는 모든 도구는 2번 사용 후 소독 처리를 한다.
② 네일 파일과 같은 일회용품 사용은 1인 1회 사용을 원칙으로 하나, 불가피할 경우 한 번 더 재사용할 수 있다.
③ 핑거 볼은 반드시 일회용을 사용하여야 한다.
④ 니퍼, 메탈 푸셔, 랩 가위 등은 사용 후 제4기 암모늄 혼합물 소독제(Quaternary Ammonium Compounds)나 70% 알코올에 적정 시간 동안 담갔다가 흐르는 물에 헹구고 마른 수건으로 닦은 후 자외선 소독기에 넣었다가 사용한다.

45 조갑종렬증(오니코렉시스)에 관한 설명으로 옳은 것은?

① 손톱의 색이 푸르스름하게 변하는 증상이다.
② 멜라닌 색소가 착색되어 일어나는 증상이다.
③ 손톱이 갈라지거나 부서지는 증상이다.
④ 큐티클이 과잉 성장하여 네일 플레이트 위로 자라는 증상이다.

46 다음 중 고객관리카드의 작성 시 기록해야 할 내용과 가장 거리가 먼 것은?

① 손발의 질병 및 이상 증상
② 시술 시 주의사항
③ 고객이 원하는 서비스의 종류 및 시술 내용
④ 고객의 학력 및 가족사항

47 손목을 굽히고 손가락을 구부리는 데 작용하는 근육은?

① 회내근   ② 회외근
③ 장근   ④ 굴근

48 네일의 구조에서 모세혈관, 림프 및 신경 조직이 있는 것은?

① 매트릭스
② 에포니키움
③ 큐티클
④ 네일 보디

49 다음 중 손톱 밑의 구조에 포함되지 않는 것은?

① 반월(루눌라)
② 조모(매트릭스)
③ 조근(네일 루트)
④ 조상(네일 베드)

50 에포니키움과 관련한 설명으로 틀린 것은?

① 네일 매트릭스를 보호한다.
② 에포니키움 위에는 큐티클이 존재한다.
③ 에포니키움 아래편은 끈적한 형질이다.
④ 에포니키움의 부상은 영구적인 손상을 초래한다.

51 푸셔로 큐티클을 밀어 올릴 때 가장 적합한 각도는?

① 15°   ② 30°
③ 45°   ④ 60°

52 팁 위드 랩 시술 시 사용하지 않는 재료는?

① 글루 드라이   ② 실크 랩
③ 젤 글루   ④ 아크릴 파우더

53 컬러링의 설명으로 틀린 것은?

① 베이스코트는 손톱에 폴리시의 착색을 방지한다.
② 폴리시 브러시의 각도는 90°로 잡는 것이 가장 적합하다.
③ 폴리시는 얇게 바르는 것이 빨리 건조하고 색상이 오래 유지된다.
④ 탑코트는 폴리시의 광택을 더해 주고 지속력을 높인다.

54 종이 폼의 설명으로 틀린 것은?

① 다양한 스컬프처 네일 시술 시에 사용한다.
② 자연스런 네일의 연장을 만들 수 있다.
③ 디자인 UV 젤 팁 오버레이 시에 사용한다.
④ 일회용이며 프렌치 스컬프처에 적용한다.

55 다음 중 프렌치 컬러링에 대한 설명으로 적절한 것은?

① 옐로라인에 맞추어 완만한 U자 형태로 컬러링한다.
② 프리에지의 컬러링의 너비는 규격화되어 있다.
③ 프리에지의 컬러링 색상은 흰색으로 규정되어 있다.
④ 프리에지를 제외하고 컬러링한다.

56 페디큐어 시술 순서로 적합한 것은?

① 소독하기 – 폴리시 지우기 – 발톱 모양 만들기 – 큐티클 오일 바르기 – 큐티클 정리하기
② 폴리시 지우기 – 소독하기 – 발톱 표면 정리하기 – 큐티클 오일 바르기 – 큐티클 정리하기
③ 소독하기 – 발톱 표면 정리하기 – 폴리시 지우기 – 발톱 모양 만들기 – 큐티클 정리하기
④ 폴리시 지우기 – 소독하기 – 발톱 모양 만들기 – 큐티클 오일 바르기 – 큐티클 정리하기

57 아크릴릭 시술에서 핀칭(Pinching)을 하는 주된 이유는?

① 리프팅(Lifting) 방지에 도움이 된다.
② C커브에 도움이 된다.
③ 하이포인트 형성에 도움이 된다.
④ 에칭(Etching)에 도움이 된다.

58 UV 젤의 특징이 아닌 것은?

① 올리고머 형태의 분자구조를 가지고 있다.
② 탑 젤의 광택은 인조네일 중 가장 좋다.
③ 젤은 농도에 따라 묽기가 약간씩 다르다.
④ UV 젤은 상온에서 경화가 가능하다.

59 아크릴릭 네일의 제거방법으로 가장 적합한 것은?

① 드릴머신으로 갈아 준다.
② 솜에 아세톤을 적셔 포일로 감싸 30분 정도 불린 후 오렌지 우드스틱으로 밀어서 뗀다.
③ 100그릿 파일로 파일링하여 제거한다.
④ 솜에 알코올을 적셔 포일로 감싸 30분 정도 불린 후 오렌지 우드스틱으로 밀어서 뗀다.

60 페디큐어 시술 시 굳은살을 제거하는 도구의 명칭은?

① 푸셔
② 토 세퍼레이터
③ 콘커터
④ 클리퍼

🕐 정답 및 해설 p.189

01 제1급 감염병에 대한 설명으로 옳지 않은 것은?

① 결핵, 수두, 홍역, 콜레라, 장티푸스 등이 포함된다.

② 제1급 감염병에 걸린 감염병환자 등은 감염병관리기관에서 입원치료를 받아야 한다.

③ 갑작스러운 국내 유입 또는 유행이 예견되어 긴급한 예방·관리가 필요하여 질병관리청장이 지정하는 감염병을 포함한다.

④ 치명률이 높거나 집단 발생의 우려가 커서 발생 또는 유행 즉시 신고하여야 한다.

02 다음 중 비타민 결핍증인 불임증 및 생식 불능, 피부의 노화방지 작용 등과 가장 관계가 깊은 것은?

① 비타민 A

② 비타민 B 복합체

③ 비타민 E

④ 비타민 D

03 네일 숍의 안전관리에 대한 설명 중 바르지 않은 것은?

① 네일 숍 내에 소화기를 배치한다.

② 모든 전기제품은 정기적으로 점검한다.

③ 자주 사용하지 않는 제품은 점검하지 않아도 괜찮다.

④ 알레르기 반응을 일으킨 고객은 즉시 시술을 중단한다.

04 공중보건학의 목적이 아닌 것은?

① 질병 예방

② 수명 연장

③ 신체적, 정신적 건강 증진

④ 질병 치료

05 감염병에 감염된 후 형성되는 면역은?

① 인공수동면역

② 인공능동면역

③ 자연수동면역

④ 자연능동면역

06 대표적인 수질오염의 지표로 알맞은 것은?

① BOD   ② DO

③ COD   ④ SS

07 병원성 미생물이 일반적으로 증식이 가장 잘되는 pH의 범위는?

① 3.5~4.5

② 4.5~5.5

③ 5.5~6.5

④ 6.5~7.5

08 일반 네일 폴리시 성분 중 피막 형성제로 알맞은 것은?

① 나이트로셀룰로스

② 아크릴

③ 톨루엔

④ 아이소프로필알코올

09 소독제의 살균력을 비교할 때 기준이 되는 소독약은?

① 아이오딘   ② 크레졸

③ 석탄산   ④ 알코올

10 100℃의 끓는 물에 15~20분 가열하여 소독하는 방법으로 의류, 도자기 등을 소독하는 방법은?

① 화염멸균법

② 건열멸균법

③ 고압증기멸균법

④ 자비소독법

11 한 국가가 지역사회의 건강수준을 나타내는 지표로서 대표적인 것은?

① 신생아사망률

② 영아사망률

③ 질병이환율

④ 조사망률

12 다음 중 바이러스에 의한 피부질환은?

① 대상포진   ② 식중독

③ 발 무좀   ④ 농가진

13 아포크린한선이 분포되어 있지 않은 곳은?

① 배꼽 주변   ② 겨드랑이

③ 손바닥   ④ 사타구니

14 감각온도의 3대 요소가 아닌 것은?

① 기온   ② 기압
③ 기습   ④ 기류

15 미생물의 번식에 가장 중요한 요소로 알맞은 것은?

① 온도 – 적외선 – pH
② 온도 – 습도 – 자외선
③ 온도 – 습도 – 영양분
④ 온도 – 습도 – 시간

16 자외선 중 진피층까지 침투하며 광노화를 유발하는 것은?

① UV-A   ② UV-B
③ UV-C   ④ UC-D

17 기미를 악화시키는 주요 원인이 아닌 것은?

① 경구피임약의 복용
② 임신
③ 자외선 차단
④ 내분비 이상

18 다음 중 원발진에 해당하는 것은?

① 농포   ② 미란
③ 가피   ④ 반흔

19 자외선 차단제에 관한 설명이 틀린 것은?

① 자외선 차단제는 SPF의 지수가 매겨져 있다.
② SPF는 수치가 낮을수록 자외선 차단지수가 높다.
③ 자외선 차단제의 효과는 피부의 멜라닌 양과 자외선에 대한 민감도에 따라 달라질 수 있다.
④ 자외선 차단지수는 제품을 사용했을 때 홍반을 일으키는 자외선의 양을, 제품을 사용하지 않았을 때 홍반을 일으키는 자외선의 양으로 나눈 값이다.

20 다음 중 표피에 존재하며, 면역과 가장 관계가 깊은 세포는?

① 멜라닌세포
② 랑게르한스세포
③ 메르켈세포
④ 섬유아세포

21 다음 중 결핍 시 피부 표면이 경화되어 거칠어지는 주된 영양물질은?

① 단백질과 비타민 A
② 비타민 D
③ 탄수화물
④ 무기질

22 아트 네일의 기술로 알맞은 것은?

① 3D아트, 팁 위드 젤
② 댕글, 원톤 젤 스컬프처
③ 포크아트, 실크 익스텐션
④ 에어브러시, 라인스톤

23 이·미용업소 내 반드시 게시하여야 할 사항은?

① 요금표 및 준수사항
② 이·미용업 신고증 사본
③ 이·미용업 신고증 및 면허증 사본, 최종지급요금표
④ 이·미용업 신고증, 면허증 원본, 최종지급요금표

24 다음 중 이·미용업 영업자가 변경신고를 해야 하는 사항이 아닌 것은?

① 영업소 면적의 1/3 이상의 증감
② 영업소의 주소
③ 영업자의 재산 변동사항
④ 영업소의 명칭 또는 상호 변경

25 이·미용사의 면허증을 재발급 받을 수 있는 자는 다음 중 누구인가?

① 피성년후견인
② 공중위생관리법의 규정에 의한 명령을 위반한 자
③ 면허증이 헐어 못쓰게 된 자
④ 면허증을 다른 사람에게 대여한 자

26 면허증을 다른 사람에게 대여한 경우 2차 위반 시 행정처분기준은?

① 경고
② 면허취소
③ 면허정지 3월
④ 면허정지 6월

27 면허의 정지명령을 받은 자는 지체 없이 누구에게 면허증을 반납해야 하는가?

① 시·도지사
② 시장·군수·구청장
③ 보건복지부장관
④ 경찰서장

28 네일 보강제의 성분이 아닌 것은?

① 나일론 섬유
② 폼알데하이드
③ 프로틴 하드너
④ 비타민 F

29 물과 오일처럼 서로 녹지 않는 2개의 액체를 미세하게 분산시켜 놓은 상태는?

① 에멀션   ② 레이크
③ 아로마   ④ 왁스

30 AHA(Alpha Hydroxy Acid)에 대한 설명으로 틀린 것은?

① 화학적 필링
② 글리콜산, 젖산, 주석산, 구연산
③ 각질세포의 응집력 강화
④ 미백작용

31 기초 화장품의 사용 목적이 아닌 것은?

① 세안   ② 피부정돈
③ 피부보호   ④ 피부채색

32 향이 농도가 강하며 지속성이 가장 높은 향수는?

① 퍼퓸   ② 오드 토일렛
③ 샤워 코롱   ④ 오드 코롱

33 클렌징 크림의 설명으로 틀린 것은?

① 두꺼운 메이크업을 지우는 데 사용한다.
② 피지나 기름때와 같은 물에 잘 닦이지 않는 오염물질을 닦아내는 데 효과적이다.
③ 클렌징 로션보다 유성성분 함량이 적다.
④ 깨끗하고 촉촉한 피부를 위해서 비누로 세정하는 것보다 효과적이다.

34 다음 에센셜 오일 중에서 항염, 항균작용이 가장 강한 것은?

① 마조람 오일
② 티트리 오일
③ 로즈마리 오일
④ 사이프러스 오일

35 세안용 화장품의 구비조건으로 적절하지 않은 것은?

① 안정성 – 물이 묻거나 건조해지면 형과 질이 잘 변해야 한다.

② 용해성 – 냉수나 온수에 잘 풀려야 한다.

③ 기포성 – 거품이 잘 나고 세정력이 있어야 한다.

④ 자극성 – 피부를 자극시키지 않고 쾌적한 방향이 있어야 한다.

36 페디큐어의 어원으로 발을 지칭하는 라틴어는?

① 페디스(Pedis) ② 마누스(Manus)
③ 큐라(Cura) ④ 매니스(Manis)

37 네일의 역사에 대한 설명으로 거리가 먼 것은?

① 고대 중국에서 입술에 바르는 홍화로 손톱을 염색하였다.

② 고대 이집트에서는 헤나(Henna)라는 관목에서 빨간색과 오렌지색을 추출하였으며 사회적 신분은 표시하지 않았다.

③ 17세기 인도 상류층 여성들은 문신바늘을 이용해 조모(네일 매트릭스)에 색소를 넣어서 신분을 표시하였다.

④ 고려시대부터 여성들이 풍습으로 봉선화과의 한해살이풀로 손톱을 물들이기 시작했다.

38 발허리뼈(중족골) 관절을 굴곡시키고 외측 4개 발가락의 지골간관절을 신전시키는 발의 근육은?

① 벌레근(충양근)
② 새끼벌림근(소지외전근)
③ 짧은새끼굽힘근(단소지굴근)
④ 짧은엄지굽힘근(단무지굴근)

39 몸쪽 손목뼈(근위수근골)는?

① 주상골 ② 대능형골
③ 소능형골 ④ 유구골

40 매트릭스에 대한 설명으로 옳지 않은 것은?

① 네일 루트 아래에 위치
② 손상을 입으면 성장 저해 및 기형 유발
③ 눈으로 볼 수 있는 네일의 총칭(손톱의 몸체)
④ 모세혈관과 신경세포가 분포

41 네일의 특성이 아닌 것은?

① 손톱은 피부의 부속물로서 신경이나 혈관, 털이 있다.
② 손톱의 수분 함유량은 12~18%이며 아미노산과 시스테인이 포함되어 있다.
③ 손톱은 조상(네일 베드)의 모세혈관으로부터 산소를 공급받는다.
④ 손톱의 경도는 손톱에 함유된 수분의 양이나 케라틴 조성에 따라 다르다.

42 손톱의 구조가 아닌 것은?

① 네일 보디(Nail Body)
② 네일 루트(Nail Root)
③ 네일 베드(Nail Bed)
④ 프리에지(Free Edge)

43 약하거나 짧은 손톱에 적당하고 남성, 여성 누구나 어울리는 형태의 자연네일의 손톱 모양은?

① 스퀘어형   ② 둥근형
③ 포인트형   ④ 사각형

44 손톱이나 발톱이 비정상적으로 두꺼워진 경우는?

① 오니코렉시스   ② 오니코파지
③ 테리지움   ④ 오니콕시스

45 네일 시술이 불가능한 손톱이 아닌 것은?

① 에그셸 네일(Eggshell Nail, 달걀껍질 손톱)
② 몰드(Nail Mold, 사상균증)
③ 오니키아(Onychia, 조갑염)
④ 파로니키아(Paronychia, 조갑주위증)

46 건강한 손톱의 특징이 아닌 것은?

① 반투명의 분홍색을 띠며 윤택이 있어야 한다.
② 5~8%의 수분을 함유하여야 한다.
③ 세균에 감염되지 않아야 한다.
④ 탄력이 있고 단단해야 한다.

47 네일 작업 시 안전관리로 잘못된 것은?

① 알코올로 시술 전후에 손을 소독하여 청결하게 유지하여야 한다.
② 감염질환이 있는 고객과 감염되지 않도록 유의한다.
③ 접촉이나 호흡으로 감염될 수 있으니 소독을 철저히 하고 필요시 마스크를 착용한다.
④ 사용하는 도구는 2회 사용 후 철저히 소독한다.

48 네일 작업 시 화학물질 안전관리에 대하여 잘못 설명한 것은?

① 사용이 용이한 스프레이 제품을 선택한다.
② 마스크를 착용하여 유해물질 흡입을 차단할 수 있도록 한다.
③ 제품에 라벨을 붙여서 오사용하지 않도록 한다.
④ 화기성 제품은 화재에 노출되지 않도록 잘 보관해야 한다.

49 한국 네일의 역사 중 세시풍속집인 『동국세시기』에 어린아이와 여인들이 봉숭아물을 들였다고 기록되어 있는 시대는?

① 신라시대   ② 고구려시대
③ 고려시대   ④ 조선시대

50 다음 손의 근육 중 중수근이 아닌 것은?

① 벌레근(충양근)
② 단소지굴근(새끼굽힘근)
③ 장측골간근(바닥쪽뼈사이근)
④ 배측골간근(등쪽뼈사이근)

51 다음 매니큐어 과정 중 ( ) 안에 들어갈 가장 적합한 것은?

소독하기 – 네일 폴리시 지우기 – 손톱 모양 만들기 – 샌딩 파일 사용하기 – 핑거 볼 담그기 – ( )

① 큐티클 정리하기
② 큐티클 오일 바르기
③ 거스러미 제거하기
④ 네일 표백하기

52 노 라이트 큐어드 젤(No Light Cured Gel) 네일의 특성에 대한 설명 중 틀린 것은?

① 글루와 같은 성분이 있으며 강도가 조금 강한 접착제이다.
② 폴리시를 바르는 것처럼 바르기도 한다.
③ 젤은 농도에 따라 묽기가 약간 다르다.
④ 젤은 별도의 카탈리스트인 응고제가 필요치 않다.

53 자연손톱에 인조 팁을 붙일 때 유지하는 가장 적합한 각도는?

① 45°
② 90°
③ 120°
④ 180°

54 아크릴 네일이 자연손톱으로부터 들뜨는 현상의 원인이 아닌 것은?

① 아크릴 리퀴드와 파우더가 부적절하게 혼합되었을 때
② 프라이머를 발랐을 때
③ 자연손톱의 유분을 충분히 제거하지 않았을 때
④ 자연손톱과의 턱을 충분히 제거하지 않았을 때

55 아크릴 프렌치 스컬프처 시술 시 스마일 라인의 설명으로 틀린 것은?

① 균일한 라인 형성
② 일자라인 형성
③ 선명한 라인 형성
④ 좌우 균형을 맞춘 라인 대칭

56 큐티클(Cuticle) 정리 시 유의사항으로 알맞은 것은?

① 큐티클 푸셔는 45°의 각도를 유지한다.
② 에포니키움의 밑부분까지 깨끗하게 정리한다.
③ 큐티클은 최대한 가까이 정리한다.
④ 상조피 부분은 힘을 주어 끝까지 밀어준다.

57 다음은 인조네일(손·발톱)의 보수와 제거에 대한 설명이다. ㉠, ㉡에 들어갈 알맞은 것은?

> 인조네일 시술 후 (㉠) 정도 경과하면 자연손톱이 자라므로 정기적인 보수를 받아 인조네일의 들뜸이나 깨짐, 곰팡이가 생기는 것을 방지한다. (㉡) 후에는 패브릭과 접착제 보수를 받는다.

① ㉠ 1주, ㉡ 2주
② ㉠ 2주, ㉡ 4주
③ ㉠ 4주, ㉡ 4주
④ ㉠ 4주, ㉡ 6주

58 네일 래핑 시 사용할 수 없는 재료는?

① 실크 랩
② 아크릴릭 리퀴드
③ 젤 글루
④ 필러 파우더

59 네일 팁 시술 시 주의사항이 아닌 것은?

① 팁은 자연손톱의 사이즈와 동일하거나 한 사이즈 큰 것을 선택한다.
② 손톱이 크고 납작한 경우는 끝이 좁은 내로 팁, 손톱 끝이 위로 솟은 경우 커브 팁을 선택한다.
③ 팁을 45° 각도로 밀착시켜 붙인 후 5초 정도 눌러주고 양쪽 측면을 핀칭을 준다.
④ 팁을 부착할 시 네일 팁이 자연손톱의 1/2 이상을 덮어야 유지력을 높이는 기준이 된다.

60 아크릴을 빨리 굳게 하는 촉매제로 알맞은 것은?

① 프라이머　　② 모노머
③ 카탈리스트　　④ 폴리머

정답 및 해설 p.193

01 백일해 예방접종으로 사용하는 것은?

① DPT ② MMR
③ PPD ④ BCG

02 화학물질 안전사고 관리를 위해 지켜야 할 사항이 아닌 것은?

① 모든 용기에 라벨을 붙이고 보관할 것
② 화학물질을 측량할 때 주의할 것
③ 제조회사의 설명서를 토대로 자기 기준에 의할 것
④ 어린아이의 손에 닿지 않도록 조심할 것

03 연간 전체 사망자수에 대한 50세 이상의 사망자수를 나타낸 구성 비율은?

① 평균수명
② 조사망률
③ 영아사망률
④ 비례사망지수

04 인수공통감염병에 해당되는 것은?

① 홍역 ② 한센병
③ 풍진 ④ 페스트

05 상수(上水)에서 대장균 검출의 주된 의의로 적절한 것은?

① 소독상태가 불량하다.
② 환경위생 상태가 불량하다.
③ 오염의 지표가 된다.
④ 감염병 발생의 우려가 있다.

06 보건행정의 정의에 포함되는 내용과 가장 거리가 먼 것은 무엇인가?

① 국민의 수명 연장
② 질병 예방
③ 공적인 행정활동
④ 수질 및 대기보전

07 폐흡충증(폐디스토마)의 제1중간숙주는?

① 다슬기
② 왜우렁
③ 게
④ 가재

08 아세톤으로 제거할 수 없는 것은?

① 하드 젤
② 소프트 젤
③ 아크릴
④ 글루 접착제

09 계면활성제 중 가장 세정력이 강한 것은?

① 양이온성
② 음이온성
③ 비이온성
④ 양쪽이온성

10 실험기기, 의료용기, 오물 등의 소독에 사용되는 석탄산수의 적절한 농도는?

① 석탄산 0.1% 수용액
② 석탄산 1% 수용액
③ 석탄산 0.3% 수용액
④ 석탄산 3% 수용액

11 물리적 살균법에 해당되지 않는 것은?

① 열을 가한다.
② 건조시킨다.
③ 물을 끓인다.
④ 폼알데하이드를 사용한다.

12 소독과 멸균에 관련된 용어 해설 중 틀린 것은?

① 소독 – 사람에게 유해한 미생물을 파괴시켜 감염의 위험성을 제거하는 비교적 강한 살균작용으로 세균의 포자까지 사멸하는 것을 말한다.
② 방부 – 병원성 미생물의 발육과 그 작용을 제거하거나 정지시켜서 음식물의 부패나 발효를 방지하는 것을 말한다.
③ 살균 – 생활력을 가지고 있는 미생물을 여러 가지 물리·화학적 작용에 의해 급속히 죽이는 것을 말한다.
④ 멸균 – 병원성 또는 비병원성 미생물 및 포자를 가진 것을 전부 사멸 또는 제거하는 것을 말한다.

13 소독제의 구비조건에 해당하지 않는 것은?

① 높은 살균력을 가질 것
② 용해성이 낮을 것
③ 저렴하고 구입과 사용이 간편할 것
④ 부식 및 표백이 없을 것

14 피부 진균에 의해 발생하며 습한 곳에서 발생 빈도가 가장 높은 것은?

① 티눈   ② 수부백선
③ 욕창   ④ 모낭염

15 미생물의 증식을 억제하는 영양의 고갈과 건조 등의 불리한 환경 속에서 생존하기 위하여 세균이 생성하는 것은?

① 세포벽   ② 협막
③ 아포   ④ 점질층

16 멜라닌세포가 주로 위치하는 곳은?

① 각질층   ② 기저층
③ 유극층   ④ 투명층

17 사춘기 때 피지 분비를 촉진하는 호르몬은?

① 에스트로겐   ② 세로토닌
③ 안드로겐   ④ 부신호르몬

18 피부구조 중 지방세포가 주로 위치하고 있는 곳은?

① 각질층   ② 진피
③ 피하조직   ④ 투명층

19 다음 중 뼈와 치아의 주성분이며, 근육이완 및 수축작용을 하는 영양소는?

① 칼슘(Ca)   ② 아이오딘(I)
③ 인(P)   ④ 철분(Fe)

20 표피에 있는 세포 중 촉각세포는?

① 메르켈세포
② 랑게르한스세포
③ 섬유아세포
④ 멜라닌세포

21 자외선에 대한 설명으로 옳지 않은 것은?

① 자외선 A는 피부를 태우고, 유리도 뚫고 들어온다.
② 자외선 B는 피부에 화상을 입힌다.
③ 피부에 가장 깊게 침투하는 것은 자외선 C이다.
④ 자외선 C는 오존층에 의해 차단된다.

22 이·미용업 영업신고를 하지 않고 영업을 한 자에 해당하는 벌칙기준은?

① 6월 이하의 징역 또는 100만원 이하의 벌금
② 6월 이하의 징역 또는 300만원 이하의 벌금
③ 1년 이하의 징역 또는 500만원 이하의 벌금
④ 1년 이하의 징역 또는 1천만원 이하의 벌금

23 이·미용업 영업자가 지켜야 하는 사항으로 옳은 것은?

① 부작용이 없는 의약품을 사용하여 순수한 화장과 피부미용을 하여야 한다.
② 이·미용기구는 소독한 후 소독하지 않은 기구와 함께 보관하는 때에는 반드시 소독한 기구라고 표시하여야 한다.
③ 1회용 면도날은 사용 후 정해진 소독기준과 방법에 따라 소독하여 재사용하여야 한다.
④ 이·미용업 개설자의 면허증 원본을 영업소 안에 게시하여야 한다.

24 다음 중 이·미용사 면허를 발급할 수 있는 사람만으로 짝지어진 것은?

㉠ 도지사	㉡ 시장
㉢ 구청장	㉣ 군수

① ㉠, ㉡
② ㉠, ㉡, ㉢
③ ㉠, ㉡, ㉢, ㉣
④ ㉡, ㉢, ㉣

25 공중위생관리법상 이·미용업 영업장 안의 조명도는 얼마 이상이어야 하는가?

① 50럭스   ② 75럭스
③ 100럭스   ④ 125럭스

26 공중위생관리법상 위생교육에 관한 설명으로 틀린 것은?

① 공중위생영업자는 매년 위생교육을 받아야 한다.
② 공중위생영업의 신고를 하고자 하는 자는 원칙적으로 미리 위생교육을 받아야 한다.
③ 위생교육은 교육부장관이 허가한 단체가 실시할 수 있다.
④ 위생교육을 받아야 하는 자 중 영업에 직접 종사하지 아니하거나 2 이상의 장소에서 영업을 하는 자는 종업원 중 영업장별로 공중위생에 관한 책임자를 지정하고 그 책임자로 하여금 위생교육을 받게 하여야 한다.

27 다음 위법사항 중 가장 무거운 벌칙기준에 해당하는 자는?

① 신고를 하지 아니하고 영업한 자
② 변경신고를 하지 아니하고 영업한 자
③ 면허정지처분을 받고 그 정지기간 중 업무를 행한 자
④ 관계공무원 출입, 검사를 거부한 자

28 이·미용업자는 신고한 영업장 면적이 얼마 이상 증감하였을 때 변경신고를 하여야 하는가?

① 5분의 1   ② 4분의 1
③ 3분의 1   ④ 2분의 1

29 여드름 관리에 효과적인 화장품 성분은?

① 유황   ② 비타민 E
③ 알부틴   ④ 레티놀

30 화장품 원료에서 안료 등의 고체 입자를 액체 속에 균일하게 혼합시키는 제조기술은?

① 유화   ② 가용화
③ 혼합   ④ 분산

31 AHA에 대한 설명으로 옳지 않은 것은?

① 화학적으로 각질을 제거한다.
② 글리콜산은 사탕수수에 함유된 것으로 침투력이 좋다.
③ pH 3.5 이상에서 15% 농도가 각질 제거에 가장 효과적이다.
④ AHA는 과일산으로 수용성을 띠며, 각질관리, 피부재생 효과가 있다.

32 화장품의 분류에 관한 설명 중 틀린 것은?

① 샴푸, 헤어린스는 모발용 화장품에 속한다.
② 팩, 마사지 크림은 스페셜 화장품에 속한다.
③ 립스틱, 립라이너는 색조 화장품에 속한다.
④ 자외선 차단제나 태닝 제품은 기능성 화장품에 속한다.

33 아줄렌(Azulene)은 어디에서 추출하여 얻어지는가?

① 캐모마일　　② 로열젤리
③ 하마멜리스　　④ 밍크

34 다음 중 캐리어 오일이 아닌 것은?

① 호호바 오일
② 샌달우드 오일
③ 포도씨 오일
④ 아보카도 오일

35 피부의 미백을 돕는 데 사용되는 화장품 성분이 아닌 것은?

① 알부틴, 비타민 C
② 닥나무 추출물, 감초 추출물
③ 코직산, 하이드로퀴논
④ 캠퍼, 알란토인

36 네일 팁에 대한 설명으로 틀린 것은?

① 네일 팁 접착 시 손톱의 1/2 이상 커버해서는 안 된다.
② 네일 팁은 손톱의 크기에 너무 크거나 작지 않은 가장 잘 맞는 사이즈의 팁을 사용한다.
③ 웰 부분의 형태에 따라 풀 웰(Full Well)과 하프 웰(Half Well)이 있다.
④ 자연손톱이 크고 납작한 경우 커브 타입의 팁이 좋다.

37 UV 젤의 특징이 아닌 것은?

① 올리고머 형태의 분자구조를 가지고 있다.
② UV 젤은 상온에서 경화가 가능하다.
③ 젤은 농도에 따라 묽기가 약간씩 다르다.
④ 탑 젤의 광택은 인조네일 중 가장 좋다.

38 다음 중 네일 팁의 재질이 아닌 것은?

① 플라스틱　　② 아크릴
③ 나일론　　　④ 아세테이트

39 네일 숍에서 시술이 불가능한 손톱 병변에 해당하는 것은?

① 조갑박리증(오니코리시스)
② 조갑위축증(오니카트로피아)
③ 조갑비대증(오니콕시스)
④ 조갑익상편(테리지움)

40 손과 발의 뼈 구조에 대한 설명으로 적절하지 않은 것은?

① 한 손은 손목뼈 8개, 손바닥뼈 5개, 손가락뼈 14개로 총 27개의 뼈로 구성되어 있다.
② 손의 중수골은 제1중수골부터 제5중수골까지 존재한다.
③ 한 발은 발목뼈 7개, 발바닥뼈 5개, 발가락뼈 14개로 총 26개의 뼈로 구성되어 있다.
④ 발의 족지골은 총 5개의 뼈로 구성되어 있다.

41 페디파일의 사용 방향으로 적합한 것은?

① 바깥쪽에서 안쪽으로
② 사선 방향으로
③ 족문 방향으로
④ 족문의 반대 방향으로

42 손톱의 구조에 대한 설명으로 틀린 것은?

① 네일 베드(조상)는 단단한 각질 구조물로 신경과 혈관이 없다.
② 네일 루트(조근)는 손톱이 자라나기 시작하는 곳이다.
③ 프리에지(자유연)는 손톱의 끝부분으로 네일 베드와 분리되어 있다.
④ 루눌라(반월)는 케라틴화가 완전하게 되지 않았다.

43 네일 역사에 대한 설명이 잘못된 것은?

① 1925년 – 일반 상점에서 에나멜 판매
② 1935년 – 인조네일 개발
③ 1957년 – 페디큐어 등장
④ 1980년 – 라이트 큐어드 젤 시스템 등장

44 아크릴릭 시술 시 바르는 프라이머에 대한 설명 중 틀린 것은?

① 단백질을 화학작용으로 녹여 준다.
② 아크릴릭 네일이 손톱에 잘 부착되도록 한다.
③ 피부에 닿으면 화상을 입힐 수 있다.
④ 충분한 양으로 여러 번 도포해야 아크릴이 손톱에 잘 부착한다.

45 페디큐어의 정의로 가장 옳은 것은?

① 발과 발톱을 관리, 손질하는 것을 말한다.
② 발과 발톱을 관리·손질하는 것, 발톱에 컬러링을 하는 것을 말한다.
③ 발의 굳은살을 제거하고 관리하는 것을 말한다.
④ 손상된 발톱을 교정하는 것을 말한다.

46 다음 중 네일 전처리제로 사용하는 것은 무엇인가?

```
㉠ 프리 프라이머
㉡ 프라이머
㉢ 필러
㉣ 글루 드라이
```

① ㉠, ㉡
② ㉡, ㉢
③ ㉠, ㉡, ㉢
④ ㉡, ㉢, ㉣

47 젤 네일의 설명으로 옳지 않은 것은?

① 젤은 끈끈한 점성을 가지고 있다.
② 하드 젤(Hard Gel)과 소프트 젤(Soft Gel)로 구분된다.
③ 리프팅(들뜸)이 잘 일어나며, 냄새가 심하다.
④ 다양한 컬러가 있고, 광택이 뛰어나다.

48 네일의 구조에서 모세혈관, 림프 및 신경 조직이 있는 곳은?

① 매트릭스　　② 루눌라
③ 큐티클　　　④ 네일 베드

49 조갑변색의 원인이나 증상이 아닌 것은?

① 손톱이 황색, 푸른색, 검푸른색, 자색으로 변한다.
② 심장질환이나 혈액순환이 안 되는 경우에 발생한다.
③ 체내의 아연질 부족으로 발생한다.
④ 베이스코트를 바르지 않고 유색 폴리시를 바른 경우에 발생한다.

50 에포니키움과 관련한 설명으로 틀린 것은?

① 네일 매트릭스를 보호한다.
② 에포니키움의 부상은 영구적인 손상을 초래한다.
③ 에포니키움 아래편은 끈적한 형질이다.
④ 에포니키움 위에는 큐티클이 존재한다.

51 푸셔로 큐티클을 밀어 올릴 때 가장 적합한 각도는?

① 15°　　　② 30°
③ 45°　　　④ 60°

52 스마일 라인에 대한 설명 중 틀린 것은?

① 좌우대칭의 밸런스보다 자연스러움을 강조한다.
② 깨끗하고 선명한 라인을 만들어야 한다.
③ 손톱의 상태에 따라 라인의 깊이를 조절할 수 있다.
④ 빠른 시간에 시술해서 얼룩지지 않도록 한다.

53 젤 큐어링 시 발생하는 히팅현상과 관련한 내용으로 가장 거리가 먼 것은?

① 젤 시술이 두껍게 되었을 경우에 히팅현상이 나타날 수 있다.
② 젤 시술 시 얇게 여러 번 발라 큐어링하여 히팅현상에 대처한다.
③ 손톱이 얇거나 상처가 있을 경우에 히팅현상이 나타날 수 있다.
④ 젤 시술 시 여러 번 발랐을 경우에 히팅현상이 나타날 수 있다.

54 투톤 아크릴 스컬프처의 시술에 대한 설명으로 틀린 것은?

① 프렌치 스컬프처라고도 한다.
② 스퀘어 모양을 잡기 위해 파일은 60° 정도 살짝 기울여 파일링한다.
③ 화이트 파우더 특성상 프리에지가 퍼져 보일 수 있으므로 핀칭에 유의해야 한다.
④ 스트레스 포인트에 화이트 파우더가 얇게 시술되면 떨어지기 쉬우므로 주의한다.

55 페디큐어의 시술방법으로 맞는 것은?

① 혈압이 높거나 심장병이 있는 고객은 마사지를 더 강하게 해 순환을 도와준다.
② 각질 제거에는 콘커터만을 사용하여 모두 완벽하게 제거한다.
③ 파고드는 발톱의 예방을 위하여 발톱의 모양(Shape)은 일자형으로 한다.
④ 네일 니퍼로 발톱을 자른 후 모양을 잡아 준다.

56 다음 중 프렌치 컬러링에 대한 설명으로 적절한 것은?

① 옐로라인에 맞추어 완만한 U자 형태로 컬러링한다.
② 프리에지의 컬러링의 너비는 규격화되어 있다.
③ 프리에지의 컬러링 색상은 흰색으로 규정되어 있다.
④ 프리에지는 제외하고 컬러링한다.

57 아크릴릭 시술에서 핀칭(Pinching)을 하는 주된 이유는?

① 리프팅(Lifting) 방지에 도움이 된다.
② 하이 포인트 형성에 도움이 된다.
③ C커브에 도움이 된다.
④ 에칭에 도움이 된다.

58 다음 중 아크릴릭 네일의 제거방법으로 적합한 것은?

① 드릴머신으로 갈아 준다.
② 솜에 아세톤을 적셔 포일로 감싸 30분 정도 불린 후 오렌지 우드스틱으로 밀어서 떼어 준다.
③ 푸셔로 밀면서 제거한다.
④ 240그릿 파일로 갈아 준다.

59 상온에서 모노머와 폴리머의 화학 중합반응을 일으키면서 함유량에 따라 굳는 속도를 조절하는 것은?

① 폴리머리제이션
② 카탈리스트
③ 올리고머
④ 모노라이제이션

60 라이트 큐어드 젤(Light Cured Gel)에 대한 설명으로 옳은 것은?

① 응고제를 스프레이로 분사하면 자연스럽게 응고된다.
② 특수한 빛에 노출시켜 젤을 응고시키는 방법이다.
③ 경화 시 실내온도와 습도에 민감하게 반응하므로 적정 환경을 유지한다.
④ 응고제에 담가준 후 큐어링을 해 주는 방법이다.

제6회 │ 모의고사

정답 및 해설 p.198

01 보건행정의 분류 중 산업보건행정이 아닌 것은?

① 근로자복지시설 관리 및 안전교육
② 산업재해 예방
③ 산업체 근로자 대상
④ 학교보건사업

02 네일 숍 환경 위생관리에 대한 설명으로 옳지 않은 것은?

① 작업공간은 폴리시, 아크릴릭 파우더(Acrylic Powder)의 냄새뿐만 아니라 팁을 갈아서 생기는 분진과 먼지가 많으므로 작업대 밑에 팁 분진을 제거할 수 있도록 국소환기장치를 설치한다.
② 전기 연결과 전열기는 적절하고 안전하게 설치되어야 한다.
③ 애완동물은 절대로 네일 숍 출입을 해서는 안 되나, 시각장애인을 위한 잘 훈련된 안내견은 예외로 한다.
④ 모든 네일 숍이 냉·온수시설을 갖춰야 할 필요는 없다.

03 일반 네일 폴리시 전처리 과정에 대한 설명으로 가장 옳은 것은?

① 고객의 요청에 따라 적합한 네일 길이와 모양을 만든다.
② 네일 상태와 상관없이 표면을 정리하여 일반 네일 폴리시의 밀착력을 높인다.
③ 큐티클은 반드시 모두 정리한다.
④ 보습을 위해 네일 주변에 큐티클 오일을 사용한다.

04 분진흡입으로 인해 폐에 조직반응을 일으키는 질병은?

① 레이노드병   ② 진폐증
③ 열경련   ④ 잠함병

05 절지동물에 의한 매개 감염병 중 파리가 매개되는 것이 아닌 것은?

① 말라리아   ② 장티푸스
③ 파라티푸스   ④ 디프테리아

06 일반적으로 이·미용업소의 실내 쾌적 습도 범위로 가장 알맞은 것은?

① 10~20%　　② 20~40%

③ 40~70%　　④ 70~90%

07 치명률이 높거나 집단 발생의 우려가 커서 발생 또는 유행 즉시 신고하여야 하는 감염병은?

① 매독
② 신종인플루엔자
③ 수족구병
④ 폐흡충증

08 다음 중 건열멸균법에 관한 내용이 아닌 것은?

① 포자는 죽이지 못한다.
② 주로 건열멸균기를 사용한다.
③ 유리기구, 주사침 등의 처리에 이용된다.
④ 160℃에서 1시간 30분 정도 처리한다.

09 균체의 단백질 응고작용과 관계가 가장 적은 소독약은?

① 석탄산
② 크레졸액
③ 알코올
④ 과산화수소수

10 일광소독법은 햇빛 중의 어떤 영역에 의해 소독이 가능한가?

① 적외선　　② 자외선

③ 가시광선　　④ 중적외선

11 병원성 미생물의 생활력을 파괴 또는 멸살시켜 감염되는 증식물을 없애는 조작은?

① 소독　　② 방부

③ 멸균　　④ 여과

12 바이러스에 대한 설명으로 옳지 않은 것은?

① 세포생물은 아니다.
② 절대 기생체로서 살아 있는 세포에서만 증식한다.
③ $0.5~2\mu m$ 정도의 크기로 현미경상에서만 관찰이 가능하다.
④ 다른 미생물과 달리 핵산 DNA나 RNA 중 어느 하나만을 갖는다.

13 다음 중 미용실 기구의 소독제로 바르게 짝지어진 것은?

> ㉠ 크레졸 ㉡ 포르말린
> ㉢ 석탄산 ㉣ 생석회

① ㉠, ㉡   ② ㉠, ㉢
③ ㉡, ㉢   ④ ㉢, ㉣

14 다음 중 습열멸균법이 아닌 것은?

① 소각법
② 자비소독법
③ 고압증기멸균법
④ 저온살균법

15 다음 중 표피에 존재하며, 면역과 가장 관계가 깊은 세포는?

① 멜라닌세포
② 랑게르한스세포
③ 메르켈세포
④ 각질형성세포

16 표피의 구조 중 가장 두꺼운 유핵세포로 구성된 것은?

① 기저층   ② 유극층
③ 투명층   ④ 각질층

17 여드름 발생의 주요 원인이 아닌 것은?

① 에크린한선의 분비 증가
② 모공 내 이상각화 현상
③ 여드름균의 군락 형성
④ 혐기성 박테리아로 인한 염증 반응

18 진피의 90%를 차지하며 콜라겐으로 구성된 것은?

① 교원섬유(Collagen Fiber)
② 탄력섬유(Elastic Fiber)
③ 기질(Ground Substance)
④ 피하조직

19 다음 중 이·미용사 면허를 발급할 수 있는 사람만으로 짝지어진 것은?

> ㉠ 도지사 ㉡ 시장
> ㉢ 구청장 ㉣ 군수

① ㉠, ㉡
② ㉠, ㉡, ㉢
③ ㉠, ㉡, ㉢, ㉣
④ ㉡, ㉢, ㉣

20 다음 중 아포크린선(대한선)에 관한 설명으로 옳지 않은 것은?

① 겨드랑이, 유두 주위, 배꼽 주위, 성기 주위, 항문 주위 등 특정한 부위에 분포
② 체온조절 기능
③ 세균에 의해 부패되어 불쾌한 냄새
④ 단백질 함유량이 많은 땀을 생산

21 민감성 피부의 특징으로 옳은 것은?

① 모공이 넓고 피지가 과다 분비되어 항상 번들거린다.
② 각질층이 두껍고 피부가 거칠다.
③ 화장품이나 약품 등의 자극에 피부 부작용을 일으키기 쉽다.
④ 피지 분비가 많아서 면포나 여드름이 생기기 쉽다.

22 무기질 중 피부와 혈액의 수분을 균형·유지하는 것은?

① 칼슘(Ca) ② 인(P)
③ 아이오딘(I) ④ 나트륨(Na)

23 광노화를 유발하는 자외선의 파장 범위는?

① 400~500mm
② 320~400mm
③ 290~320mm
④ 200~290mm

24 습진에 의한 피부질환 중 팔꿈치 안쪽이나 목 등의 피부가 거칠어지고 아주 심한 가려움증 증상이 나타나는 것은?

① 아토피성 피부염
② 접촉성 피부염
③ 건성습진
④ 지루성 피부염

25 이·미용업 영업신고 신청 시 필요한 구비서류에 해당하는 것은?

① 이·미용사 자격증 원본
② 교육수료증
③ 주민등록등본
④ 토지이용계획확인서

26 폐업신고는 폐업한 날부터 며칠 이내에 시장·군수·구청장에게 신고하여야 하는가?

① 10일 ② 20일
③ 30일 ④ 40일

27 이 · 미용업자는 신고한 영업장 면적이 얼마 이상 증감하였을 때 변경신고를 하여야 하는가?

① 5분의 1   ② 4분의 1
③ 3분의 1   ④ 2분의 1

28 다음 중 피하조직에 관한 설명으로 옳지 않은 것은?

① 진피에서 내려온 섬유가 결합된 조직으로, 벌집 모양으로 많은 수의 지방세포를 형성
② 몸을 따뜻하게 하고 수분을 조절
③ 수분과 영양소를 저장하여 외부의 충격으로부터 몸을 보호하는 기능
④ 재생 및 면역작용 기능

29 공중위생관리법에서 규정하고 있는 공중위생영업의 종류에 해당되지 않는 것은?

① 미용학원영업
② 건물위생관리업
③ 이 · 미용업
④ 세탁업

30 다음 중 공중위생감시원의 자격이 되지 않는 사람은?

① 위생사 또는 환경기사 2급 이상의 자격증이 있는 사람
② 「고등교육법」에 따른 대학에서 화학, 화공학, 환경공학 또는 위생학 분야를 전공하고 졸업한 사람
③ 외국에서 위생사 또는 환경기사의 면허를 받은 사람
④ 6개월 이상 공중위생 행정에 종사한 경력이 있는 사람

31 여드름 관리에 효과적인 화장품 성분으로 옳은 것은?

① 유황   ② 비타민 C
③ 콜라겐   ④ 레티놀

32 피부의 미백을 돕는 데 사용되는 화장품 성분이 아닌 것은?

① 알부틴, 비타민 C
② 닥나무 추출물, 감초 추출물
③ 코직산, 하이드로퀴논
④ 캠퍼, 알란토인

33 다음 중 자외선 차단제에 대한 설명으로 옳지 않은 것은?

① 자외선 차단제의 구성 성분은 크게 자외선 산란제와 자외선 흡수제로 구분된다.
② 자외선 차단제 중 자외선 산란제는 투명하고, 자외선 흡수제는 불투명한 것이 특징이다.
③ 자외선 산란제는 물리적인 산란작용을 이용한 제품이다.
④ 자외선 흡수제는 화학적인 흡수작용을 이용한 제품이다.

34 이·미용업을 승계받은 자는 누구에게 신고하여야 하는가?

① 보건복지부장관
② 시·도지사
③ 시장·군수·구청장
④ 읍·면·동장

35 화장품의 분류에 대한 설명 중 틀린 것은?

① 마사지 크림은 기초 화장품에 속한다.
② 샴푸, 헤어린스는 두발용 화장품에 속한다.
③ 퍼퓸(Perfume), 오드 코롱(Eau de Cologne)은 방향 화장품에 속한다.
④ 페이스 파우더는 기초 화장품에 속한다.

36 다음 중 화장품 제조의 3가지 주요 기술이 아닌 것은?

① 가용화   ② 유화
③ 분산   ④ 용해

37 화장품의 4대 품질 조건에 대한 설명이 잘못된 것은?

① 유효성 – 질병 치료 및 진단에 용이하게 사용할 수 있는 것
② 안정성 – 변색, 변취, 미생물의 오염이 없을 것
③ 사용성 – 피부에 사용감이 좋고 잘 스며들 것
④ 안전성 – 피부에 대한 자극, 알레르기, 독성이 없을 것

38 다음 화장품 원료 중 동물성 오일이 아닌 것은?

① 난황유
② 밍크오일
③ 스콸렌
④ 유동파라핀

39 한국의 네일미용 역사에 대한 시기와 내용의 연결이 잘못된 것은?

① 1988년 - 서울올림픽에서 미국 육상선수인 그리피스 조이너의 화려한 손톱이 화제
② 1997년 - 미국 크리에이티브 네일사의 제품이 국내에 출시되면서 네일제품의 대중화가 이루어짐
③ 1998년 - 최초의 네일 민간자격 시험제도 도입
④ 2010년 - 미용사(네일) 국가자격증 제도화 시작

40 외국의 네일미용 역사 중 중세 인도에 대한 설명으로 옳은 것은?

① BC 3000년 헤나의 붉은색, 오렌지색 염료로 미라의 손톱에 색상을 입힘
② 상류층은 붉은색, 하류층은 옅은 색 손톱으로 사회적 신분을 표시
③ 상류층 여성들은 문신바늘을 이용해 조모(네일 매트릭스)에 색소를 넣어서 신분을 표시
④ 입술에 바르는 홍화로 손톱 염색

41 외국의 네일미용 역사 중 인조네일이 개발된 시기는?

① 1910년   ② 1927년
③ 1930년   ④ 1935년

42 손톱의 구조 중 새로운 세포가 만들어지면서 손톱 성장이 시작되는 부분은?

① 네일 보디(조체, Nail Body)
② 네일 루트(조근, Nail Root)
③ 프리에지(자유연, Free Edge)
④ 매트릭스(조모, Matrix)

43 20세기 이후 현대 네일미용의 시기와 내용의 연결이 잘못된 것은?

① 1960년 - 실크와 린넨을 이용한 래핑
② 1970년 - 네일 팁과 아크릴릭 네일을 본격적으로 사용
③ 1981년 - 미국 식약청(FDA)에 의해 메틸메타크릴레이트 등의 아크릴릭 화학제품 사용 금지
④ 1994년 - 라이트 큐어드 젤 시스템 등장

44 손톱 부위별 특징이 바르게 연결된 것은?

① 매트릭스(조모) – 손상을 입으면 성장
   을 저해하거나 기형 유발
② 네일 루트(조근) – 눈으로 볼 수 있는
   네일의 총칭
③ 루눌라(반월) – 손톱 끝부분으로 네일
   베드와 접착되어 있지 않은 부분
④ 큐티클(조소피) – 네일 밑부분이며 네
   일 보디를 받치고 있는 부분

45 다음 중 손톱 밑의 구조가 아닌 것은?

① 네일 베드(조상, Nail Bed)
② 큐티클(조소피, Cuticle)
③ 매트릭스(조모, Matrix)
④ 루눌라(반월, Lunula)

46 네일의 특성으로 옳지 않은 것은?

① 촉각에 해당하는 지각신경이 집중되어
   있다.
② 손톱은 표피의 각질층과 투명층의 반투
   명 각질판으로 이루어졌다.
③ 손톱의 수분 함유량은 5~10% 정도이다.
④ 케라틴이라는 섬유 단백질로 구성되어
   있다.

47 손·발톱의 구성 성분은?

① 칼슘   ② 케라틴
③ 철분   ④ 콜라겐

48 네일 형태별 특징이 잘못 연결된 것은?

① 스퀘어형 – 손톱이 약한 경우 잘 부러지
   지 않아 적당
② 라운드 스퀘어형 – 개성 강한 손톱 형태
   로 대중적이지 않음
③ 오벌형 – 약하고 파손되기 쉬움
④ 라운드형 – 남성, 여성 누구나 어울리
   는 형태

49 다음 중 네일 시술이 불가능한 손톱은?

① 오니키아(조갑염)
② 멍든 손톱
③ 조갑변색
④ 에그셸 네일(달걀껍질 손톱)

50 다음 중 큐티클이 과잉 성장하여 손톱 위로 자라는 증상이 나타나는 상태는?

① 테리지움(표피조막증)
② 오니코파지(교조증)
③ 오니콕시스(조갑비대증)
④ 니버스(검은 반점)

51 다음 중 몰드(사상균증)에 대한 설명으로 알맞은 것은?

① 손 주위의 조직이 박테리아에 감염
② 손톱 밑의 살이 붉어지고 고름이 형성
③ 손톱이 두꺼워지거나 얇아지고 떨어져 나감
④ 처음 황록색으로 시작하여 점차 검은색으로 변함

52 고객관리에 대한 설명으로 잘못된 것은?

① 고객의 요구에 맞는 서비스로 만족감을 느끼게 한다.
② 고객에게 통일되고 획일적인 서비스를 한다.
③ 고객관리와 서비스에 대한 교육을 전 직원이 공유한다.
④ 고객정보를 수집하여 마케팅에 활용한다.

53 골격계의 기능 중 인과 칼슘을 저장하면서 필요시 공급하는 기능은 무엇인가?

① 보호기능　　② 신체지지 기능
③ 운동기능　　④ 저장기능

54 습식 매니큐어 시술에서 큐티클을 정리할 때 사용하는 것은?

① 네일 버퍼　　② 네일 클리퍼
③ 푸셔　　　　④ 니퍼

55 핫오일 매니큐어에 대한 설명으로 틀린 것은?

① 건조한 손은 주기적으로 관리해 준다.
② 큐티클이 심하게 건조한 경우 큐티클을 부드럽고 유연하게 하는 데 도움을 준다.
③ 로션을 용기에 1/2 정도 덜어 로션 워머에 넣고 데운다.
④ 더운 여름에 효과적이다.

56 다음은 페디큐어 컬러링 시술 순서이다. ( ) 안에 알맞은 순서는?

> 소독 → 폴리시 제거 → 발톱 모양 잡기 → 표면 정리 → 거스러미 제거 → 각탕기에 큐티클 불리기 → 큐티클 밀고 정리하기 → ( ) → 마사지하기 → 유분기 제거 → 토 세퍼레이터 끼기 → 컬러링 하기 → 도구 정리하기

① 오일 바르기
② 콘커터와 페디파일로 굳은살 제거
③ 팁 부착
④ 글루 드라이어 분사하기

57 인조네일 관리 시 두께를 만들거나 표면 단차를 조절할 때 사용하는 것은?

① 팁 커터기
② 필러
③ 실크 랩
④ 글루 드라이

58 네일 랩 중 얇고 부드럽고 투명하여 가장 많이 사용되는 것은?

① 실크
② 네일 클리퍼
③ 파이버글라스
④ 페이퍼 랩

59 아크릴릭 네일에서 구슬들이 체인 모양으로 연결된 단단한 완성체로 제작된 아크릴 파우더는?

① 폴리머
② 카탈리스트
③ 모노머
④ 프라이머

60 젤 네일의 특징으로 옳지 않은 것은?

① 젤 네일은 하드 젤(Hard Gel)과 소프트 젤(Soft Gel)로 구분된다.
② 큐어링하기 전에는 수정이 가능하여 시술이 용이하다.
③ 다양한 컬러와 광택, 지속력이 좋다.
④ 아세톤에 잘 녹아 제거가 용이하다.

제7회 | 모의고사

정답 및 해설 p.204

01 네일미용 작업자 위생관리에 대한 설명으로 옳은 것은?

① 자주 쓰는 용기에는 내용물에 대한 표기를 하여 잘못 사용하지 않도록 한다.
② 전문 네일미용사는 자신과 고객을 감염으로부터 보호할 책임이 있으므로 감염이 된 상태나 개방 창상이 있는 경우는 적절한 치료를 받은 후 시술해야 한다.
③ 로션이나 수액제는 별도의 용기에 덜어 스패튤러 또는 면봉을 이용하여 사용한다.
④ 일회용 마스크와 일회용 장갑은 반드시 사용해야 한다.

02 소독에 미치는 영향이 가장 작은 인자는?

① 온도   ② 대기압
③ 수분   ④ 시간

03 손톱, 발톱 관리에 사용하는 재료와 도구에 대한 설명으로 옳지 않은 것은?

① 디스펜서 – 리무버를 담는 펌프식 용기
② 디스크 브러시 – 파일링 후 손톱 밑 거스러미를 제거
③ 폴리시 리무버 – 손톱에 폴리시와 유분 제거 시 사용
④ 네일 버퍼 – 손톱의 표면 정리

04 노로바이러스 식중독에 관한 설명으로 옳지 않은 것은?

① 노로바이러스 식중독은 식품이나 오염된 식기에 의해 발생한다.
② 잠복기가 24~48시간이다.
③ 항생제 치료 후 1~2일 정도 지나면 증상이 완화된다.
④ 미국 오하이오주 지역에서 위장염 환자의 대변에서 발견한 바이러스이다.

제7회 :: 모의고사 **165**

05 자비소독 시 살균력을 강하게 하고 금속기 자재가 녹스는 것을 방지하기 위하여 첨가하는 물질이 아닌 것은?

① 2% 중조
② 2% 크레졸 비누액
③ 5% 승홍수
④ 5% 석탄산

06 무수알코올(100%)을 사용해서 70%의 알코올 2,000mL를 만드는 방법은?

① 무수알코올 1,700mL에 물 300mL를 가한다.
② 무수알코올 300mL에 물 1,700mL를 가한다.
③ 무수알코올 1,400mL에 물 600mL를 가한다.
④ 무수알코올 600mL에 물 1,400mL를 가한다.

07 바이러스에 대한 일반적인 설명으로 옳은 것은?

① 항생제에 감수성이 있다.
② 광학현미경으로 관찰이 가능하다.
③ 핵산 DNA와 RNA 모두 가지고 있다.
④ 바이러스는 살아 있는 세포 내에서만 증식 가능하다.

08 알코올 소독의 미생물 세포에 대한 주된 작용 기전은?

① 할로겐 복합물 형성
② 단백질 변성
③ 효소의 완전 파괴
④ 균체의 완전 융해

09 다음 중 질병 발생의 3대 요인은?

① 병인, 숙주, 환경
② 숙주, 감염력, 환경
③ 감염력, 연령, 인종
④ 병인, 환경, 감염력

10 결핵환자의 객담 처리방법 중 가장 효과적인 것은?

① 소각법
② 알코올 소독
③ 크레졸 소독
④ 매몰법

11 자외선의 작용이 아닌 것은?

① 살균작용

② 비타민 D 형성

③ 피부의 색소침착

④ 아포 사멸

12 다음 중 산업종사자와 직업병의 연결이 틀린 것은?

① 광부 - 진폐증

② 인쇄공 - 납중독

③ 용접공 - 규폐증

④ 항공정비사 - 난청

13 다음 중 접촉 감염지수(감수성지수)가 가장 높은 질병은?

① 홍역

② 소아마비

③ 디프테리아

④ 성홍열

14 공중보건학의 범위와 거리가 먼 것은?

① 환경보건 분야

② 역학과 질병관리 분야

③ 예방의학 분야

④ 보건관리 분야

15 다음에 해당하는 세포질 내부의 구조물은?

- 세포 내의 호흡생리에 관여
- 이중막으로 싸인 타원형의 모양
- 아데노신 삼인산(Adenosine Triphosphate)을 생산

① 형질내세망(Endoplasmic Reticulum)

② 용해소체(Lysosome)

③ 골지체(Golgi Apparatus)

④ 사립체(Mitochondria)

16 셀룰라이트의 설명으로 옳은 것은?

① 수분이 정체되어 부종이 생긴 현상

② 영양섭취의 불균형 현상

③ 피하지방이 축적되어 뭉친 현상

④ 화학물질에 대한 저항력이 강한 현상

17 중추신경계와 말초신경계에 대한 설명으로 옳은 것은?

① 중추신경계는 뇌와 척수로 이루어져 있다.

② 뇌신경은 11쌍으로 이루어져 있다.

③ 척수신경는 30쌍으로 이루어져 있다.

④ 말초신경계는 척수와 척수신경으로 이루어져 있다.

18 혈액의 구성 물질로 항체 생산과 감염의 조절에 가장 관계가 깊은 것은?

① 적혈구   ② 백혈구

③ 혈장   ④ 혈소판

19 아로마 오일의 사용법 중 흡입법에 대한 설명으로 옳은 것은?

① 따뜻한 물에 넣고 몸을 담근다.

② 아로마램프나 디퓨저를 이용한다.

③ 수건에 적신 후 피부에 붙인다.

④ 손수건, 티슈 등에 오일을 1~2방울 떨어뜨리고 심호흡을 한다.

20 리보플라빈이라고도 하며, 녹색채소류, 밀의 배아, 효모, 달걀, 우유 등에 함유되어 있고 결핍되면 피부염을 일으키는 것은?

① 비타민 A

② 비타민 B₂

③ 비타민 E

④ 비타민 K

21 단순포진이 나타나는 증상으로 가장 거리가 먼 것은?

① 상체에 나타나는 경우 얼굴과 손가락에 잘 나타난다.

② 홍반이 나타나고 곧이어 수포가 생긴다.

③ 하체에 나타나는 경우 성기와 둔부에 잘 나타난다.

④ 통증이 심하여 다른 부위로 통증이 퍼진다.

22 이·미용업소 내에 반드시 게시하지 않아도 무방한 것은?

① 이·미용업 신고증

② 개설자의 면허증 원본

③ 최종지급요금표

④ 이·미용사 자격증

23 토양이 병원소가 될 수 있는 질환은?

① 파상풍   ② 콜레라

③ 간염   ④ 디프테리아

24 일반관리대상 업소에 해당되는 위생관리 등급 구분은?

① 녹색등급   ② 백색등급

③ 적색등급   ④ 황색등급

25 공중위생감시원의 업무범위가 아닌 것은?

① 시설 및 설비의 확인

② 공중위생영업 관련 시설 및 설비의 위생 상태 확인 및 검사

③ 위생지도 및 개선명령 이행 여부의 확인

④ 공중위생영업소의 영업의 정지, 일부 시설의 사용중지 또는 영업소 폐쇄명령

26 위생교육을 받지 아니한 경우 벌칙은?

① 경고

② 200만원 이하의 과태료

③ 300만원 이하의 벌금

④ 500만원 이하의 벌금

27 향수에 대한 설명 중 옳지 않은 것은?

① 퍼퓸 – 15~30% 향수 원액을 포함하며 향이 6~7시간 정도 지속된다.

② 샤워 코롱 – 1~3% 향수 원액을 포함하며 향이 1시간 정도 지속된다.

③ 오드 퍼퓸 – 알코올 80%와 향수 원액 15%가 함유된 것으로 5시간 정도 향이 지속된다.

④ 오드 코롱 – 알코올 85%와 향수 원액 8%가량 함유된 것으로 3시간 정도 지속된다.

28 공중위생영업자의 지위를 승계한 자가 보건복지부령이 정하는 바에 따라 시장·군수·구청장에게 신고해야 하는 기간은?

① 15일 이내　　② 1월 이내

③ 2월 이내　　④ 3월 이내

29 다음 중 안티셉틱(Antiseptic)에 대한 설명으로 알맞은 것은?

① 폴리시 도포 전에 손톱에 발라 착색을 방지

② 큐티클을 유연하게 하여 불려 주는 제품

③ 출혈이 발생하였을 때 사용하는 응고제

④ 시술 전과 후 손 소독을 하는 피부 소독제

30 백반증에 관한 내용 중 틀린 것은?

① 멜라닌세포의 과다한 증식으로 일어난다.

② 후천적 탈색소 질환이다.

③ 멜라닌세포의 소실에 의해 일어난다.

④ 원형, 타원형 또는 부정형의 흰색 반점이 나타난다.

31 다량의 물에 소량의 유성 성분을 투명하게 용해시키는 화장품 제형은?

① 가용화   ② 유화
③ 분산   ④ 경화

32 다음 중 영업소 외에서 이용 또는 미용업무를 할 수 있는 경우는?

> ㉠ 중병에 걸려 영업소에 나올 수 없는 자에 대한 경우
> ㉡ 혼례나 기타 의식에 참여하는 자에 대한 경우
> ㉢ 이용장의 감독을 받은 보조원이 업무를 하는 경우
> ㉣ 미용사가 손님 유치를 위하여 통행이 빈번한 장소에서 업무를 하는 경우

① ㉠, ㉡
② ㉠, ㉢
③ ㉠, ㉡, ㉢
④ ㉠, ㉡, ㉢, ㉣

33 피부 상재균의 증식과 발생한 체취를 억제하는 기능을 가진 것은?

① 보디 파우더
② 데오도런트
③ 샤워 코롱
④ 보디 샴푸

34 글리세린의 특징으로 옳지 않은 것은?

① 무색의 단맛을 가진 액체로 수분 흡수작용을 한다.
② 보습효과, 유연제 작용, 점도를 일정하게 보존하는 역할을 한다.
③ 농도가 높으면 피부나 점막을 자극하여 피부를 건조하게 한다.
④ 습윤제로, 살균 및 방부 목적으로 사용한다.

35 색소에 대한 설명으로 옳은 것은?

① 염료는 물 또는 오일에 녹는 색소이다.
② 무기안료는 색상이 화려하다.
③ 유기안료는 색상이 화려하지 않지만 빛, 산, 알칼리에 강하다.
④ 염료는 색상의 화려함이 무기안료와 유기안료의 중간이다.

36 자외선으로부터 어느 정도 피부를 보호하며 진피조직에 투여하면 피부주름과 처짐 현상에 가장 효과적인 것은?

① 콜라겐   ② 엘라스틴
③ 멜라닌   ④ 기질

37 한국 네일미용의 역사와 거리가 먼 것은?

① 고려시대부터 염지갑화(봉선화로 물들이기)를 하였다.
② 조선시대에는 주술적 이유로 양반 여성들이 봉선화 물들이는 것을 제한하였다.
③ 1990년대부터 네일산업이 점차 대중화되어 갔다.
④ 1998년 민간자격 시험제도가 도입 및 시행되었다.

38 강한 알칼리성 세제, 리무버나 솔벤트의 과다 사용이나 잘못된 파일 사용 등으로 네일이 갈라지며 세로로 골이 파지는 현상은?

① 오니코리시스
② 오니코렉시스
③ 오니콕시스
④ 테리지움

39 손의 중수근에 속하는 것은?

① 무지내전근
② 무지대립근
③ 충양근
④ 소지외전근

40 유백색의 반달 모양으로 네일 베드, 루트, 보디가 연결되었으며 케라틴화가 덜된 여린 부분은?

① 반월   ② 조상
③ 조근   ④ 조판

41 부드럽고 가늘며 하얗게 되어 네일 끝이 굴곡진 상태의 증상으로 질병, 다이어트, 신경성 등에서 기인되는 네일 병변으로 옳은 것은?

① 변색된 손톱(Discolord Nail)
② 위축된 네일(Onychatrophia)
③ 멍든 손톱(Bruised Nail)
④ 달걀껍질 네일(Eggshell Nail)

42 다음 중 뼈의 구조가 아닌 것은?

① 골수   ② 골질
③ 골막   ④ 근조직

43 손가락 마디에 있는 뼈이며 총 14개로 구성되어 있는 뼈는?

① 수지골   ② 수근골
③ 요골   ④ 척골

44 매니큐어 시 기구를 처음 사용한 시기는?

① 1940년대 초반
② 1940년대 후반
③ 1950년대 초반
④ 1950년대 후반

45 원톤 스컬프처 제거에 대한 설명으로 알맞은 것은?

① 퓨어 아세톤과 파일을 사용하여 아크릴을 제거한다.
② 표면에 에칭을 주는 것은 손톱이 손상되므로 피한다.
③ 니퍼로 조금씩 제거한다.
④ 논 아세톤과 파일을 사용하여 아크릴을 제거한다.

46 실크 익스텐션 시 랩 부착방법으로 알맞은 것은?

① 실크 재단 시 손톱 모양으로 알맞게 재단한다.
② 실크 재단 시 A 모양으로 손톱 길이보다 짧게 재단한다.
③ 실크 부착 시 큐티클 라인과 완전히 일치하도록 부착한다.
④ 실크 부착 시 큐티클 라인에서 1~2mm 정도 떨어져 부착한다.

47 네일 팁 시술 시 올바른 방법이 아닌 것은?

① 손톱에 맞는 팁이 없을 시 작은 것을 선택하여 붙여 준다.
② 팁을 45° 각도로 5~10초 정도 눌러주고 양 측면에 핀칭을 준다.
③ 팁 접착 시 자연네일의 1/2 이상을 덮지 않게 붙여 준다.
④ 웰의 크기가 손톱보다 클 경우 양 측면을 갈아서 사이즈를 맞춘다.

48 원톤 스컬프처의 완성 시 인조네일의 아름다운 구조에 대한 설명으로 틀린 것은?

① 옆선이 네일의 사이드 월 부분과 자연스럽게 연결되어야 한다.
② 하이포인트의 위치가 스트레스 포인트 부근에 위치해야 한다.
③ 자연손톱과 인조네일의 프리에지 부분에서 살짝 공간을 만들어 준다.
④ C커브를 좌우대칭으로 만들어야 한다.

49 인조네일을 보수하는 이유로 틀린 것은?

① 들뜸이나 깨짐을 방지
② 녹황색균의 방지
③ 인조네일의 견고성 유지
④ 인조네일의 원활한 제거

50 남성 매니큐어 시 자연네일의 손톱 모양 중 가장 적합한 형태는?

① 오발형 ② 아몬드형
③ 둥근형 ④ 사각형

51 아크릴 프렌치 스컬프처 시술 시 형성되는 스마일 라인의 설명으로 틀린 것은?

① 선명한 라인 형성
② 사선형 라인 형성
③ 균일한 라인 형성
④ 좌우라인 대칭

52 프라이머에 대한 설명으로 올바른 것은?

① 서로 연결되지 않은 작은 구슬형태의 물질로 리퀴드 형태이다.
② 아크릴을 빨리 굳게 하는 촉매제이다.
③ 아크릴 시스템과 UV 젤 시스템에 사용한다.
④ 성분이 강한 알칼리이므로 피부와 호흡기의 안전을 위해 사용 시 주의를 요한다.

53 네일 그루브에 묻은 폴리시를 제거할 때 사용하기 적당한 도구는?

① 네일 도트봉
② 오렌지 우드스틱
③ 우드파일
④ 세필 브러시

54 네일 에나멜에 함유된 필름 형성제인 나이트로셀룰로스가 개발된 시기는?

① 1830년대 ② 1880년대
③ 1910년대 ④ 1950년대

55 아크릴릭 스컬프처 시술 시 준비 재료가 아닌 것은?

① 디펜디시
② 프라이머
③ 패브릭 랩
④ 브러시 클리너

56 라이트 큐어드 젤에 대한 설명이 바르지 않은 것은?

① 젤 활성액인 글루 드라이를 사용하여 응고된다.
② 특수한 빛에 노출시켜 젤을 응고시키는 방법이다.
③ LED를 이용하여 응고시키는 방법이다.
④ UV 램프를 이용하여 응고시키는 방법이다.

57 UV 젤 네일 시술 시 리프팅이 일어나는 이유로 적절하지 않은 것은?

① 프라이머가 오염되었다.
② 네일의 유·수분이 남은 상태로 시술했다.
③ 젤을 큐티클 라인에 닿지 않게 시술했다.
④ 큐어링 시간을 초과했다.

58 파라핀 매니큐어의 시술에 대한 설명으로 잘못된 것은?

① 베이스코트 바르기 – 베이스코트를 꼼꼼히 발라 파라핀의 유분기가 손톱 표면에 스며드는 것을 방지한다.
② 파라핀에 담그기 – 손에 로션을 바르고 파라핀에 담갔다가 빼기를 3~5회 정도 반복해 파라핀을 입힌다.
③ 파라핀 장갑을 씌우기 – 보온효과를 주어 파라핀의 효과를 높인다.
④ 파라핀 제거 및 마사지 – 손목에서부터 파라핀을 벗긴 후 오일 성분이 흡수되지 않도록 마사지해 준다.

59 내추럴 프렌치 스컬프처의 설명으로 바르지 않은 것은?

① 자연스러운 스마일 라인을 형성한다.
② 네일 보디 전체가 내추럴 파우더로 오버레이된 것이다.
③ 네일 프리에지가 내추럴 파우더로 조형된다.
④ 네일 베드는 핑크 파우더 또는 클리어 파우더로 작업한다.

60 젤 네일의 특징이 아닌 것은?

① 젤 네일은 하드 젤(Hard Gel)과 소프트 젤(Soft Gel)로 구분된다.
② 큐어링을 하기 전에는 수정이 가능하여 시술이 용이하다.
③ 다양한 컬러와 광택이 있고 지속력이 좋다.
④ 리프팅(들뜸)이 잘 일어나고 아세톤에 잘 녹아 제거 시 간편하다.

🔆 모의고사 p.101

01	③	02	②	03	②	04	④	05	④	06	②	07	③	08	①	09	①	10	①
11	③	12	③	13	④	14	②	15	④	16	③	17	③	18	③	19	②	20	③
21	②	22	①	23	②	24	④	25	④	26	①	27	③	28	④	29	②	30	④
31	③	32	③	33	③	34	③	35	③	36	③	37	③	38	①	39	①	40	③
41	①	42	③	43	①	44	④	45	③	46	②	47	③	48	④	49	④	50	③
51	④	52	①	53	②	54	①	55	③	56	③	57	①	58	③	59	②	60	②

01 디프테리아는 호흡기계 감염병으로, 환자나 보균자의 객담 또는 콧물 등으로 감염된다.

02 지구의 온난화 현상의 주원인은 이산화탄소(CO_2)이다.

03 린넨은 굵은 소재로 짜인 천으로 내구성이 강하고 유지가 오래된다.

04 역학은 인간 집단을 대상으로 질병 발생과 그 원인을 탐구하는 학문이다.

05 ① 토 세퍼레이터 : 발가락 사이에 끼워 폴리시가 뭉개지지 않도록 방지
② 콘커터 : 발바닥의 굳은살을 제거하는 도구
③ 페디파일 : 발바닥의 굳은살 제거 후 매끄럽게 정리

06 ① 방부는 병원성 미생물의 발육을 정지시켜 음식의 부패나 발효를 방지하는 것이다.
③ 살균은 미생물을 물리적, 화학적으로 급속히 죽이는 것이다.
④ 멸균은 병원균이나 포자까지 완전히 사멸시켜 제거하는 것이다.

07 음용수 오염의 생물학적 지표로 대장균수가 사용된다.

08 비타민 D 결핍 시 구루병, 골연화증을 일으킨다. 각기병은 비타민 B_1이 부족하여 생기는 질환이고, 괴혈병은 비타민 C(아스코브산) 결핍으로 인하여 결합조직이 존재하는 신체 여러 부위에 증상을 일으키는 임상증후군이다.

09 석탄산계수가 3.0이라면 살균력이 석탄산의 3배라는 의미다.

10 진균은 엽록소가 없는 식물 타입의 미생물이다.

11 **계면활성제의 세정력**
음이온성 > 양쪽성 > 양이온성 > 비이온성

12 고압증기멸균법은 포자를 형성하는 균의 멸균에 가장 좋은 방법이며, 115.5℃에서 30분, 121.5℃에서 20분, 126.5℃에서 15분 처리한다.

13 생장에 산소를 필요로 하는 것을 호기성 세균, 산소가 있으면 자라지 않는 것을 혐기성 세균이라고 하며, 산소를 필요로 하지는 않지만 산소가 있어도 자랄 수 있는 것을 통성혐기성 세균이라고 한다.

14 아포는 특정한 세균의 체내에서 원형 또는 타원형의 구조로 형성되며 포자라고도 한다. 아포가 생기는 균은 파상풍균, 탄저균, 보툴리누스균 등이다.

15 티눈은 원뿔 형태의 국한성 각질 비후증으로 원뿔의 기저부가 피부 표면이며 꼭지가 피부 안쪽으로 향하는 형태로 나타난다. 사마귀는 유두종 바이러스 감염으로 피부 및 점막의 증식이 발생하는 질환이다.

16 멜라닌세포는 표피의 기저층에 존재한다.

17 남성호르몬인 안드로겐은 사춘기 때 왕성하게 피지선을 확대하여 피지 분비를 촉진시킨다.

18 ① 리보솜 : 단백질과 RNA로 구성
② 골지체 : 세포 내의 운반기능
④ 미토콘드리아 : 에너지 생산

19 식염(NaCl)은 피부, 피하조직, 뼈에 일정 농도가 저장되어 있고, 근육, 신경 등의 작용을 조절하는 등 여러 가지 생리적 기능을 담당하게 된다.

20 회외근은 손바닥을 위로 향하게 하는 근육이다.

21 아포크린한선은 단백질 함유량이 많아 특유의 냄새가 난다.

22 여드름 관리에 효과적인 화장품 성분으로 유황, 캠퍼, 살리실산, 클레이 등이 있다.

23 피막제 및 점도 증가제는 폴리비닐알코올, 폴리비닐피롤리돈, 셀룰로스 유도체, 잔탄검, 젤라틴 등이 있다.

24 ① 화학적으로 각질을 제거하는 기능을 한다.
② 글리콜산은 사탕수수에 함유된 것으로 침투력이 좋다.
③ 10% 이하의 농도를 사용한다.

25 과립층은 효소를 함유하고 있어 수분 증발을 막아준다.

26 • O/W형(수중유적형) : 물속에서 오일이 작은 입자가 되어 분산하는 유화액
• W/O형(유중수적형) : 오일 속에 물이 작은 입자가 되어 분산되어 있는 유화액

27 에센셜 오일은 캐리어 오일에 희석해서 사용한다.

28 기미의 유형에는 표피형, 진피형, 혼합형 기미가 있다.

29 행정처분기준(공중위생관리법 시행규칙 별표 7)
신고를 하지 않고 영업소의 소재지를 변경한 경우
• 1차 위반 : 영업정지 1월
• 2차 위반 : 영업정지 2월
• 3차 위반 : 영업장 폐쇄명령

30 영업소에서 의약품은 사용할 수 없으며, 소독한 기구와 소독하지 않은 기구는 구분하여 놓는다. 또한 1회용 면도날은 손님 1인에 한하여 사용하여야 한다.

31 ① 1925년 : 일반 상점에서 에나멜을 판매, 네일 에나멜 사업 본격화
② 1927년 : 흰색 에나멜, 큐티클 크림, 큐티클 리무버 제조
④ 1940년 : 이발소에서 남성 습식네일 관리의 시작

32 공중위생영업자의 위생교육은 집합교육과 온라인 교육을 병행하여 실시하되, 교육시간은 3시간으로 한다(공중위생관리법 시행규칙 제23조 제1항).

33 행정처분기준(공중위생관리법 시행규칙 별표 7) 시설 및 설비기준을 위반한 경우
 • 1차 위반 : 개선명령
 • 2차 위반 : 영업정지 15일
 • 3차 위반 : 영업정지 1월
 • 4차 이상 위반 : 영업장 폐쇄명령

34 시장·군수·구청장은 공중위생영업자가 영업소 폐쇄명령을 받고도 계속하여 영업을 하는 때에는 관계공무원으로 하여금 해당 영업소를 폐쇄하기 위하여 해당 영업소가 위법한 영업소임을 알리는 게시물 등의 부착 등의 조치를 하게 할 수 있다(공중위생관리법 제11조제6항).

35 바이러스성 질환 또는 전염성 질환을 앓고 있는 네일미용사는 시술을 해서는 안 된다.

36 소프트 젤은 아세톤이나 젤 전용 제거제로 제거하고, 하드 젤은 파일로 제거한다.

37 • 1935년 : 인조네일 개발
 • 1957년 : 페디큐어 등장

38 손톱은 케라틴(Keratin)이라는 섬유 단백질로 구성되었다.

39 네일 폼은 자연네일과 네일 폼 사이가 벌어지지 않도록 하고 하이포니키움이 손상되지 않도록 공간이 생기지 않게 장착한다.

40 손톱의 파일링은 한 방향으로 하는 것이 좋다.

41 • 그리스, 로마 : 네일 관리로서 '마누스 큐라'라는 단어가 시작되었다.
 • 인도 : 상류층 여성들은 손톱의 뿌리 부분에 문신바늘로 색소를 주입하여 손톱을 물들였다.
 • 중국 : 특권층의 신분을 드러내기 위해 '홍화'의 재배가 유행하였고, 손톱에도 바르며 이를 '홍조'라 하였다.

42 ③ 밝은 조명의 작업대를 설치한다.

43 ① 스퀘어 모양을 잡기 위해 90° 정도로 파일링한다.

44 UV 젤 네일은 미경화 젤이므로 젤을 바르고 UV 램프로 큐어링해야 경화가 가능하다.

45 실크와 린넨을 이용하여 손톱을 보강한 시기는 1960년대이다.

46 프라이머(Primer)는 성분이 메타크릴산으로, 강한 산성제품이므로 피부와 호흡기의 안전을 위해 사용 시 주의를 요하며 소량 사용한다.

47 네일 베드(조상)는 네일 플레이트(조판) 밑에 위치하며 손톱의 신진대사와 수분 공급을 돕는다.

48 반월(루눌라)은 유백색의 반달 모양으로 완전한 케라틴화가 되지 않은 여린 부분이다.

49 모노머는 서로 연결되지 않은 아주 작은 구슬 형태의 구형물질의 단량체로 아크릴 리퀴드이다.

50 체내의 아연질 부족으로 발생하는 증상은 퍼로(고랑 파진 손톱)이다.

51 손톱이 붉은색인 경우 간이나 모세혈관의 이상 이며, 비타민이나 레시틴의 부족은 찢어지거나 얇은 손톱의 원인이다.

52 스마일 라인은 좌우대칭의 밸런스를 맞춰야 한다.

53 아크릴을 너무 얇게 올렸을 때, 온도가 낮을 때 금이 가거나 깨진다.

54 프라이머는 접착제, 방부제, pH 조절 등의 역할 을 한다.

55 커터기는 인조 팁의 길이를 조절하는 도구이다.

56 에포니키움의 아래편은 끈적한 형질로 되어 있 으며, 손톱 베이스에 있는 가는 선의 피부로 루 눌라의 일부를 덮고 있어 네일 매트릭스를 보호 한다.

57 전동드릴은 전기의 동력을 이용하여 파일링하 는 것이다.

58 아크릴릭 시술에서 핀칭(Pinching)을 하여 C커 브를 만들어 준다.

59 자연손톱에 인조 팁을 45° 각도로 붙여 준다.

60 래핑한 손톱은 10~15일 후에 보수를 받아야 한다.

↺ 모의고사 p.112

01	④	02	②	03	②	04	①	05	④	06	④	07	①	08	①	09	②	10	④
11	④	12	①	13	②	14	③	15	③	16	④	17	①	18	④	19	①	20	③
21	②	22	①	23	③	24	③	25	②	26	④	27	②	28	②	29	③	30	①
31	③	32	②	33	②	34	④	35	②	36	④	37	③	38	④	39	③	40	③
41	②	42	②	43	①	44	②	45	②	46	④	47	①	48	③	49	①	50	④
51	③	52	③	53	④	54	④	55	①	56	①	57	②	58	②	59	②	60	①

01 보균자(Carrier) : 병원체를 체내에 보유하면서 병적 증세에 대해 외견상 또는 자각적으로 아무런 증세가 나타나지 않은 사람을 말한다. 병원체가 침입·증식해서 발병했다가 치료 또는 자연 치유가 이루어져 모든 증세가 소실되었다고 하더라도 병원체가 모두 사멸해서 병이 완치된 것이라고 볼 수 없다.

02 절지동물에 의한 매개 감염병

모기	말라리아, 일본뇌염, 황열
파리	장티푸스, 파라티푸스, 콜레라, 식중독, 이질, 결핵, 디프테리아
쥐	페스트, 서교열, 살모넬라증, 쯔쯔가무시증
바퀴벌레	세균성 이질, 콜레라, 결핵, 살모넬라, 디프테리아, 회충
이	발진티푸스

03 뉴런(Neuron)은 신경계를 구성하는 세포이며, 뉴런 상호 간 또는 뉴런과 다른 세포 사이의 접합관계(시냅스 결합)나 접합 부위를 시냅스라고 한다.

04 웰은 네일 접착제를 바르는 곳으로, 자연네일과 네일 팁이 접착될 때 약간의 홈이 파여 있는 부분이다.

05 ④ 디프테리아는 제1급 감염병이다.

제2급 감염병 : 결핵, 수두, 홍역, 콜레라, 장티푸스, 파라티푸스, 세균성 이질, 장출혈성대장균감염증, A형간염, 백일해, 유행성이하선염, 풍진, 폴리오, 수막구균 감염증, b형헤모필루스인플루엔자, 폐렴구균감염증, 한센병, 성홍열, 반코마이신내성황색포도알균(VRSA) 감염증, 카바페넴내성장내세균목(CRE) 감염증

06 종형
• 출생률과 사망률이 모두 낮은 형태
• 인구정지형
• 14세 이하 인구가 65세 이상 인구의 2배 이상

07 고객의 네일과 피부 상태를 확인하고 고객의 요구사항을 경청한 후 디자인과 컬러를 적용한다.

08 물리적 소독법
• 건열멸균법 : 화염멸균법, 소각법, 건열멸균법
• 습열멸균법 : 자비소독법, 고압증기멸균법, 저온살균법

09 소독 관련 용어
- 멸균 : 병원균이나 포자까지 완전히 사멸시켜 제거한다.
- 살균 : 미생물을 물리적, 화학적으로 급속히 죽이는 것이다(내열성 포자 존재).
- 소독 : 유해한 병원균 증식과 감염의 위험성을 제거한다(포자는 제거되지 않음).
- 방부 : 병원성 미생물의 발육을 정지시켜 음식의 부패나 발효를 방지한다.

10 바이러스성 질환 또는 전염성 질환을 앓고 있는 네일미용사는 시술을 해서는 안 된다.

11 병원성 미생물은 식중독이나 각종 질병을 유발하는 병원성을 띤 미생물을 가리킨다.

12 증기소독은 100℃ 이상의 습한 열에 20분 이상 쐬어 살균하는 것으로, 수건, 식기 등에 이용된다.

13 과산화수소 : 3% 수용액을 사용하며, 피부상처 소독에 효과가 있다.

14 세균이 잘 자라는 수소이온농도는 pH 6.5~7.5이다.

15 저색소 침착
- 백반증 : 백색 반점이 피부에 나타나는 후천적 탈색소성 질환
- 백색증 : 멜라닌 합성의 결핍으로 인해 눈, 피부, 털 등에 색소 감소를 나타내는 선천성 유전질환

16 동상에는 저온에 노출된 부위가 혈액순환이 되지 않아 세포가 괴사하는 한랭손상이 있고, 노출 부위가 얼어붙어 세포막이 파괴되어 괴사하는 동결손상이 있다.

17 자외선의 종류

구분	파장	특징
UV-A (장파장)	320~400nm	• 진피층까지 침투 • 즉각 색소침착 • 광노화 유발 • 피부탄력 감소
UV-B (중파장)	290~320nm	• 표피 기저층까지 침투 • 홍반 발생 • 일광화상 • 색소침착(기미)
UV-C (단파장)	200~290nm	• 오존층에서 흡수 • 강력한 살균작용 • 피부암 원인

18 ④ 색소침착 및 홍반은 자외선의 부정적 영향이다.

19 남성호르몬인 테스토스테론, 안드로겐, 프로게스테론은 피지선을 자극한다.

20 유전이나 혈액순환 저하는 내인성 노화현상이다.

21 자외선의 영향
- 긍정적 영향 : 비타민 D 합성, 살균 및 소독, 강장효과 및 혈액순환 촉진
- 부정적 영향 : 홍반, 색소침착, 노화, 일광화상, 피부암

22 ②·④ 공중위생영업의 신고를 한 자는 매년 위생교육을 받아야 한다(공중위생관리법 제17조제1항).
③ 위생교육은 집합교육과 온라인 교육을 병행하여 실시하되, 교육시간은 3시간으로 한다(공중위생관리법 시행규칙 제23조제1항).

23 이·미용업자가 준수하여야 하는 위생관리기준 등(공중위생관리법 시행규칙 별표 4)
- 이·미용기구 중 소독을 한 기구와 소독을 하지 아니한 기구는 각각 다른 용기에 넣어 보관하여야 한다.
- 1회용 면도날은 손님 1인에 한하여 사용하여야 한다.
- 영업장 안의 조명도는 75럭스 이상이 되도록 유지하여야 한다.
- 영업소 내부에 이·미용업 신고증 및 개설자의 면허증 원본을 게시하여야 한다.
- 영업소 내부에 최종지급요금표를 게시 또는 부착하여야 한다.

24 행정처분기준(공중위생관리법 시행규칙 별표 7)
1회용 면도날을 2인 이상의 손님에게 사용한 경우
- 1차 위반 : 경고
- 2차 위반 : 영업정지 5일
- 3차 위반 : 영업정지 10일
- 4차 이상 위반 : 영업장 폐쇄명령

25 과태료(공중위생관리법 제22조제2항)
다음에 해당하는 자는 200만원 이하의 과태료에 처한다.
- 이·미용업소의 위생관리 의무를 지키지 아니한 자
- 세탁업소의 위생관리 의무를 지키지 아니한 자
- 영업소 외의 장소에서 이용 또는 미용업무를 행한 자
- 위생교육을 받지 아니한 자

26 공중위생감시원(공중위생관리법 제15조제1항)
규정에 의한 관계공무원의 업무를 행하게 하기 위하여 특별시·광역시·도 및 시·군·구(자치구에 한함)에 공중위생감시원을 둔다.

27 이·미용업의 종류별 시설 및 설비기준(공중위생관리법 시행규칙 별표 1)
- 소독을 한 기구와 소독을 하지 아니한 기구를 구분하여 보관할 수 있는 용기를 비치하여야 한다.
- 소독기, 자외선 살균기 등 기구를 소독하는 장비를 갖추어야 한다.

28 스컬프처 네일은 폼을 이용하여 네일의 길이를 연장시킨다.

29 화장품과 의약품
- 화장품 : 정상인을 대상으로 청결, 미화, 건강이 목적이다. 장기간 사용해도 부작용이 없어야 한다.
- 의약품 : 환자를 대상으로 질병치료, 예방이 목적이다. 단기간 사용하거나 일시적으로 사용하며 부작용은 어느 정도 감안한다.

30 에멀션
서로 섞이지 않는 두 액체가 일정한 비를 갖고 작은 액적의 형태로 다른 액체에 분산되어 있는 상태를 말한다.

31 실리콘 오일은 광물성 오일이다.

32 일반적으로 많이 사용하고 있는 화장수의 알코올 함유량은 10% 전후이다.

33 보디 오일은 보디 화장품에 해당된다.

34 계면활성제의 세정력과 피부자극성
- 계면활성제의 세정력
  음이온성 > 양쪽성 > 양이온성 > 비이온성
- 계면활성제의 피부자극성
  양이온성 > 음이온성 > 양쪽성 > 비이온성

35 보습제의 조건
- 적절한 보습력이 있을 것
- 환경 변화에 흡습력이 영향을 받지 않을 것
- 피부친화성이 높을 것
- 응고점이 낮고 휘발성이 없을 것
- 다른 성분과 잘 섞일 것

36
- 1997년 : 미국 크리에이티브 네일사의 제품이 국내에 출시되면서 네일제품의 대중화가 이루어짐, 한국네일협회 창립
- 2014년 : 미용사(네일) 국가자격증 제도화 시작

37 소독 유리용기에 70% 알코올을 70~80% 정도 채우고 네일도구를 소독한다.

38 ① 1988년 : 서울올림픽에서 미국 육상선수인 그리피스 조이너의 화려한 손톱이 화제
② 1997년 : 미국 크리에이티브 네일사의 제품이 국내에 출시되면서 네일제품의 대중화가 이루어짐, 한국네일협회 창립
③ 2002년 : 네일산업의 호황기, 활성화 시기

39 크레졸 1~3% 수용액은 석탄산보다 2~3배 소독효과가 있으며, 아포, 바닥, 배설물 등의 소독에 사용된다.

40 자외선 차단지수라고 하는 SPF는 자외선 B (UV-B)의 차단효과를 표시하는 단위이다.

41 ①, ③, ④는 네일 보디(조체, Nail Body)의 설명이다.

42 매트릭스(조모, Matrix)
- 네일 루트 아래 위치
- 모세혈관과 신경세포가 분포
- 손상을 입으면 성장을 저해시키거나 기형 유발

43 네일 베드(조상, Nail Bed)
- 네일 보디를 받치고 있는 네일 밑부분
- 네일의 신진대사와 수분공급을 함

44 ①, ③, ④는 큐티클에 대한 설명이다.
하이포니키움(하조피, Hyponychium)
- 세균으로부터 손톱을 보호
- 손톱 아래의 피부(옐로라인 안쪽)

45 손톱은 피부의 부속물로서 신경이나 혈관, 털이 없다.

46 네일 그루브(조구, Nail Groove) : 네일 베드 양측면에 좁게 패인 곳

47 ② 라운드형 : 파일을 45° 각도로 모서리에서 중앙으로 둥글게 파일링한 형태로, 약하거나 짧은 손톱에 적당
③ 라운드 스퀘어형 : 스퀘어 모양에서 양쪽 모서리를 둥글게 다듬은 형태
④ 스퀘어형 : 파일링 각도 90°로 양쪽 모서리가 직각인 형태로, 손톱이 약한 경우 잘 부러지지 않아 적당

48 이상적인 손톱 모양으로 고객이 가장 선호하는 형태는 라운드 스퀘어형이다.

49 몰드(사상균증)는 손톱이 처음 황록색으로 시작하여 점차 검은색으로 변하는 것으로, 네일 시술이 불가능하다.

50 ④ 저장기능 : 인과 칼슘을 저장하면서 필요시 공급

51 요골신경은 손등의 감각과 엄지 쪽을 지배하는 신경이다.

52 탑코트는 폴리시 도포 후에 손톱에 발라 지속성을 높여준다.

53 ④는 프렌치 매니큐어에 대한 설명이다.

54 항균비누로 시술자의 손 소독을 한다.

55 ②는 중세의 인도, ③·④는 고대 이집트의 네일 미용에 관한 설명이다.

56 ②는 프렌치 매니큐어, ③은 파라핀 매니큐어, ④는 핫오일 매니큐어에 대한 설명이다.

57 아크릴릭 네일은 인조 팁보다 내수성과 지속성이 좋고 물어뜯는 손톱에도 시술이 가능하다.

58 ① 풀코트(Full Coat) : 손톱 전체에 컬러링
③ 프렌치(French) : 프리에지 부분에 컬러링
④ 딥프렌치(Deep French) : 손톱의 1/2 이상을 스마일 라인으로 형성

59 ① 네일 클리퍼 : 손톱을 자를 때 사용
③ 네일 버퍼 : 손톱의 표면을 정리할 때 사용
④ 니퍼 : 큐티클을 정리할 때 사용

60 실크 랩 붙이기
손톱보다 길게 재단하여 윗부분을 둥글게 오린 후 손톱 위에 붙이고 글루와 글루 드라이 → 실크 턱 제거 → 프리에지 실크 제거 → 젤 글루 도포와 글루 드라이

⟳ 모의고사 p.123

01	④	02	①	03	②	04	②	05	③	06	①	07	①	08	①	09	②	10	④
11	③	12	①	13	④	14	①	15	③	16	③	17	①	18	②	19	③	20	①
21	②	22	②	23	①	24	④	25	④	26	①	27	④	28	③	29	④	30	③
31	②	32	②	33	②	34	②	35	④	36	③	37	③	38	③	39	①	40	④
41	④	42	③	43	①	44	④	45	③	46	④	47	①	48	①	49	③	50	②
51	③	52	④	53	②	54	③	55	①	56	①	57	②	58	④	59	②	60	③

01 ④ BCG : 결핵 예방백신
① DPT : 디프테리아, 백일해, 파상풍
② MMR : 홍역, 유행성 이하선염, 풍진
③ PPD : 피부검사(폐흡충, 간흡충, 결핵, 항생 제반응)

02 **면역의 분류**
• 능동면역 : 숙주 스스로가 면역체를 형성하여 면역을 지니게 되는 것으로 어떤 항원의 자극에 의하여 항체가 형성되어 있는 경우
  – 자연능동면역 : 감염병에 감염된 후 형성되는 면역
  – 인공능동면역 : 생균백신, 사균백신 등 예방접종으로 감염을 일으켜 인위적으로 얻어지는 면역
• 수동면역 : 다른 숙주에 의하여 형성된 면역체 (항체)를 받아서 면역력을 지니게 되는 경우
  – 자연수동면역 : 신생아가 모체로부터 태반, 수유를 통해 어머니로부터 얻는 면역
  – 인공수동면역 : 인공제제를 주사하여 항체를 얻는 면역

03 세계보건기구에서는 한 나라의 건강수준을 다른 국가들과 비교할 수 있는 지표로 비례사망지수, 조사망률, 평균수명을 제시하였다.

04 질병 발생에 관련된 3대 요인은 병인, 숙주, 환경이다.

05 ③ 1885년 : 네일 폴리시 필름 형성제인 나이트로셀룰로스가 개발되었다.

06 세계보건기구에서 정의하는 보건행정의 범위로 보건관계 기록의 보존, 보건교육, 모자보건, 환경위생, 감염병관리, 의료 및 보건간호 등이 있다.

07 **어패류 매개 기생충**

기생충	제1중간숙주	제2중간숙주
간흡충(간디스토마)	우렁이	민물고기
폐흡충(폐디스토마)	다슬기	게, 가재
횡천흡충(요코가와흡충)	다슬기	은어
긴촌충(광절열두조충)	물벼룩	송어, 연어

08 ① 벼룩은 페스트, 발진열 등의 감염을 전파한다.

미생물
- 육안으로는 식별이 불가능하며 현미경으로 관찰되는 미세한 생물체이다.
- 단일세포이고 숙주에 붙어 기생한다.
- 미생물의 종류는 세균류(Bacteria), 원생동물류(Protozoa), 사상균류(Fungi), 효모류(Yeast), 바이러스(Virus) 등이 있다.

09
- 계면활성제의 살균력 : 양이온성 > 음이온성 > 양쪽성 > 비이온성
- 계면활성제의 세정력 : 음이온성 > 양쪽성 > 양이온성 > 비이온성

10 소독기, 자외선 살균기 등을 이용하여 미용기구를 소독한다.

11 크레졸 소독법은 3% 수용액을 주로 사용하며, 화학적 소독법이다.

12 석탄산은 소독력의 표준 지표이고, 유기물 접촉 시에도 소독력은 약화되지 않는다.

13 소독제의 구비조건
- 살균력이 높을 것
- 인체에 해가 없을 것
- 저렴하고 구입과 사용이 간편할 것
- 용해성이 높을 것
- 부식 및 표백이 없을 것
- 환경오염을 유발하지 않을 것

14 아포는 특정한 세균의 체내에서 원형 또는 타원형의 구조로 형성되며 포자라고도 한다. 아포가 생기는 균은 파상풍균, 탄저균, 보툴리누스균 등이며 고온, 동결, 건조, 약품 등 물리적·화학적 조건에 대해서도 저항력이 매우 강하다.

15 기계적 손상에 의한 피부질환은 외부 마찰이나 압력에 의해 생기며, 종류로는 굳은살, 티눈, 욕창 등이 있다.

16 표피와 진피의 경계선은 물결상이다.

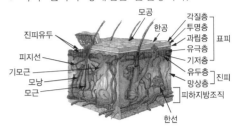

17 사람의 피부 표면은 무핵의 각질층으로 삼각형 또는 마름모꼴의 다각형이다.

18 영양소의 최종 분해
- 탄수화물 : 포도당
- 단백질 : 아미노산
- 지방 : 지방산과 글리세린이 결합한 상태
- 비타민 : 수용성, 지용성으로 분류

19 건강한 피부를 유지하기 위한 방법 : 적당한 수분을 항상 유지, 두꺼운 각질층 제거, 충분한 수면과 영양을 공급, 적당한 자외선으로 비타민 D 합성

20 백반증은 멜라닌세포 소실에 의해 원형, 타원형 또는 부정형의 흰색 반점들이 피부에 나타나는 후천적 탈색소 질환 중 가장 흔한 질환이다.

21 자외선 차단제에는 자외선 차단지수(SPF ; Sun Protection Factor)가 표기되어 있다. SPF 뒤에 적힌 숫자는 자외선을 차단해 주는 시간을 의미하며, SPF 1이란 15분을 의미한다.

22
- 폴리머(아크릴 파우더) : 가루 형태의 파우더
- 프리 프라이머 : 자연손톱의 유·수분 제거

23 공중위생영업소의 폐쇄 등(공중위생관리법 제11조 제6항)

시장·군수·구청장은 공중위생영업자가 영업소 폐쇄명령을 받고도 계속하여 영업을 하는 때에는 관계공무원으로 하여금 해당 영업소를 폐쇄하기 위하여 다음의 조치를 하게 할 수 있다.
- 해당 영업소의 간판 기타 영업표지물의 제거
- 해당 영업소가 위법한 영업소임을 알리는 게시물 등의 부착
- 영업을 위하여 필수불가결한 기구 또는 시설물을 사용할 수 없게 하는 봉인

24 이용사 및 미용사의 면허 등(공중위생관리법 제6조제1항)

이·미용사가 되고자 하는 자는 보건복지부령이 정하는 바에 의하여 시장·군수·구청장이 발급하는 면허를 받아야 한다.

25 1년 이하의 징역 또는 1천만원 이하의 벌금(공중위생관리법 제20조제2항)
- 공중위생영업의 신고를 하지 아니하고 공중위생영업(숙박업은 제외)을 한 자
- 영업정지명령 또는 일부 시설의 사용중지명령을 받고도 그 기간 중에 영업을 하거나 그 시설을 사용한 자 또는 영업소 폐쇄명령을 받고도 계속하여 영업을 한 자

26 ① 위생교육은 보건복지부장관이 허가한 단체 또는 공중위생 영업자단체가 실시할 수 있다(공중위생관리법 제17조제4항).
② 공중위생관리법 제17조제2항
③ 공중위생관리법 제17조제1항
④ 공중위생관리법 제17조제3항

27 이용기구 및 미용기구의 종류·재질 및 용도에 따른 구체적인 소독기준 및 방법은 보건복지부장관이 정하여 고시한다(공중위생관리법 시행규칙 별표 3).

28 변경신고(공중위생관리법 시행규칙 제3조의2 제1항)

다음의 보건복지부령이 정하는 중요사항은 변경신고를 하여야 한다.
- 영업소의 명칭 또는 상호
- 영업소의 주소
- 신고한 영업장 면적의 3분의 1 이상의 증감
- 대표자의 성명 또는 생년월일
- 미용업 업종 간 변경 또는 업종의 추가

29 라벤더 에센셜 오일의 효능으로 소염, 항박테리아 효과, 일광화상, 상처치유, 불면증, 정신적 스트레스, 긴장 완화 등이 있다. 단, 통경작용이 일어날 수 있으므로 임신 초기에는 사용을 금지한다.

30 ③ 피부에 자외선이 차단되는 정도를 알아보기 위한 목적으로 이용된다.

자외선 차단지수(SPF ; Sun Protection Factor)
- 자외선 차단제가 UV-B를 차단하는 정도를 나타내는 지수

$$SPF = \frac{제품을\ 바른\ 피부의\ 최소홍반량}{제품을\ 바르지\ 않은\ 피부의\ 최소홍반량}$$

- 최소홍반량(MED) : UV-B를 피부에 조사한 후 16~24시간 정도 지나 피부 대부분이 홍반을 나타낼 수 있는 최소한의 자외선 조사량

31 AHA(알파하이드록시애시드)는 화학적으로 각질을 제거하며, 글리콜산(사탕수수), 젖산(우유), 구연산(오렌지, 레몬), 사과산(사과), 주석산(포도) 등 과일산으로 수용성을 띤다. 10% 이하의 농도를 사용하며 피부재생 효과가 있다.

32 ② 팩, 마사지 크림은 기초 화장품에 속한다.

33 ② 새니타이저(Sanitizer) : 알코올이 주성분으로 청결 및 소독을 주된 목적으로 하는 제품

34 알코올
- 특징 : 대중적으로 가장 많이 사용되며, 휘발성이 강한 단점이 있다.
- 용도
  - 손, 피부, 경미한 찰과상(60~90%)
  - 도구 살균(70%)

35 기능성 유효성분

미백용	알부틴, 코직산, 감초 추출물, 닥나무 추출물, 비타민 C, 하이드로퀴논 등
지성, 여드름용	캠퍼, 살리실산, 클레이, 유황 등
민감성용	아줄렌(캐모마일), 위치하젤, 판테놀 등
노화용	비타민 E(토코페롤), 레티놀, 레티닐팔미테이트, 프로폴리스 등
건성용	콜라겐, 엘라스틴, 세라마이드, 소비톨, 하이알루론산염 등

36 네일 팁의 재질은 주로 플라스틱, 나일론, 아세테이트이다.

37 건강한 네일의 조건
- 반투명색의 분홍색을 띠며 윤택이 있어야 한다.
- 12~18%의 수분을 함유해야 한다.
- 둥근 모양의 아치형이어야 한다.
- 세균에 감염되지 않아야 한다.
- 탄력이 있고 단단해야 한다.

38 1976년 스퀘어(Square) 형태의 네일이 유행하였으며, 네일 팁, 아크릴릭 네일, 파이버 랩 등의 네일아트가 등장하였다.

39 네일의 병변

오니코리시스 (Onycholysis, 조갑박리증)	손톱과 조체 사이에 틈이 생겨 색이 변하고, 점차 벌어진 곳으로 세균이 침투하는 것으로, 프리에지에서 발생하여 루눌라까지 감염되며 네일 숍에서 시술이 불가능하다.
오니카트로피아 (Onychatrophia, 조갑위축증)	손톱에 광택이 없어지고 오므라들며 떨어진 상태로 네일 매트릭스에 손상을 입었거나 내과적 질병이 있는 경우, 강한 푸셔를 하였거나 강한 세제(알칼리성)를 많이 사용한 경우에도 발생한다.
오니콕시스 (Onychauxis, 조갑비대증)	손톱이나 발톱이 비정상적으로 두꺼워진 경우로 작은 신발을 장시간 착용할 경우에 발생한다.
테리지움 (Ptergygium, 조갑익상편)	큐티클이 과잉 성장하여 손톱 위로 자라는 것이다.

40 발목뼈는 7개의 길고 가는 뼈이며 발가락뼈로 연결되는 뼈이다.

41 큐티클은 네일 주위를 덮고 있는 피부로 각질세포의 생산과 성장조절에 관여하며, 외부의 병원물이나 오염물질로부터 보호한다.

42 네일 베드(조상)는 네일 플레이트(조판) 밑에 위치하며 손톱의 신진대사를 돕는다.

43 복재신경은 허벅지에서 종아리 아래까지 이어진 신경이다.

44 ① 네일에 사용되는 모든 도구는 사용 후 매번 소독 처리를 한다.
② 네일 파일과 같은 일회용품은 1인 1회 사용을 원칙으로 하며, 재사용하지 않는다.
③ 핑거 볼은 가능한 일회용을 사용하고 그렇지 않을 경우 반드시 소독 처리하여 사용한다.

45 ① 조갑변색 : 손톱의 색이 푸르스름하게 변하는 증상이다.

② 니버스 : 멜라닌 색소가 착색되어 일어나는 증상이다.

④ 테리지움 : 큐티클이 과잉 성장하여 네일 플레이트 위로 자라는 증상이다.

46 고객관리카드의 작성 시 고객이 원하는 서비스의 종류 및 시술내용, 손발의 질병 및 이상 증상, 시술 시 주의사항 등을 기록한다.

47 근육의 작용

굴근	손목을 굽히게 하고 손가락을 구부리게 하는 작용
회내근	손을 안쪽으로 돌려주며 손등이 위로 보이게 하는 작용
회외근	손을 바깥쪽으로 돌려주며 손바닥을 위로 향하게 하는 작용

48 매트릭스(Matrix)

네일 루트 밑에 위치하며 손톱을 생산해 내는 부분이다. 네일 세포의 생산과 성장을 조절하며 림프관과 혈관, 신경이 있으며, 손상이 있을 경우 비정상적으로 네일이 자랄 수 있다.

49 ③ 조근은 손톱 밑의 구조가 아닌 손톱의 구조에 속한다.

50 에포니키움은 손톱 베이스에 있는 가는 선의 피부로 루눌라의 일부를 덮고 있으며, 네일 매트릭스를 보호한다. 에포니키움 아래편은 끈적한 형질로 되어 있고, 에포니키움의 부상은 영구적인 손상을 초래한다.

51 푸셔로 큐티클을 밀어 올릴 때 가장 적합한 각도는 45°이다.

52 네일 랩의 재료 : 습식 매니큐어 재료, 실크 랩, 실크 가위, 글루, 젤 글루, 필러 파우더, 글루 드라이 등

53 ② 폴리시 브러시의 각도는 45°로 잡는 것이 가장 적합하다.

54 종이 폼은 아크릴, 젤 등 다양한 스컬프처 네일 시술 시에 사용하여 자연스런 네일의 연장을 만들 수 있다. 팁 오버레이 시에는 사용할 필요가 없다.

55 프렌치 컬러링은 프리에지 부분에 컬러링하는 것으로 색상도 다양하게 사용 가능하다. 옐로라인에 맞추어 완만한 U자 형태로 컬러링한다.

56 페디큐어 시술 순서

소독하기 – 폴리시 지우기 – 발톱 모양 만들기 – 큐티클 오일 바르기 – 큐티클 정리하기

57 아크릴릭 시술에서 핀칭(Pinching)을 하여 C커브를 만들어 준다.

58 UV 젤 네일은 미경화 젤이므로 젤을 바르고 UV 램프로 큐어링해야 경화가 가능하다.

59 아크릴릭 네일의 제거는 솜에 아세톤을 충분히 적셔 포일로 감싸 30분 정도 불린 후 오렌지 우드 스틱으로 밀어서 떼어 준다.

60 페디큐어 시술 시 콘커터와 페디파일을 이용하여 굳은살을 족문 방향으로 안쪽에서 바깥쪽으로 제거한다.

↻ 모의고사 p.134

01	①	02	③	03	③	04	④	05	④	06	①	07	④	08	①	09	③	10	④
11	②	12	③	13	③	14	②	15	③	16	①	17	③	18	①	19	②	20	②
21	①	22	④	23	④	24	②	25	③	26	④	27	②	28	④	29	①	30	③
31	④	32	①	33	④	34	②	35	③	36	①	37	②	38	①	39	④	40	③
41	①	42	④	43	④	44	④	45	①	46	②	47	④	48	①	49	④	50	②
51	①	52	④	53	①	54	②	55	②	56	①	57	②	58	②	59	④	60	③

01 ①은 제2급 감염병에 관한 설명이다.

02 비타민 결핍
- 비타민 A : 야맹증
- 비타민 B_1 : 각기병
- 비타민 B_{12} : 악성빈혈
- 비타민 D : 구루병

03 자주 사용하지 않는 제품도 정기적으로 점검하는 것이 좋다.

04 윈슬로(C. E. A. Winslow)에 따르면 공중보건학은 조직화된 지역사회의 노력을 통하여 질병을 예방하고, 수명을 연장하며, 건강과 능률을 증진시키는 과학이자 기술이다.

05 ① 인공수동면역 : 회복기혈청, 면역혈청, 감마글로불린 등 인공제제를 주사하여 항체를 얻는 면역
② 인공능동면역 : 생균백신, 사균백신, 순화독소 등 예방접종으로 감염을 일으켜 인위적으로 얻어지는 면역
③ 자연수동면역 : 신생아가 모체로부터 태반, 수유를 통해 얻는 면역

06 ① BOD : 생물학적 산소요구량
② DO : 용존산소량
③ COD : 화학적 산소요구량
④ SS : 부유물질

07 세균은 중성이나 약알칼리성인 pH 6.5~7.5에서 증식이 잘된다.

08 피막 형성제
- 피막 형성 성분 : 나이트로셀룰로스
- 수지 : 알키드, 아크릴, 설폰아마이드 수지 등
- 가소제 : 구연산 에스터(에스테르), 캠퍼 등

09 **석탄산(페놀)** : 살균력의 표준 지표로 사용되며, 석탄산계수가 높을수록 소독효과가 크다.

10 ① 화염멸균법 : 물체에 직접 열을 가해 미생물을 태워 사멸한다.
② 건열멸균법 : 건열멸균기를 이용해 멸균하는 방법으로 보통 160~180℃에서 1~2시간 가열한다.
③ 고압증기멸균법 : 121℃의 고온 수증기를 15~20분 이상 가열한다(포자까지 사멸).

11 지역사회의 건강수준을 나타내는 지표로서 대표적인 것은 영아사망률이다.

12 바이러스에 의한 피부질환은 단순포진, 대상포진, 수두, 수족구병 등이 있다.

13 에크린선과 아포크린선의 특징

에크린선 (소한선)	• 손바닥, 발바닥, 겨드랑이, 등, 앞가슴, 코 부위에 분포 • 약산성의 무색·무취 • 노폐물 배출 • 체온조절 기능
아포크린선 (대한선)	• 겨드랑이, 유두 주위, 배꼽 주위, 성기 주위, 항문 주위 등 특정한 부위에 분포 • 단백질 함유량이 많은 땀을 생산 • 세균에 의해 부패되어 불쾌한 냄새

14 감각온도의 3대 요소 : 기온, 기습, 기류

15 미생물의 번식에 가장 중요한 요소로 온도, 습도, 영양분이 있다.

16 자외선의 종류 및 특징

구분	파장	특징
UV-A (장파장)	320~400nm	• 진피층까지 침투 • 즉각 색소침착 • 광노화 유발 • 피부탄력 감소
UV-B (중파장)	290~320nm	• 표피 기저층까지 침투 • 홍반 발생 • 일광화상 • 색소침착(기미)
UV-C (단파장)	200~290nm	• 오존층에서 흡수 • 강력한 살균작용 • 피부암 원인

17 자외선에 의해 멜라닌 색소가 증가하므로 자외선 차단은 기미를 약화시키는 원인이 된다.

18 ②, ③, ④는 속발진에 해당된다.
원발진 : 피부질환의 1차적 장애가 나타나는 증상을 말하며, 종류로 반점, 팽진, 구진, 농포, 결절, 낭종, 종양, 소수포, 대수포 등이 있다.

19 SPF(자외선 차단지수)는 자외선 B(UV-B)의 차단효과를 표시하는 단위이다. 자외선 양이 1일 때 SPF 15인 차단제를 바르면 피부에 닿는 자외선의 양이 15분의 1로 줄어든다는 의미이다. 즉, SPF는 숫자가 높을수록 차단기능이 강하다.

20 ② 랑게르한스세포 : 면역반응 역할
① 멜라닌세포 : 피부색 결정, 멜라닌 색소 형성
③ 메르켈세포 : 촉각을 감지
④ 섬유아세포 : 진피를 구성하는 물질을 생성

21 단백질은 새로운 세포가 생성되기 위해 필요하며, 비타민 A는 피부의 신진대사를 원활하게 한다.

22 3D아트, 포크아트, 에어브러시, 라인스톤 등이 아트 네일에 속한다.

23 이·미용업자가 준수하여야 하는 위생관리기준 등(공중위생관리법 시행규칙 별표 4)
• 영업소 내부에 이·미용업 신고증 및 개설자의 면허증 원본을 게시하여야 한다.
• 영업소 내부에 최종지급요금표를 게시 또는 부착하여야 한다.

24 변경신고 사항(공중위생관리법 시행규칙 제3조의 2제1항)
• 영업소의 명칭 또는 상호
• 영업소의 주소
• 신고한 영업장 면적의 1/3 이상의 증감
• 대표자의 성명 또는 생년월일
• 미용업 업종 간 변경 또는 업종의 추가

25 면허증의 재발급 등(공중위생관리법 시행규칙 제10조제1항)
이용사 또는 미용사는 면허증의 기재사항에 변경이 있는 때, 면허증을 잃어버린 때 또는 면허증이 헐어 못쓰게 된 때에는 면허증의 재발급을 신청할 수 있다.

26 행정처분기준(공중위생관리법 시행규칙 별표 7)
면허증을 다른 사람에게 대여한 경우
• 1차 위반 : 면허정지 3월
• 2차 위반 : 면허정지 6월
• 3차 위반 : 면허취소

27 면허증의 반납 등(공중위생관리법 시행규칙 제12조제1항)
면허가 취소되거나 면허의 정지명령을 받은 자는 지체 없이 관할 시장·군수·구청장에게 면허증을 반납하여야 한다.

28 네일 강화제의 구성 성분은 프로틴 하드너, 나일론 섬유, 글리세롤, 칼리명반, 폼알데하이드 등이다.

29 에멀션 : 서로 섞이지 않는 두 액체가 일정한 비를 갖고 작은 액적의 형태로 다른 액체에 분산되어 있는 상태를 말한다.

30 AHA(아하)는 죽은 각질을 제거하는 효과가 있다.

31 피부채색은 색조 화장품의 사용 목적이다.

32 향수의 농도 순서
퍼퓸 > 오드 퍼퓸 > 오드 토일렛 > 오드 코롱 > 샤워 코롱

33 클렌징 로션은 O/W형으로 질감이 가벼운 수성 성분이며, 클렌징 크림은 W/O형의 유성성분으로 질감이 무겁고 클렌징 로션보다 유성성분 함량이 많다.

34 ① 마조람 오일 : 안정·진정효과, 혈액 흐름 촉진, 타박상 치유
③ 로즈마리 오일 : 수렴, 진정, 항산화, 기미 예방
④ 사이프러스 오일 : 지성피부, 지성모발, 여드름, 비듬에 효과적

35 ① 안정성 : 제품이 변색, 변질, 변취, 미생물 오염 등이 되지 않아야 한다.

36 페디큐어(Pedicure) : 페디스(Pedis, 발) + 큐라(Cura, 관리)

37 BC 3000년 고대 이집트에서는 헤나의 붉은색, 오렌지색 염료로 미라의 손톱에 색상을 입혔으며(주술적 의미) 상류층은 붉은색, 하류층은 옅은 색 손톱으로 사회적 신분을 표시하였다.

38 벌레근(충양근)은 발허리뼈(중족골) 관절을 굴곡시키고 외측 4개 발가락의 지골간관절을 신전시키는 발의 근육이다.

39 • 근위수근골 : 주상골, 월상골, 삼각골, 두상골
• 원위수근골 : 대능형골, 소능형골, 유두골, 유구골

40 ③은 네일 보디(조체)의 설명이다.

41 손톱은 피부의 부속물로서 신경이나 혈관, 털이 없다.

42 네일 베드(조상, Nail Bed)는 손톱 밑의 구조로 네일 밑부분이며 네일 보디를 받치고 있는 부분으로 네일의 신진대사와 수분 공급을 담당한다.

43 라운드형(둥근형)은 남성, 여성 누구나 어울리는 형태로 약하거나 짧은 손톱에 적당하다.

44 **오니콕시스(조갑비대증)** : 손톱이나 발톱이 비정상적으로 두꺼워진 경우로 작은 신발을 장시간 착용할 경우에 발생한다.

45 에그셸 네일은 손톱이 희고 얇으며 네일 끝이 심하게 휘어 있는 증상으로 부드러운 파일을 사용하여 실크나 린넨으로 보강하면 시술이 가능하다.

46 건강한 손톱은 12~18%의 수분을 함유하고 있다.

47 한 번 사용한 제품 및 기구는 반드시 소독해야 한다.

48 화학물질은 공기 중에 뿌리는 스프레이형보다 찍어 바르거나 솔로 바르는 제품을 선택한다.

49 조선시대 세시풍속집인 『동국세시기』에 따르면 어린아이와 여인들이 봉숭아물을 들였다고 기록되어 있다.

50 • 소지굴근 : 소지외전근(새끼벌림근), 단소지굴근(새끼굽힘근), 소지대립근(새끼맞섬근)
　　• 중수근 : 벌레근(충양근), 장측골간근(바닥쪽뼈사이근), 배측골간근(등쪽뼈사이근)

51 핑거 볼에 담가서 큐티클을 불린 후 정리한다.

52 • 라이트 큐어드 젤 : 자외선이나 할로겐램프와 같은 특수한 빛에 노출시켜 젤을 응고시키는 방법이다.
　　• 노 라이트 큐어드 젤 : 응고제를 스프레이로 분사하거나 브러시로 발라 응고제에 담가주는 방법이다.

53 인조 팁을 붙일 때는 45°를 유지한다.

54 프라이머를 바르지 않았거나, 오염되거나 산화된 프라이머를 발랐을 때 들뜸이 일어난다.

55 스마일 라인은 커브를 지면서 곡선을 형성해야 한다.

56 ②, ④ 에포니키움(상조피)을 과도하게 자르거나 끝까지 밀면 감염의 원인이 될 수 있다.
　　③ 큐티클은 외관상 지저분한 부분만 정리한다.

57 **인조네일(손 · 발톱)의 보수**
인조네일 시술 후 2주 정도 경과하면 자연손톱이 자라므로 정기적인 보수를 받아 인조네일의 들뜸이나 깨짐, 곰팡이가 생기는 것을 방지한다. 4주 후에는 패브릭과 접착제 보수를 받는다.

58 아크릴릭 리퀴드는 아크릴 스컬프처나 오버레이 시 사용된다.

59 ④ 손톱의 1/3 정도로 공기가 들어가지 않게 붙인다.

60 카탈리스트(Catalyst)는 촉매제로 화학 중합 개시제를 말한다. 그 양의 함유량에 따라 굳는 속도를 조절할 수 있다.

↻ 모의고사 p.144

01	①	02	③	03	④	04	④	05	③	06	④	07	①	08	①	09	②	10	④
11	④	12	①	13	②	14	②	15	③	16	②	17	③	18	③	19	③	20	①
21	③	22	④	23	④	24	③	25	③	26	③	27	①	28	③	29	①	30	④
31	③	32	②	33	①	34	②	35	④	36	④	37	②	38	③	39	①	40	④
41	③	42	①	43	④	44	④	45	②	46	①	47	③	48	①	49	③	50	④
51	③	52	①	53	④	54	②	55	③	56	①	57	③	58	②	59	②	60	②

01　① DPT : 디프테리아, 백일해, 파상풍
　　② MMR : 홍역, 유행성 이하선염, 풍진
　　③ PPD : 피부검사(폐흡충, 간흡충, 결핵, 항
　　　생제 반응)
　　④ BCG : 결핵 예방백신

02　③ 제조회사의 설명서를 토대로 제조회사의 기
　　　준에 의할 것
　　화학물질 안전사고 관리
　　• 화학물질은 빛을 차단하는 용기에 뚜껑을 닫아
　　밀봉하고 서늘한 곳에 보관한다.
　　• 환풍기를 사용하거나 창문을 열어 수시로 환기
　　시켜야 한다.

03　비례사망지수(PMI ; Proportional Mortality In-
　　dicator)는 연간 총사망자수에 대한 50세 이상의
　　사망자수를 퍼센트로 표시한 지수이다. 비례사망
　　지수(PMI) 값이 높을수록 건강수준이 좋다.

04　인수공통감염이란 동물과 사람 간에 상호 전파
　　되는 병원체에 의한 감염으로서 감염병에는 공
　　수병, 페스트, 탄저 등이 있다.

05　음용수 오염의 생물학적 지표로 대장균수가 사
　　용된다.

06　보건행정은 국민의 건강 유지와 증진을 위한 공적
　　활동으로, 국가나 지방자체단체가 주도하여 국민
　　의 보건 향상을 위해 시행하는 행정활동이다.

07　폐흡충(폐디스토마)의 제1중간숙주는 다슬기이
　　며 제2중간숙주는 게, 가재이다.

08　소프트 젤은 아세톤이나 젤 전용 제거제로 제거
　　하고, 하드 젤은 파일로 제거한다.

09　**계면활성제의 세정력**
　　음이온성 > 양쪽성 > 양이온성 > 비이온성

10　석탄산은 고온일수록 효과가 좋으며, 살균력이
　　우수하다. 또한 냄새가 강하고 독성이 있으며
　　3% 수용액을 사용한다.

11　폼알데하이드를 사용하는 것은 화학적 살균법에
　　해당된다.

12　소독은 유해한 병원균 증식과 감염의 위험성을
　　제거하나 포자는 제거가 안 되며, 병원성 미생물
　　의 생활력을 파괴 또는 멸살시켜 감염되는 증식
　　물을 없애는 것이다.

13 소독제의 구비조건
- 살균력이 높을 것
- 인체에 해가 없을 것
- 저렴하고 구입과 사용이 간편할 것
- 용해성이 높을 것
- 부식 및 표백이 없을 것
- 환경오염을 유발하지 않을 것

14 진균에 의한 피부질환은 백선, 어루러기, 칸디다증 등이 있다.

15 아포는 특정한 세균의 체내에서 원형 또는 타원형의 구조로 형성되며 포자라고도 한다. 아포는 고온, 동결, 건조, 약품 등 물리적·화학적 조건에 대해서도 저항력이 매우 강하다.

16 기저층은 멜라닌세포가 존재하여 피부의 색을 결정한다. 물결 모양의 요철이 깊고 많을수록 탄력 있는 피부이다.

17 남성호르몬인 안드로겐은 사춘기 때 왕성하게 피지선을 확대하여 피지 분비를 촉진시킨다.

18 피하조직
- 진피에서 내려온 섬유가 결합된 조직이며, 벌집 모양으로 많은 수의 지방세포들을 형성한다.
- 몸을 따뜻하게 하고 수분을 조절한다.
- 수분과 영양소를 저장하여 외부의 충격으로부터 몸을 보호하는 기능을 한다.
- 탄력성을 유지한다.

19 칼슘(Ca)
- 치아와 골격을 구성, 생리기능 조절, 근육이완 및 수축작용
- 결핍 시 골다공증, 구루병, 혈액의 응고현상, 충치 발생

20 메르켈세포는 기저층에 존재하며 촉각을 감지하여 뇌에 전달하는 세포이다.

21 자외선 A는 피부에 가장 깊게 침투하며, 피부를 태우고, 유리도 뚫고 들어온다.

22 벌칙(공중위생관리법 제20조제2항)
다음의 어느 하나에 해당하는 자는 1년 이하의 징역 또는 1천만원 이하의 벌금에 처한다.
- 공중위생영업의 신고를 하지 아니하고 공중위생영업(숙박업은 제외)을 한 자
- 영업정지명령 또는 일부 시설의 사용중지명령을 받고도 그 기간 중에 영업을 하거나 그 시설을 사용한 자 또는 영업소 폐쇄명령을 받고도 계속하여 영업을 한 자

23 이·미용업자가 준수하여야 하는 위생관리기준 등(공중위생관리법 시행규칙 별표 4)
- 피부미용을 위하여 「약사법」에 따른 의약품 또는 「의료기기법」에 따른 의료기기를 사용하여서는 아니 된다.
- 이·미용기구 중 소독을 한 기구와 소독을 하지 아니한 기구는 각각 다른 용기에 넣어 보관하여야 한다.
- 1회용 면도날은 손님 1인에 한하여 사용하여야 한다.

24 이용사 및 미용사의 면허 등(공중위생관리법 제6조제1항)
이용사 또는 미용사가 되고자 하는 자는 보건복지부령이 정하는 바에 의하여 시장·군수·구청장의 면허를 받아야 한다.

25 영업장 안의 조명도는 75럭스 이상이 되도록 유지하여야 한다(공중위생관리법 시행규칙 별표 4).

26 위생교육(공중위생관리법 제17조제4항)
위생교육은 보건복지부장관이 허가한 단체 또는 공중위생영업자단체가 실시할 수 있다.

27 ① 1년 이하의 징역 또는 1천만원 이하의 벌금
② 6개월 이하의 징역 또는 500만원 이하의 벌금
③ 300만원 이하의 벌금
④ 300만원 이하의 과태료

28 변경신고(공중위생관리법 시행규칙 제3조의2 제1항)
다음의 보건복지부령이 정하는 중요사항은 변경신고를 하여야 한다.
• 영업소의 명칭 또는 상호
• 영업소의 주소
• 신고한 영업장 면적의 1/3 이상의 증감
• 대표자의 성명 또는 생년월일
• 미용업 업종 간 변경 또는 업종의 추가

29 여드름 관리에 효과적인 화장품 성분으로 유황, 캠퍼, 살리실산, 클레이 등이 있다.

30 분산은 물 또는 오일 성분에 안료 등 미세한 고체 입자가 계면활성제에 의해 균일하게 혼합되는 것으로 이때 계면활성제를 분산제라고 한다.

31 AHA(알파하이드록시애시드)는 화학적으로 각질을 제거하는 기능을 하고, 글리콜산(사탕수수), 젖산(우유), 구연산(오렌지, 레몬), 사과산(사과), 주석산(포도) 등 과일산으로 수용성을 띤다. 10% 이하의 농도를 사용하며 각질 제거, 피부재생 효과가 있다.

32 ② 팩, 마사지 크림은 기초 화장품에 속한다.

33 아줄렌(Azulene)은 캐모마일에서 추출하며 항염증, 진정, 상처 치유효과가 있다.

34 ② 샌달우드 오일은 에센셜 오일이다.
캐리어 오일의 종류 : 호호바 오일, 아몬드 오일, 아보카도 오일, 포도씨 오일, 올리브 오일, 로즈힙 오일, 코코넛 오일, 카렌듈라 오일, 마카다미아 오일, 윗점 오일 등

35 미백에 도움을 주는 성분
• 알부틴, 코직산, 감초 추출물, 닥나무 추출물 : 타이로신의 산화를 촉매하는 타이로시네이스의 작용을 억제시킨다.
• 비타민 C : 도파의 산화를 억제시킨다.
• 하이드로퀴논 : 멜라닌세포를 사멸한다.
• AHA : 각질층을 녹여 멜라닌 색소를 제거한다.

36 손톱이 크고 납작한 경우는 끝이 좁은 내로 팁을, 손톱 끝이 위로 솟은 경우는 커브 팁을 선택한다.

37 UV 젤 네일은 미경화 젤이므로 젤을 바르고 UV 램프로 큐어링해야 경화가 가능하다.

38 네일 팁의 재질은 주로 플라스틱, 나일론, 아세테이트, ABS수지 등이다.

39 ② 오니카트로피아(Onychatrophia, 조갑위축증) : 손톱에 광택이 없어지고 오므라들며 떨어진 상태로, 네일 매트릭스에 손상을 입었거나 내과적 질병 또한 강한 푸셔를 하였거나 강한 세제(알칼리성)를 많이 사용한 경우에도 발생한다.
③ 오니콕시스(Onychauxis, 조갑비대증) : 손톱이나 발톱이 비정상적으로 두꺼워진 경우로 작은 신발을 장시간 착용할 경우에 발생한다.
④ 테리지움(Pterygium, 조갑익상편) : 큐티클이 과잉 성장하여 손톱 위로 자라는 것이다. 주기적으로 큐티클을 제거하고 핫오일 매니큐어 등으로 꾸준히 관리하여야 한다.

40 발의 족지골(발가락뼈)은 총 14개의 뼈로 구성되어 있다.

41 콘커터와 페디파일로 굳은살을 족문 방향으로 안에서 바깥으로 제거한다.

42 네일 베드(조상)는 네일 플레이트(조판) 밑에 위치하며 손톱의 신진대사와 수분 공급을 돕는다.

43 ④ 1994년 : 라이트 큐어드 젤 시스템 등장, 뉴욕에서 네일 테크니션 제도 도입

44 프라이머(Primer)는 성분이 메타크릴산으로 강한 산성제품이므로 피부와 호흡기의 안전을 위해 사용 시 주의를 요하며 소량 사용한다.

45 페디큐어(Pedicure)는 라틴어로 발을 가리키는 'Pedis'와 손질을 의미하는 'Cura'의 합성어이다. 발과 발톱을 청결하고 아름답게 관리, 손질하는 것을 말하며 굳은살 제거, 큐티클 제거, 발톱 모양 정리, 컬러링, 발마사지 등이 포함된다.

46 • 프리 프라이머 : 자연손톱의 유·수분을 제거한다.
• 프라이머 : 자연손톱에 아크릴이 잘 부착되도록 한다.

47 젤 네일(Gel Nail)
• 장점 : 큐어링하기 전에는 수정이 가능하여 시술이 용이하고, 다양한 컬러와 광택, 지속력이 좋다. 리프팅(들뜸)이 잘 일어나지 않고 냄새가 거의 없다.
• 단점 : 아세톤에 잘 녹지 않아 제거 시 시간이 소요된다.

48 매트릭스는 모세혈관, 림프 및 신경조직이 존재한다.

49 체내의 아연질 부족으로 발생하는 증상은 퍼로(고랑 파진 손톱)이다.

50 에포니키움은 손톱 베이스에 있는 가는 선의 피부로 루눌라의 일부를 덮고 있으며 네일 매트릭스를 보호한다. 에포니키움 아래편은 끈적한 형질로 되어 있으며, 에포니키움의 부상은 영구적인 손상을 초래한다.

51 푸셔로 큐티클을 밀어 올릴 때 가장 적합한 각도는 45°이다.

52 ① 좌우대칭의 밸런스를 맞춰야 한다.

53 히팅현상
• 젤 큐어링 중 열이 발생하는 현상이며 젤 시술이 두껍게 되었을 경우, 손톱이 얇거나 상처가 있을 경우에 히팅현상이 나타날 수 있다.
• 히팅현상에 대한 대처방법은 젤을 얇게 여러 번 발라 큐어링하는 것이다.

54 스퀘어 모양을 잡기 위해 파일은 90° 정도로 파일링한다.

55 ① 혈압이 높거나 심장병이 있는 고객은 마사지를 부드럽게 해 준다.
② 각질 제거에는 콘커터와 페디파일을 사용하여 무리하지 않게 제거한다.
④ 네일 클리퍼로 발톱을 자른 후 모양을 잡아 준다.

56 프렌치 컬러링은 프리에지 부분에 컬러링하는 것으로, 색상도 다양하게 사용 가능하다. 옐로라인에 맞추어 완만한 U자 형태로 컬러링한다.

57 핀칭(Pinching)을 하여 C커브를 만들어 준다.

58 아크릴릭 네일 제거 시 솜에 아세톤을 충분히 적셔 포일로 감싸 30분 정도 불린 후 오렌지 우드 스틱으로 밀어서 뗀다.

59 카탈리스트는 굳는 속도를 조절한다.

60 • 라이트 큐어드 젤 : 자외선이나 할로겐램프와 같은 특수한 빛에 노출시켜 젤을 응고시키는 방법이다.
• 노 라이트 큐어드 젤 : 응고제를 스프레이로 분사하거나 브러시로 바르거나 응고제에 담가 주는 방법이다.

⟳ **모의고사 p.155**

01	④	02	④	03	①	04	②	05	①	06	③	07	②	08	①	09	④	10	②
11	①	12	③	13	③	14	②	15	①	16	②	17	①	18	①	19	④	20	②
21	③	22	④	23	②	24	①	25	②	26	②	27	③	28	④	29	①	30	④
31	①	32	④	33	③	34	③	35	④	36	④	37	①	38	④	39	④	40	③
41	④	42	④	43	③	44	④	45	②	46	③	47	②	48	②	49	①	50	①
51	④	52	②	53	④	54	④	55	④	56	②	57	②	58	①	59	①	60	④

01 학교보건사업은 학교보건행정에 속하며, 학생과 교직원을 대상으로 한다.

02 모든 네일 숍은 냉·온수시설을 갖춰야 한다.

03 전처리제는 네일 화장물이 네일 보디에 잘 접착되도록 도움을 주어, 인조손톱의 리프팅을 최소화함으로 유지력을 높이고 곰팡이 생성을 예방하는 목적으로 사용된다. 전처리 시 고객의 요청에 따라 적합한 네일 길이와 모양을 만들어야 한다.
④는 일반 네일 폴리시 마무리 과정을 말한다.

04 ① 레이노드병 : 진동이 심한 작업장 근무자에게 다발하는 질환으로 청색증과 동통, 저림 증세를 보이는 질병
③ 열경련 : 고온에서 심한 육체노동 시 발생하는 질병
④ 잠함병 : 깊은 수중에서 작업하고 있던 잠수부가 급히 해면으로 올라올 때, 즉 고기압 환경에서 급히 저기압 환경으로 옮길 때에 일어나는 질병

05 말라리아는 모기가 매개체가 되어 발생하는 질병이다.

06 이·미용업소의 실내 쾌적 온도는 18±2℃, 실내 습도는 60~65%를 유지하여야 적당하다.

07 문제는 제1급 감염병에 대한 설명이다. ①, ③, ④는 제4급 감염병이다.

08 건열멸균법은 건열멸균기(Dry Oven)를 이용해 멸균하는 방법으로 보통 멸균기 내의 온도 160~180℃에서 1~2시간 가열한다. 유리 기구류, 금속류, 사기그릇 등의 멸균에 이용한다(미생물과 포자를 사멸시킴).

09 과산화수소수는 산화작용을 한다.

10 자외선은 파장이 200~400nm 범위이며, 260nm에서 강한 살균작용을 한다.

11 ② 방부 : 병원성 미생물의 발육과 그 작용을 제거하거나 정지시켜서 음식물의 부패나 발효를 방지하는 것을 말한다.

③ 멸균 : 병원성 또는 비병원성 미생물 및 포자를 가진 것을 전부 사멸 또는 제거하는 것을 말한다.

④ 여과 : 물에 있는 부유물질과 불순물, 특히 세균을 제거하는 과정이다(완속여과법, 급속여과법).

12 바이러스는 세균보다 훨씬 작아 대체로 30~300nm의 크기로 정밀한 전자현미경을 통해서 관찰이 가능하다.

세균류
- 0.5~2μm의 크기로 현미경으로 관찰이 가능하다.
- 원핵 생물계에 속하는 단세포 생물이다.
- 세포벽이 있다.
- 종속 영양체로서 유기화합물로부터 에너지를 획득한다.
- 사람과 공생하는 비병원성균이 병원성균에 비해 많다.

13 소독대상별 소독방법
- 미용실 실내소독 : 크레졸, 포르말린
- 미용실 기구소독 : 크레졸, 석탄산

14 소각법은 오염된 대상을 불에 태워 멸균하는 방법으로 건열멸균법에 해당한다.

15 표피의 구성세포
- 각질형성세포 : 새로운 각질세포 형성
- 멜라닌세포 : 피부색 결정, 색소 형성
- 랑게르한스세포 : 세포 면역기능
- 메르켈세포 : 촉각을 감지

16 유극층
- 표피 중 가장 두꺼운 유핵세포로 구성
- 혈액순환이나 영양공급의 물질대사
- 표면에는 가시 모양의 돌기가 있어 인접세포와 다리 모양으로 연결
- 면역기능이 있는 랑게르한스세포가 존재

17 여드름은 피부 염증성 질환이며 피지의 과잉 생산이 원인이 된다.

18 ② 탄력섬유 : 진피의 약 2~5%를 차지하며, 고무와 같이 신축성이 좋아 1.5배까지 늘어남

③ 기질 : 진피의 섬유성분과 세포 사이를 채우고 있는 물질로, 세포를 섬유성분과 연결하여 증식, 조직재생, 분화 등에 영향을 줌

④ 피하조직 : 진피와 뼈, 근육 사이에 존재하며, 피부의 가장 아래층에 위치함

19 이용사 및 미용사의 면허 등(공중위생관리법 제6조)
이용사 또는 미용사가 되고자 하는 자는 보건복지부령이 정하는 바에 의하여 시장·군수·구청장의 면허를 받아야 한다.

20 한선(땀샘)

에크린선 (소한선)	• 손바닥, 발바닥, 등, 앞가슴, 코 등에 분포 • 약산성의 무색·무취 • 노폐물 배출 • 체온조절 기능
아포크린선 (대한선)	• 겨드랑이, 유두 주위, 배꼽 주위, 성기 주위, 항문 주위 등 특정한 부위에 분포 • 단백질 함유량이 많은 땀을 생산 • 세균에 의해 부패되어 불쾌한 냄새

21 민감성 피부의 특징
- 피부조직이 얇고 섬세하며, 모공이 작다.
- 화장품이나 약품 등의 자극에 피부 부작용을 일으키기 쉽다.
- 정상피부에 비해 환경 변화에 쉽게 반응을 일으킨다.
- 피부 건조화로 당김이 심하다.
- 모세혈관이 피부 표면에 잘 드러나 보인다.

22 나트륨(Na)
- 피부와 혈액의 수분 균형·유지
- 근육수축 및 심장기능 유지·조절

23 광노화를 유발하는 장파장 자외선인 UV-A의 파장 범위는 320~400nm이다.

24 습진에 의한 피부질환

아토피성 피부염	• 팔꿈치 안쪽이나 목 등의 피부가 거칠어지고 아주 심한 가려움증 • 만성적인 염증성 피부질환 • 강한 유전 경향
접촉성 피부염	외부 물질과의 접촉에 의하여 생기는 모든 피부염
건성습진	피부가 건조해져서 생기는 습진으로, 각질과 가려움증을 유발
지루성 피부염	피지의 과다분비와 정신적 스트레스 등으로 홍반과 인설 등이 발생

25 공중위생영업의 신고(공중위생관리법 시행규칙 제3조제1항)
공중위생영업의 신고를 하려는 자는 공중위생영업의 종류별 시설 및 설비기준에 적합한 시설을 갖춘 후 영업신고서(전자문서로 된 신고서를 포함)에 다음의 서류를 첨부하여 시장·군수·구청장에게 제출하여야 한다.
- 영업시설 및 설비개요서
- 교육수료증(미리 교육을 받은 경우에만 해당)

26 폐업신고(공중위생관리법 제3조)
- 공중위생영업의 신고를 한 자는 공중위생영업을 폐업한 날부터 20일 이내에 시장·군수·구청장에게 신고하여야 한다. 다만, 영업정지 등의 기간 중에는 폐업신고를 할 수 없다.
- 이용업 또는 미용업의 신고를 한 자의 사망으로 면허를 소지하지 아니한 자가 상속인이 된 경우에는 그 상속인은 상속받은 날부터 3개월 이내에 시장·군수·구청장에게 폐업신고를 하여야 한다.

27 변경신고(공중위생관리법 시행규칙 제3조의2)
다음의 보건복지부령이 정하는 중요사항은 변경신고를 하여야 한다.
- 영업소의 명칭 또는 상호
- 영업소의 주소
- 신고한 영업장 면적의 3분의 1 이상의 증감
- 대표자의 성명 또는 생년월일
- 미용업 업종 간 변경 또는 업종의 추가

28 피하조직
- 진피에서 내려온 섬유가 결합된 조직으로, 벌집 모양으로 많은 수의 지방세포들을 형성한다.
- 몸을 따뜻하게 하고 수분을 조절하는 기능을 한다.
- 수분과 영양소를 저장하여 외부의 충격으로부터 몸을 보호하는 기능을 한다.
- 탄력성을 유지한다.
- 피부 표면이 귤껍질처럼 울퉁불퉁한 셀룰라이트가 생기기 쉽다.

29 공중위생영업이라 함은 다수인을 대상으로 위생관리서비스를 제공하는 영업으로서 숙박업, 목욕장업, 이용업, 미용업, 세탁업, 건물위생관리업을 말한다(공중위생관리법 제2조제1항).

30 공중위생감시원의 자격 및 임명(공중위생관리법 시행령 제8조제1항)
특별시장·광역시장·도지사 또는 시장·군수·구청장은 다음의 어느 하나에 해당하는 소속 공무원 중에서 공중위생감시원을 임명한다.
- 위생사 또는 환경기사 2급 이상의 자격증이 있는 사람
- 대학에서 화학·화공학·환경공학 또는 위생학 분야를 전공하고 졸업한 사람 또는 법령에 따라 이와 같은 수준 이상의 학력이 있다고 인정되는 사람
- 외국에서 위생사 또는 환경기사의 면허를 받은 사람
- 1년 이상 공중위생 행정에 종사한 경력이 있는 사람

31 여드름 관리에 효과적인 화장품 성분으로 유황, 캠퍼, 살리실산, 클레이 등이 있다.

32 미백성분 : 알부틴, 코직산, 감초 추출물, 닥나무 추출물, 비타민 C, 하이드로퀴논 등

33 자외선 산란제는 분말상태의 안료를 이용해 불투명하다.

34 공중위생영업의 승계(공중위생관리법 제3조의2 제4항)
공중위생영업자의 지위를 승계한 자는 1월 이내에 보건복지부령이 정하는 바에 따라 시장·군수 또는 구청장에게 신고하여야 한다.

35 페이스 파우더는 메이크업 화장품에 속한다.

36 화장품 제조의 3가지 기술로 가용화, 유화, 분산 기술이 있다.

37 유효성 : 보습효과, 미백효과, 주름 개선, 세정 효과 등 효과와 효능이 있어야 한다.

38 ④ 유동파라핀은 광물성 오일이다.
동물성 오일
- 동물의 피하조직이나 장기에서 추출한다.
- 피부 친화성이 좋고 흡수가 빠른 장점이 있다.
- 냄새가 좋지 않기 때문에 정제한 것을 사용해야 한다.
- 종류로 난황유, 밍크오일, 스쿠알렌 등이 있다.

39 2014년에 미용사(네일) 국가자격증 제도화가 시작되었다.

40 ①·②는 고대 이집트, ④는 고대 중국의 네일미용에 대한 설명이다.

41 ① 1910년 : 금속파일 및 사포로 된 파일 제작
② 1927년 : 흰색 에나멜, 큐티클 크림, 큐티클 리무버 제조
③ 1930년 : 다양한 종류의 붉은색 에나멜의 등장, 제나(Gena) 연구팀이 네일 에나멜 리무버, 워머 로션, 큐티클 오일 개발

42 ① 네일 보디 : 눈으로 볼 수 있는 네일의 총칭
③ 프리에지 : 손톱 끝부분으로 네일 베드와 접착되어 있지 않은 부분
④ 매트릭스 : 네일 루트 아래에 위치하며, 모세혈관과 신경세포가 분포

43 1975년 미국 식약청(FDA)에 의해 메틸메타크릴레이트 등의 아크릴릭 화학제품 사용이 금지되었다.

44 ② 네일 루트 : 새로운 세포가 만들어지면서 손
톱 성장이 시작되는 부분
③ 루눌라 : 네일 베드와 매트릭스가 만나는 부
분으로 케라틴화가 완전하게 되지 않음
④ 큐티클 : 네일 주위를 덮고 있는 피부로 외부
의 오염 물질로부터 보호

45 큐티클은 네일 주위를 덮고 있는 피부이다.

46 손톱의 수분 함유량은 12~18%이며, 아미노산과
시스테인이 포함되어 있다.

47 손·발톱은 케라틴이라는 섬유 단백질로 구성
되어 있다.

48 네일의 형태
- 라운드 스퀘어형
  - 스퀘어 모양에서 양쪽 모서리를 둥글게 다듬
은 형태
  - 이상적인 손톱 모양으로 고객이 가장 선호
- 포인트형
  - 손끝을 뾰족하게 만든 형태
  - 손톱의 넓이가 좁은 사람에게 적당
  - 개성이 강한 손톱 형태로 대중적이지 않음

49 **오니키아(조갑염)** : 위생처리하지 않은 네일도구
를 사용했을 때 발생하는 증상으로 손톱 밑의
살이 붉어지고 고름이 형성되어 네일 시술이 불
가능하다.

50 ② 오니코파지(교조증) : 손톱을 심하게 물어뜯
는 것으로, 심리적으로 불안감에서 습관적으
로 발생한다.
③ 오니콕시스(조갑비대증) : 손톱이나 발톱이
비정상적으로 두꺼워진 경우를 말하며, 작은
신발을 장시간 착용하는 경우에 발생한다.
④ 니버스(검은 반점) : 멜라닌 색소가 착색되어
일어나는 작용이다.

51 ① 파로니키아(조갑주위증)
② 오니키아(조갑염)
③ 오니코마이코시스(조갑진균증)

52 고객의 특성과 취향을 파악한 차별화된 서비스
를 한다.

53 ① 보호기능 : 주요 장기 보호
② 신체지지 기능 : 신체 각 부위를 지지
③ 운동기능 : 관절과 근육이 부착되어 신체의
움직임을 형성

54 ① 네일 버퍼 : 손톱의 표면을 정리할 때 사용
② 네일 클리퍼 : 손톱을 자를 때 사용
③ 푸셔 : 큐티클을 밀어 올릴 때 사용

55 핫오일 매니큐어는 건조한 겨울에 효과적이다.

56 큐티클을 밀고 정리한 후 콘커터와 페디파일로
굳은살을 족문 방향으로 안에서 바깥으로 제거
한다.

57 ① 팁 커터기 : 인조 팁의 길이 조절
③ 실크 랩 : 손톱이 찢어지거나 보강할 때 사용하는 천
④ 글루 드라이 : 접착제를 빠르게 건조

58 네일 랩의 종류

종류		특징
패브릭 랩 (Fabric Wrap)	실크(Silk)	얇고 부드럽고 투명하여 가장 많이 사용
	린넨(Linen)	두껍고 강하게 유지되지만 컬러링 필요
	파이버글라스 (Fiberglass)	매우 얇은 인조 유리섬유로 글루가 잘 스며들어 투명도가 높음
페이퍼 랩(Paper Wrap)		얇은 종이 소재로 폴리시 리무버와 아세톤에 용해되기 쉬워 임시 랩으로 사용

59 아크릴릭 네일의 화학물질
- 모노머(Monomer, 단량체) : 서로 연결되지 않은 작은 구슬 형태의 물질로 아크릴 리퀴드를 말한다.
- 폴리머(Polymer, 중합체) : 구슬들이 체인 모양으로 연결된 단단한 완성체로 제작된 아크릴 파우더를 말한다.
- 카탈리스트(Catalyst) : 아크릴을 빠르게 굳게 하는 촉매제이다.

60 아세톤에 잘 녹지 않아 제거 시 시간이 소요된다.

↻ 모의고사 p.165

01	③	02	②	03	②	04	③	05	③	06	③	07	④	08	②	09	①	10	①
11	④	12	③	13	①	14	③	15	④	16	③	17	①	18	②	19	④	20	②
21	④	22	④	23	①	24	②	25	④	26	②	27	④	28	②	29	④	30	①
31	①	32	③	33	②	34	③	35	①	36	①	37	②	38	②	39	④	40	①
41	④	42	④	43	①	44	④	45	①	46	④	47	①	48	③	49	③	50	②
51	②	52	③	53	②	54	②	55	③	56	①	57	③	58	④	59	②	60	④

01
① 모든 용기에는 내용물에 대한 표기를 하여 잘못 사용하지 않도록 한다.
② 네일미용사는 감염이 된 상태나 개방 창상이 있는 경우는 시술하지 않아야 한다.
④ 일회용 마스크를 착용하고 상황에 따라 일회용 장갑을 사용한다.

02
소독효과에 영향을 주는 요인으로 소독제의 농도, 온도, 시간, pH 등이 있다.

03
• 디스크 브러시 : 파일링 후 손톱의 잔여물을 제거
• 디스크 패드 : 파일링 후 손톱 밑 거스러미를 제거

04
노로바이러스 식중독은 장염 증상인 복통, 구토, 설사, 미열, 두통이 나타나며, 1~2일 증상이 지속된 후 회복된다. 항생제 치료가 안 되므로 손 씻기, 음식물 가열 섭취 등 개인위생이 중요하다.

05
승홍수는 금속을 부식시킬 수 있으며, 피부소독 시에는 0.1% 수용액을 이용한다.

06
무수알코올과 물의 비율을 7 : 3으로 한다.

07
바이러스는 전자현미경으로 관찰할 수 있으며, 핵산으로서 DNA나 RNA 둘 중 하나만 가지고 있다.

08
알코올 소독은 미생물 세포의 단백질을 변성시킨다.

09
질병 발생의 3대 요인은 병인, 숙주, 환경이다.

10
소각소독법은 오염된 대상을 불에 태워 멸균하는 방법으로 객담이 묻은 휴지 등의 소독 시 가장 적합하다.

11
자외선 중 Dorno선은 파장이 290~310nm로, 비타민 D 형성작용, 살균작용, 면역기능이 있다. 반면 피부에 멜라닌 색소를 침착시키고 피부암을 유발한다.

12
규폐증은 규산 성분이 있는 돌가루가 폐에 쌓여 생기는 질환으로 광부, 석공, 도공, 연마공 등에서 주로 볼 수 있는 직업병이다.

13 감수성지수란 미감염자가 병원체에 접촉되어 발병하는 비율을 말하며, 홍역과 두창이 가장 높고 폴리오(소아마비)가 가장 낮다.

14 예방의학은 개인을 대상으로 질병을 예방하고 건강을 증진시키는 것을 목적으로 하며, 공중보건은 지역사회를 단위로 한 인간집단을 중심으로 이루어진다.

15 미토콘드리아(사립체)는 세포 속의 발전소 역할을 하며, 산화적 인산화 반응을 통해 생명체의 에너지인 아데노신 삼인산이 합성, 세포 내 호흡을 담당한다.

16 셀룰라이트(Cellulite)는 수분, 노폐물, 지방으로 구성된 물질이 신체의 특정한 부위에 뭉쳐 있는 상태이다.

17 중추신경계는 뇌와 척수로, 말초신경계는 뇌신경 12쌍과 척수신경 31쌍으로 이루어져 있다.

18 백혈구는 혈액과 조직에서 이물질을 잡아먹거나 항체를 형성하여 감염에 저항하여 신체를 보호한다.

19 흡입법은 손수건, 티슈 등에 아로마 오일을 1~2방울 떨어뜨리고 심호흡을 한다. 호흡기 감염에 효과적이다.

20 리보플라빈은 비타민 B 복합체 중 내열성 생장촉진인자, 즉 비타민 B_2의 작용을 하는 수용성 비타민이다.

21 단순포진은 통증이 심하지 않고 다른 부위로 통증이 퍼지지 않는다.

22 이・미용사 자격증은 게시하지 않아도 된다.

23 토양은 진균류인 히스토플라스마증(Histoplasmosis), 분아균증과 파상풍의 병원소로서 작용한다.

24 위생관리등급의 구분 등(공중위생관리법 시행규칙 제21조)
• 최우수업소 : 녹색등급
• 우수업소 : 황색등급
• 일반관리대상 업소 : 백색등급

25 공중위생감시원의 업무범위(공중위생관리법 시행령 제9조)
• 규정에 의한 시설 및 설비의 확인
• 공중위생영업 관련 시설 및 설비의 위생상태 확인・검사, 공중위생영업자의 위생관리의무 및 영업자준수사항 이행 여부의 확인
• 위생지도 및 개선명령 이행 여부의 확인
• 공중위생영업소의 영업의 정지, 일부 시설의 사용중지 또는 영업소 폐쇄명령 이행 여부의 확인
• 위생교육 이행 여부의 확인

26 위생교육을 받지 아니한 자는 200만원 이하의 과태료에 처한다(공중위생관리법 제22조제2항).

27 오드 코롱은 부향률 3~5%, 지속시간 1~2시간 정도로 향수를 처음 접하는 사람에게 적합하다.

28 공중위생영업의 승계(공중위생관리법 제3조의2 제4항)
공중위생영업자의 지위를 승계한 자는 1월 이내에 보건복지부령이 정하는 바에 따라 시장・군수 또는 구청장에게 신고하여야 한다.

29 ①은 베이스코트, ②는 큐티클 리무버, ③은 지혈제에 대한 설명이다.

30 백반증은 멜라닌세포 소실에 의해 원형, 타원형 또는 부정형의 흰색 반점들이 피부에 나타나는 후천적 탈색소 질환 중 가장 흔한 질환이다.

31 **가용화 제형** : 물에 대한 용해도가 아주 작은 물질(오일, 향 등)을 가용화제(계면활성제)를 이용하여 용해도 이상으로 녹게 하는 것을 이용한 제형

32 **영업소 외에서의 이용 및 미용업무(공중위생관리법 시행규칙 제13조)**
- 질병, 고령, 장애나 그 밖의 사유로 영업소에 나올 수 없는 자에 대하여 이용 또는 미용을 하는 경우
- 혼례나 그 밖의 의식에 참여하는 자에 대하여 그 의식 직전에 이용 또는 미용을 하는 경우
- 「사회복지사업법」에 따른 사회복지시설에서 봉사활동으로 이용 또는 미용을 하는 경우
- 방송 등의 촬영에 참여하는 사람에 대하여 그 촬영 직전에 이용 또는 미용을 하는 경우
- 그 외에 특별한 사정이 있다고 시장·군수·구청장이 인정하는 경우

33 액와 부위에 사용하는 화장품으로 데오도런트 로션, 데오도런트 스프레이, 데오도런트 파우더 등이 있다.

34 글리세린은 습윤제이며, 살균작용이나 방부 목적으로 사용하는 것은 알코올이나 붕산이다.

35 ② 무기안료는 색상이 화려하지 않지만 빛, 산, 알칼리에 강하다.
③ 유기안료는 색상이 화려하며, 빛, 산, 알칼리에 약하다.

④ 레이크는 색상의 화려함이 무기안료와 유기안료의 중간이다.

36 **교원섬유** : 섬유 단백질인 교원질(Collagen)로 구성되어 있고, 섬유아세포에서 생산되며, 진피 성분의 90%를 차지하고 피부에 탄력을 준다.

37 조선시대 봉선화의 붉은색은 주술적 의미가 있었으며, 귀천에 관계없이 봉선화로 손톱에 물을 들였다.

38 **오니코렉시스(Onychorrhexis, 조갑종렬증)** 네일이 세로로 갈라지거나 부서지며 세로로 골이 파지는 현상으로 강한 알칼리성 세제, 리무버나 솔벤트의 과다 사용이나 부주의, 잘못된 파일 사용과 갑상선기능항진증으로 발생한다.

39 ①·②는 무지굴근, ④는 소지굴근에 속한다.

40 ② 조상 : 네일 보디를 받치고 있는 부분
③ 조근 : 손톱의 성장이 시작되는 부분
④ 조판 : 여러 개의 얇은 층으로 되어 있으며 네일 베드를 보호

41 부드럽고 가늘며 네일 끝이 굴곡진 상태의 증상은 달걀껍질 네일이다.

42 뼈의 구조는 골수, 골질, 골막, 연골로 되어 있다.

43 수지골은 손가락 마디에 있는 뼈(손가락뼈)로 총 14개로 구성되어 있다.

44 1940년대 후반 미국에서 매니큐어에 기구를 사용하기 시작하였다.

45 원톤 스컬프처 제거 시에는 100% 아세톤을 사용하여 아크릴릭을 녹여 준 후 표면에 에칭을 주어 아크릴릭 제거가 수월하도록 한다.

46 실크 재단 시 A 모양으로 손톱 길이보다 0.5~1cm 만큼 재단하며, 실크 부착 시 큐티클 라인에서 1~2mm 정도 떨어져 부착한다.

47 손톱에 맞는 팁이 없는 경우 큰 것을 선택하여 양 측면을 갈아서 붙여 준다.

48 자연손톱과 인조네일의 프리에지 부분에 공간이 생기면 들뜸이 생길 수 있다.

49 인조네일의 보수는 보충하여 수선한다는 의미로, 제거를 위해 보수하지는 않는다.

50 남성 매니큐어 시 자연네일 손톱 모양으로는 둥근형(라운드형)이 가장 적합하다.

51 스마일 라인의 경우 사선형 라인이 아닌 완만한 U자 형태로 라인을 형성한다.

52 프라이머 성분은 메타크릴산으로 강한 산성제품이므로 아크릴 시스템과 UV 젤 시스템에 사용한다.

53 오렌지 우드스틱에 리무버가 묻은 솜을 말아서 제거한다.

54 • 1830년 : 오렌지 우드스틱 개발
   • 1885년 : 나이트로셀룰로스 개발

55 패브릭 랩은 네일 랩의 준비 재료이다.

56 라이트 큐어드 젤은 LED나 UV 램프 등의 특수한 빛에 노출시켜 젤을 응고시키는 방법이다.

57 들뜸(Lifting)의 원인은 손톱에 유·수분이 남았거나 프라이머, 아크릴 파우더, 리퀴드가 오염되었을 때이다.

58 ④ 파라핀 제거 및 마사지 : 손목에서부터 파라핀을 벗긴 후 오일 성분이 흡수되도록 마사지해 준다.

59 내추럴 프렌치 스컬프처
   폼을 이용하여 자연손톱의 길이를 늘려주고 내추럴 파우더를 이용하여 프리에지를 만든 뒤에 네일 베드는 핑크 파우더 또는 클리어 파우더로 작업한다.

60 젤 네일은 리프팅(들뜸)이 잘 일어나지 않고 냄새가 거의 없다. 단점은 아세톤에 잘 녹지 않아 제거 시 시간이 많이 소요된다.

교육이란 사람이 학교에서 배운 것을 잊어버린 후에 남은 것을 말한다.

– 알버트 아인슈타인 –

우리 인생의 가장 큰 영광은 결코 넘어지지 않는 데 있는 것이 아니라

넘어질 때마다 일어서는 데 있다.

– 넬슨 만델라 –

참 / 고 / 문 / 헌 및 자 / 료

- 교육부(2018). **NCS 학습모듈(세분류 : 네일미용).** 한국직업능력개발원.

- 김주덕(2004). **신화장품학.** 동화기술교역.

- 이진영, 정홍자(2019). **네일미용사 필기 한권으로 끝내기.** 시대고시기획.

좋은 책을 만드는 길, 독자님과 함께하겠습니다.

답만 외우는 **미용사 네일 필기 CBT기출문제 + 모의고사 14회**

개정5판1쇄 발행	2025년 02월 05일 (인쇄 2024년 12월 19일)	
초 판 발 행	2020년 07월 06일 (인쇄 2020년 05월 06일)	
발 행 인	박영일	
책 임 편 집	이해욱	
편 저	이진영 · 정홍자	
편 집 진 행	윤진영 · 김미애	
표지디자인	권은경 · 길전홍선	
편집디자인	정경일 · 이현진	
발 행 처	(주)시대고시기획	
출 판 등 록	제10-1521호	
주 소	서울시 마포구 큰우물로 75 [도화동 538 성지 B/D] 9F	
전 화	1600-3600	
팩 스	02-701-8823	
홈 페 이 지	www.sdedu.co.kr	

I S B N	979-11-383-8525-1(13590)
정 가	19,000원

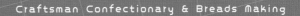

기출문제 + 모의고사 14회

빨리보는 간단한 키워드	문제를 보면 답이 보이는 기출복원문제	해설 없이 풀어보는 모의고사	CBT 모의고사 무료 쿠폰
합격 키워드만 정리한 핵심요약집 빨간키	문제 풀이와 이론 정리를 동시에	공부한 내용을 한 번 더 확인	실제 시험처럼 풀어보는 CBT 모의고사

답만 외우는 지게차운전기능사

190×260 | 14,000원

답만 외우는 기중기운전기능사

190×260 | 14,000원

답만 외우는 천공기운전기능사

190×260 | 15,000원

답만 외우는 로더운전기능사

190×260 | 14,000원

답만 외우는 롤러운전기능사

190×260 | 14,000원

답만 외우는 굴착기운전기능사

190×260 | 14,000원

※ 도서의 이미지와 가격은 변경될 수 있습니다.

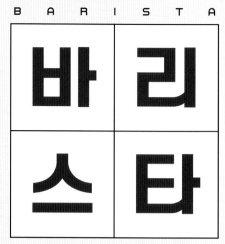

전문 바리스타를 꿈꾸는 당신을 위한
합격의 첫걸음

'답'만 외우는 바리스타 자격시험 시리즈는 여러 바리스타 자격시험 시행처의 출제범위를 꼼꼼히 분석하여 구성하였습니다. 이 한 권으로 다양한 커피협회 시험에 응시 가능하다는 사실! 쉽게 '답'만 외우고 필기시험 합격의 기쁨을 누리시길 바랍니다.

'답'만 외우는
바리스타 자격시험 1급
기출예상문제집
류중호 / 17,000원

'답'만 외우는
바리스타 자격시험 2급
기출예상문제집
류중호 / 17,000원